高等学校教材

实验化学

（第三版）

下 册

主编　刘约权　杨丽华　李敬慈

高等教育出版社·北京

内 容 提 要

本书是15所国内高等学校合作编写的《实验化学》(第二版)(上、下册)的修订版，第一版曾于2002年获得全国普通高等学校优秀教材二等奖。

本书是将普通化学实验、分析化学实验、有机化学实验、物理化学与胶体化学实验及仪器分析实验高度整合后，自成体系的一门全新的化学实验教材。它包含了大多数高等学校非化学化工类专业所开设的通用化学实验，同时吸收了部分高等学校的教学改革和科学研究成果，内容丰富，结构新颖、合理。全书包括绪论，实验化学基础知识，实验化学操作技能，物质的制备、分离与提纯，物理、化学常数的测定，物质的化学性质，物质的定量分析，有机合成，色谱仪器分析，光谱仪器分析，有机化合物的定性分析与结构分析，电化学与电化学仪器分析，化学热力学、动力学及动力学仪器分析，表面化学与胶体化学及电泳仪器分析，综合实验及自行设计实验，仪器简介等内容。分上、下两册出版。

本书是农、林、水产、轻工及其他高等学校相关专业独立开设化学实验课程的首选教材，也可与其他化学教材配套使用。

本书在保持原版教材特色的基础上，对实验仪器和实验内容进行了适当的调整、增补与更新，并采用多种现代信息技术制作了动画、微视频等教学资源，有机地融入相关实验中。学生可通过扫描书中二维码实时观看、自主学习。这样的出版形式，使得本书更加适合用作生物、食品、资源环境、植物保护、农学、林学、园艺、蔬菜、畜牧兽医等专业的教科书，也可供社会学习者阅读。

实验化学

（第三版）下册

主编　刘约权
杨丽华
李敬慈

1 计算机访问http://abook.hep.com.cn/1227948，或手机扫描二维码、下载并安装Abook应用。

2 注册并登录，进入“我的课程”。

3 输入封底数字课程账号（20位密码，刮开涂层可见），或通过Abook应用扫描封底数字课程账号二维码，完成课程绑定。

4 单击“进入课程”按钮，开始本数字课程的学习。

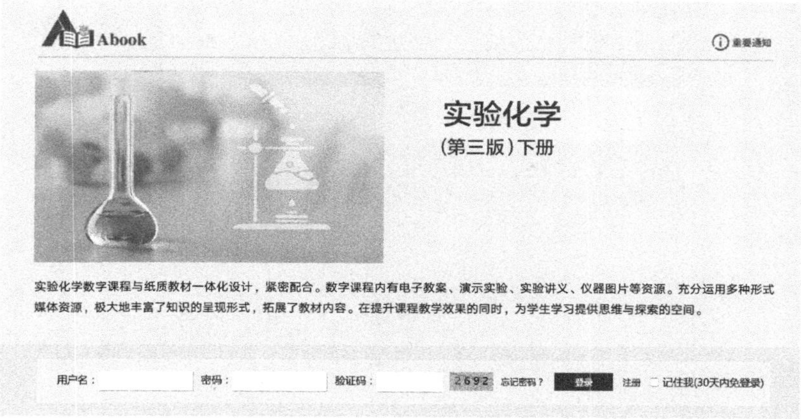

课程绑定后一年为数字课程使用有效期。受硬件限制，部分内容无法在手机端显示，请按提示通过计算机访问学习。

如有使用问题，请发邮件至abook@hep.com.cn。

扫描二维码
下载Abook应用

http://abook.hep.com.cn/1227948

下册(第三版)编委会成员

主　编　刘约权　杨丽华　李敬慈

副主编　王俊敏　臧晓欢　刘海燕　赵　影　褚明杰　吴秋华　唐然肖　武伟红　马晶军　常青云　高书涛　周　欣　刘伟华　冯　成

编　委　卢　莹　冯　硕　冯　涛　刘祺凤　宋双居　何红岩　李龙春　张冬暖　孟许峰　郝　琳　郝云辉

主　审　王　志　王　春

下册(第二版)编委会成员

下册（第一版）编委会成员

主　编　刘约权　李贵深

副主编　李敬慈　傅春玲　罗志刚　高向阳　呼世斌
陈学泽

编　委　丁亚平　马晶军　王　玲　王　静
刘汉兰　邬建敏　曲祥金　李坤英
李　琳　张荣华　孟昭福　赵晓农
章维华　黄蔷蕾　葛　微　魏曙光

主　审　高向阳

目　录

第十章

实验化学基础知识(二)

概　述

对于食品、环境、生物及其他相关专业的学生，为学习物理化学实验和仪器分析实验打下坚实的基础，需进一步学习和了解实验化学相关的基础知识，以提高自身的实验素养和科学素质。本章主要介绍样品的前处理知识、物质的谱图知识、汞的安全及纯化知识等。

10－1　汞的安全及纯化

10－1－1　汞的安全知识

汞是现代工业、农业、国防和科学技术上广泛应用的物质，可分为无机汞和有机汞两大类。无机汞最常见的有金属汞(Hg)、升汞($HgCl_2$)、甘汞(Hg_2Cl_2)、雷汞[$Hg(CNO)_2$]和硝酸汞[$Hg(NO_3)_2$]等，有机汞主要有烷基汞化合物(如氯化甲基汞、氯化乙基汞等)、芳基汞化合物(如醋酸苯基汞等)和烷氧基汞化合物(如甲氧乙氯汞)等。汞及其化合物绝大多数都具有毒性或强毒性。

化学实验室中汞的污染主要来自破损的含汞仪表如温度计、气压计、比重计、石英汞灯、荧光灯和极谱分析中所用的汞电极及贮汞瓶。汞的毒性是积累性的，它能逐渐贮积于体内，长期接触低浓度的汞蒸气，也有可能发生汞中毒。因此，了解汞的性质和中毒症状，掌握汞中毒的预防措施和汞污染的快速检测方法，对分析工作者尤为重要。

一、汞的性质及中毒症状

汞俗称水银，是一种特殊的重金属元素，常温下为银白色的液体。汞极易挥发，其饱和蒸气浓度随温度升高而急剧增加，0 ℃时汞蒸气的饱和浓度是卫生标准(0.1 $mg\cdot m^{-3}$)的 20 倍，40 ℃时则达到 68 $mg\cdot m^{-3}$，是空气汞污染容许量的 680 倍。汞蒸气比空气重六倍，故其蒸气多沉积在室内下方或低洼缝隙处。汞能溶解很多金属，如 Au，Ag，Sn，Cd，Pb 等，形成合金，即汞齐。

汞蒸气具有脂溶性，不但容易通过细胞膜，而且容易存留在含脂量高的组织中，并与组织中的巯基、氨基、膦基、羰基等功能基团结合，因而汞进入细胞后，可与某些酶或受体结合而抑制酶的活性，并造成细胞的损害。有报告显示，生活在含汞 0.06～0.072 $mg\cdot m^{-3}$ 的氛围中，日久会慢性中毒，在 1.2～8.5 $mg\cdot m^{-3}$ 的氛围中，可出现急性中毒。

通常，汞蒸气被吸入体内后，约 50%进入血液，其余在呼吸中排出。汞也可经消化道和皮肤侵入人体，但经消化道侵入后几乎不被吸收而随粪便排出，不会引起中毒。汞蒸气吸入血液后，约 50%与红细胞、50%与血清蛋白结合成为可溶性化合物，在数小时之内随血液分布到全身软组织中，以肝、肾及神经系统积存最为明显。进入血液的汞主要经肾和肠道排出，也可由唾液、汗腺、乳腺和头发排出少量。汞的排泄较慢，脱离汞接触数月后，仍可测出高含量尿汞。

误服汞盐或吸入高浓度的汞蒸气，能引起急性中毒，主要表现为急性腐蚀性肠胃炎、急性口腔炎、坏死性肾病、周围循环衰竭等。中毒者可出现口中有金属味、流涎、齿龈炎及口腔黏膜炎、恶心、呕吐，血性黏液大便，尿少且为血尿。严重者可出现脱水、休克、尿闭、急性肾功能衰竭、发高烧、昏迷甚至死亡。

二、汞中毒的预防

由上述可知，汞确实很易使人中毒，但并非所有接触汞的人都会中毒，实际工作中，不同人对汞的吸收能力是不同的，有的人很易吸收，很快中毒，而有些人则不易吸收，这可能是因生物特性所致。但是，不论何种情况，进行科学的预防都是非常必要的。

首先，与汞相关的实验室(如极谱室)的设计应尽量科学化、合理化，使它既能满足工作质量的要求，又能把汞的污染减少到最小的程度。应在实验室靠近汞源的下方处安装良好的排风设备，地板、工作台、墙壁及天花板应用光滑不吸水的材料。工作台及地面要有一定坡度，便于冲洗，在低的一端设有水沟，以便收集流散汞，沟内要经常保持有水，以防汞的蒸发。其次，要特别注意汞的安全使用和极谱室的工作守则，并做好室内检测工作。

汞的安全使用：

(1) 使用汞工作时，不可用极易损坏的薄壁玻璃容器和薄壁管。向厚壁的管内或容器注入汞时应该使用特制的坚实长颈漏斗，注入速度不可太快。

(2) 要避免在敞开的容器内使用汞，贮汞瓶应用蒸馏水掩盖，以抑制汞的大量挥发。

(3) 汞旁勿放置发热体，绝对不能在烘箱中烘汞。使用时要尽量避免汞洒出。

(4) 工作室使用一定时间后，天花板及墙壁将被汞污染，可使用 I_2 处理，效果较好。每立方米空间按 0.1 g 的 I_2 计算，放在工作室各角落，经 8～20 h，能使空气中汞蒸气浓度由原来超过标准 5～6 倍，降至标准以下。

(5) 污染的地面可直接用漂白粉及 5%～10%的 $FeCl_3$ 溶液冲洗。

(6) 凡贮存汞的容器均应放在搪瓷盘内，涉及汞的操作，也均应在搪瓷盘内进行，便于回收洒落的汞滴。

(7) 用过的废汞应回收处理后继续使用。在废汞的表面覆盖 10%的 NaCl 溶液并加盖密封，可防止汞蒸气的挥发。

(8) 在极谱室工作时要严格遵守其工作守则。

三、室内空气汞污染的快速检测方法

为了保证工作人员的健康和安全，及时判断室内空气的汞污染状况，下面介绍一种简便易行的快速检测方法——碘化亚铜试纸法。

1. 检测原理

当 CuI 试纸遇到汞蒸气或升汞（$HgCl_2$）时，就会生成稳定的有色物质 Cu_2HgI_4，并随其生成量的多少，在试纸上呈现橘黄至橘红色，有助于自检实验室的污染情况。有关反应如下：

$$Hg+4CuI \xlongequal{} 2Cu+Cu_2HgI_4$$

$$HgCl_2+4CuI \xlongequal{} 2CuCl+Cu_2HgI_4$$

2. CuI 试纸的制备

称取 5 g $CuSO_4$(AR)，溶于 75 mL 热蒸馏水中，为溶液 A。在另一烧杯中加入 75 mL 蒸馏水，再加 5 g Na_2SO_3（无水）和 3.5 g KI，加热溶解，为溶液 B。趁热在搅拌下将溶液 A 倒入溶液 B 中，过滤，用水洗去沉淀中剩余的 KI（约洗 8 至 10 次）。用约 25 mL 蒸馏水将沉淀移至烧杯中，加 3～5 mL 1%甲基纤维素钠调匀，将定量滤纸放入烧杯中均匀涂布上 CuI 沉淀，取出后，于清洁房间中风干，剪成小纸条装瓶备用，此试纸至少两年内不失效。

3. 使用方法

将 CuI 试纸条悬挂在靠近工作台、桌的墙壁下部，或其他便于观察的角落即可。如果一天甚至数小时之内各处放置的试纸变成橘黄色，表明室内汞蒸气超量。如果数天乃至数周试纸不变色，表明汞检合格。

该法简易，具有灵敏度高、检测限低、反应速率快等特点，可及时发现室

内汞蒸气污染,采取净化措施。

10-1-2　汞的纯化

废汞的纯化方法较多,这里介绍一种简易、安全、纯化效果较好的方法。该法仅通过氧化、电解等除杂过程就能得到适于极谱分析用的纯汞。方法如下:

一、氧化除杂

如图 10-1 所示,将废汞装于广口瓶内,上面覆盖一层蒸馏水或 2% 稀 HNO_3 溶液,抽气瓶接真空泵,用空气搅拌汞层 15~16 h,直至不再有黑色金属氧化物出现于汞层表面为止。然后用水冲洗,除去黑色金属氧化物,尽量倒出水,余水用滤纸吸干,再用厚壁大漏斗及刺有小孔的干滤纸过滤。第一个广口瓶中的 NaOH 溶液的作用是净化空气,除去空气中少量的 Cl_2 或 H_2S 等有害气体。

二、电解纯化

如图 10-2 所示,将氧化除杂后的汞,通过毛细管以滴汞状滴入 5% HNO_3 溶液中,同时在 10 mA 恒电流的作用下进行电解,使汞中的金属溶解于 HNO_3 溶液中而得到纯化,然后将电解纯化的汞通过毛细管逐滴滴入盛有高纯水的烧杯中,充分洗涤就可以得到适合于进行极谱分析的纯汞,经检验其质量不次于市售分析纯的汞。但电解电流不宜超过 10 mA,否则,易产生较多的汞氧化膜,影响纯度和毛细管的畅通。

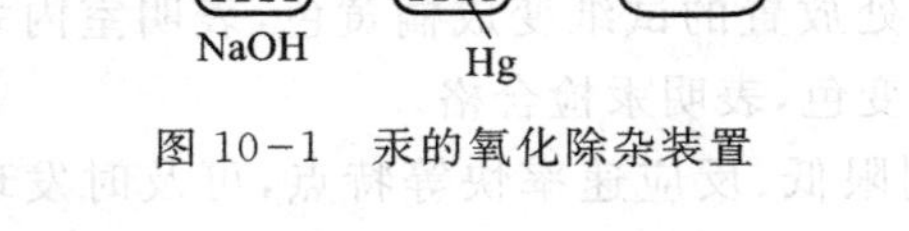

图 10-1　汞的氧化除杂装置

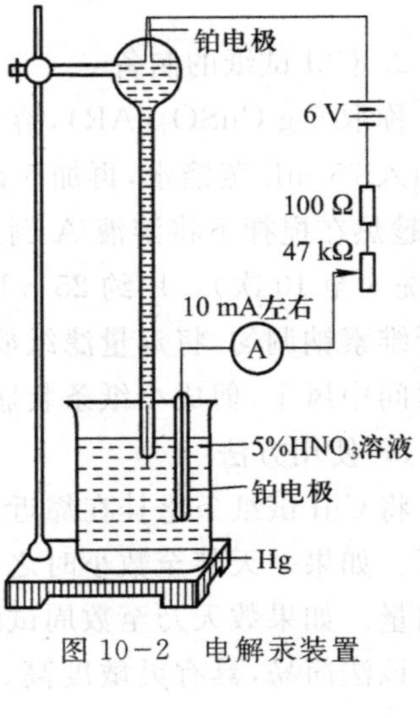

图 10-2　电解汞装置

10－2 样品的前处理

分析样品的前处理是采用一定的方法，使待测样品转化为适当的状态，以便进一步进行分析测定。通常，待测样品在转化的同时，也在一定程度上提高了测定的专属性和检测灵敏度，因而样品前处理是样品分析的重要组成部分。

下面简要介绍常用的分析样品前处理的一般方法。

一、非破坏性前处理方法

1. 直接滴定法

本法适用于金属原子与有机碳原子之间以离子键相连者，该类样品在溶解的同时发生解离，可在溶液中采用配位滴定法或氧化还原滴定法等方法测定。

2. 间接滴定法

某些金属离子通过氧与碳相连，常利用其氧化性，在酸性溶液中氧化 KI，并定量析出碘，再用 $Na_2S_2O_3$ 溶液滴定。

3. 碱水解后测定法

含卤素的有机物在测定之前需将有机卤素原子转变为无机卤素离子，然后采用银量法、碘量法等适宜的方法进行含量测定。常用的方法是将含卤素的有机物溶于适当溶剂中，在碱性条件下，加热回流使有机卤素原子解离，然后用适当方法测定。本法适用于卤素原子与碳原子结合不牢固的样品，如卤素和脂肪碳链相连者。

4. 还原－水解后测定法

一些卤素原子与芳环相连，化学键牢固，可加入适量锌粉，在 NaOH 溶液中进行回流，使卤素原子解离后，采用银量法测定。

二、破坏性前处理方法

常用的破坏性前处理方法一般分为湿法破坏、干法破坏、氧瓶燃烧法、压力溶样法及微波加热溶样法。

1. 湿法破坏

根据所用试剂的不同，湿法破坏可分为以下几种。

（1）硝酸－高氯酸法　本法的破坏能力强，反应比较激烈。故进行破坏时，必须注意勿将容器中的内容物蒸干，以免发生爆炸。

经本法破坏后,所得的无机离子一般为高价态。本法对含氮杂环有机物的破坏不够完全,故对该类有机物宜选用干法灼烧破坏。

(2) 硝酸-硫酸法 本法适用于大多数有机物的破坏。经本法破坏分解所得的无机金属离子均为高价态。

因碱土金属可与硫酸形成不溶性的硫酸盐,同时吸附待测定的金属离子,使测定的结果偏低,所以本法不适合含碱土金属有机物的破坏。此时可改用硝酸-高氯酸法进行破坏。

(3) 硫酸-硫酸盐法 本法所用硫酸盐为硫酸钾或硫酸钠,因硫酸钠为含水化合物,不利于破坏有机物,故一般多采用硫酸钾。加入硫酸盐的目的是为了提高硫酸的沸点,以使样品破坏完全。

经本法破坏分解所得的金属离子,多为低价态。本法常用于含砷或锑有机物的破坏分解。因在有机物破坏时需经炭化过程,最后得到低价态的三价砷或锑离子。用本法破坏低碳化合物时,宜添加适量的淀粉等多碳化合物,以保证在破坏过程中,将金属离子都转变为低价态。

(4) 其他湿法 除了以上三种试剂组合的方法之外,尚有硝酸-硫酸-高氯酸法、硫酸-过氧化氢法、硫酸-高锰酸钾法等,都是采取氧化、加热,使有机物破坏分解,完全破坏后,元素在溶液中均以高价态(如砷酸)存在。

湿法破坏所用的仪器,一般为硅玻璃或硼玻璃制成的凯氏烧瓶,所用试剂及蒸馏水均不应含有待测金属离子或干扰测定的其他金属离子等组分;由于整个操作过程所用酸量数倍于样品,所以必须按相同条件进行空白试验校正,操作时应在通风橱内进行。

关于样品的取用量,应视待测金属有机物中所含金属元素的量和破坏后所用测定方法而定。如果测定方法灵敏度较高,取样量可相应减少。

2. 干法破坏

一般采用灼烧残渣法,即将有机物灼烧破坏,以达到分解的目的。干法破坏法适用于湿法不易破坏完全的有机物(如含氮杂环类有机物),以及某些不能用硫酸进行破坏的有机物,不适用于含易挥发性金属(如汞、砷等)有机物的破坏。

3. 氧瓶燃烧法

氧瓶燃烧法是将有机物在氧气中燃烧,燃烧产物被吸入吸收液后,采用适宜的分析方法进行鉴别、检查或含量测定。该法适用于含卤素或含硫、磷、硒等有机物分析的前处理。

4. 压力溶样法

以上前处理方法是在常压下进行的,需要消耗大量的溶剂,且试剂利用率低，成本较高。在敞口容器中分解样品，样品很容易被环境污染，且容易挥发损失，降低了测定的准确度。为此，利用溶剂在密封的容器内进行压力溶样，克服了上述方法的一些缺点。最常用的压力溶样装置是一个带盖的聚四氟乙烯溶样罐，外面紧套着带有螺旋丝扣的不锈钢外套，可以承受较高的压力。聚四氟乙烯溶样罐可以耐强酸、强碱，耐 250℃以下的温度及大多数氧化剂。由于在较高的温度和压力下，溶剂与样品的作用加快，因此样品分解更加完全，而且不污染环境也不被环境所污染。其缺点是速度较慢，因紧固溶样装置、升温和降温都需要一定时间。

5. 微波加热溶样法

这是将微波快速加热技术与压力溶样技术相结合的样品前处理方法。它根据测定需要准确称取少量样品放入消解容器内，加入少量消解试剂，密封后置于微波炉内在一定的功率挡进行消解。消解反应瞬时就在高于 100℃的密闭容器中快速进行，同时，微波产生的交变磁场导致容器内分子高速振荡，使反应"界面"不断更新，消解时间大大缩短。例如，用国家标准或经典法测定沉淀 $BaSO_4$ 时需用 Na_2CO_3 溶剂在铂坩埚中于(900±20)℃高温下转化样品，操作繁杂费时，因受坩埚、马弗炉等条件限制，有时无法进行，而用微波加热转化法测定 $BaSO_4$ 可将转化时间缩短至 5 min，而且，微波炉的转盘上一次可以放约 20 个溶样罐，因此大大提高了工作效率，适用于大批量样品的处理，同时，它使得传统的样品前处理方法发生了很大的变化和改进。

采用微波加热溶样法时，应注意：

(1) 谨防微波泄漏，危害人体健康。

(2) 在满足需要的情况下，尽量少称量样品和少加溶剂，以便溶样罐内留有足够的空间，保证安全。

(3) 尽可能使用碱或高沸点的酸(如 H_2SO_4)作为消解溶剂，慎重使用 $HClO_4$ 或其他强氧化剂。

(4) 样品太少(少于 5 个)时，微波炉中心放置一小杯水(约 100 mL)，以防止部分微波能反射回波导管和磁检管，影响使用寿命。为克服"热点"效应(即转盘中心处升温速度比四周要快)在微波炉的转盘中心处不放样品。

10-3 谱图知识简介

对于高等学校相关专业的学生，粗略地了解一些谱图知识是十分必要的，它可以增长化学知识，提高化学素质。

谱图的种类很多，但目前最常用、最重要的谱图是紫外吸收光谱、红外吸收光谱、核磁共振波谱及质谱等四大谱图。现简要予以介绍。

一、谱图的表示方法

谱图的表示方法随谱图的种类不同而有所不同。

紫外吸收光谱(简称 UV 光谱)通常是物质在 200～400 nm 的近紫外光区的吸收曲线。其表示方法一般是以光吸收强度的各种参数(常以 A,T,κ 或 $\lg\kappa$ 表示)为纵坐标,波长(常以 λ 表示)为横坐标。其中最大吸收波长 λ_{max} 及摩尔吸收系数 κ 为紫外吸收光谱的主要特征,通常在紫外吸收光谱的数据报告中,常给出其 λ_{max} 及 κ 或 $\lg\kappa$。

紫外吸收光谱不但可用于定量分析而且可用来对紫外光区具有吸收的物质进行定性和结构分析,还可用于测定有关的化学或物理化学常数,因此被广泛用于工业、农业、医药、卫生、生物、食品、环保等部门。

红外吸收光谱(简称 IR 光谱)一般是指物质在波长 2.5～25 μm 的中红外光区的吸收曲线。红外吸收光谱法可用于定性、定量分析,为人们提供分子模型、分子结构信息,其中应用最广泛的还是化合物结构的鉴定。但是,对于复杂分子结构的鉴定,尚需紫外吸收光谱、核磁共振波谱和质谱配合,并配以理化数据进行综合判断方可得到正确的鉴定结果。红外吸收光谱通常以波数(σ)或波长(λ)作横坐标,以透光度(T)作纵坐标表示。

核磁共振波谱(简称 NMR)是放置在强磁场中的自旋物质在波长 10～100 m的电磁辐射中发生核磁共振跃迁所产生的波谱,广泛地应用于分子生物学、天然有机化学、合成有机化学等各个领域,尤其为人们提供有机化合物的分子模型、分子结构、分子运动等多种信息,已成为研究有机化合物分子微观结构不可缺少的工具。

核磁共振波谱常见的有氢谱(用 $^{1}H-NMR$ 表示)和碳谱($^{13}C-NMR$ 表示)两种,其中最简单、常见的为 $^{1}H-NMR$ 谱,它可分为一级谱和高级谱两类。这里仅介绍一级的 $^{1}H-NMR$ 谱。其表示方法是以化学位移(常数)δ 作横坐标,以吸收强度作纵坐标。

质谱(简称 MS)是物质的分子在离子源内离子化之后裂解为各种质荷比(m/z)的离子,进而在电场和磁场的作用下被分离,并被检测器测定,按质荷比的大小排列的谱。其表示方法通常是以分子离子或由分子离子派生的碎片离子的质荷比 m/z 作横坐标,以相对强度作纵坐标,最常见的有两种表示方法即棒图(条图)和表谱(用列表形式表示的质谱)。呈现在质谱上的是许多离子峰及其相对强度的信息,通过对各个峰的识别和解析,可确定化合物的元素组成、相对分子质量、分子式和分子结构。

二、谱图文献资料及查阅方法

1. 文献资料

以上四大谱图的主要文献资料有以下几种：

(1) Sadtler 标准谱图集　这是美国费城 Sadtler 研究室从 1956 年开始编印出版的各种化合物的谱图集，内容包括紫外吸收光谱、红外吸收光谱、近红外吸收光谱、核磁共振波谱、拉曼光谱和质谱等数据库。

为了方便查找，谱图集有多种索引，包括总索引和专用索引。为了适应不同的检索途径，总索引又可分为：字顺索引、号码索引、分子式索引、化学分类索引四种。

(2) CRC 有机化合物光谱资料及物理常数汇集(Atlas of Spectral Data and Physical Constants for Organic Compounds，简称 CRC 光谱资料图表集)，1973 年开始出版。将近 21000 种有机化合物的光谱数据(包括紫外、红外、核磁共振、质谱)及物理常数，使用较方便。全书分为光谱、主要数据及索引三部分。

(3) Aldrich 红外吸收光谱谱图集(the Aldrich Library of Infrared Spectra 1981)此谱图集共精选出 12000 种带有重要官能团的有机化合物的红外吸收光谱图，其编排方法由简到繁，既有图又有说明，通俗易懂，便于识别各种化合物的结构性质。

(4) 质谱数据的 Wiley 谱图(the Wiley Registry of Mass Spectral Data)此资料提供约 110000 多种化合物的低分辨率质谱图。

其次，还有 SDC 汇编；Freeman Ray 编，A Handbook of Nuclear Magnetic Resonance(核磁共振手册)；Robinson J W 编，Practical Handbook of Spectroscopy(实用谱图手册)。

2. 查阅方法

各谱图文献资料的查阅方法不尽相同，但也有许多共同之处。这里将 Sadtler 图谱的两种主要查阅方法作一简要介绍，现以蒽醌为例，介绍其紫外吸收标准谱图的查阅方法。

(1) 根据分子式索引　由分子式索引检索谱图是最常用的方法，它是将化合物的元素按 Hill 系统排列，然后查索引。

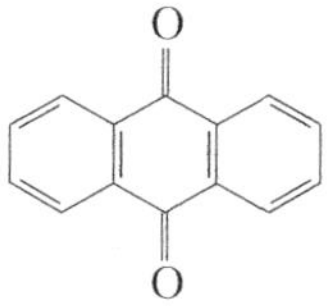

$C_{14}H_8O_2$

Name	C	H	Br	Cl	F	I	N	O	P	S	Si	M	Prism (棱镜谱图)	Grating (光栅谱图)	UV	NMR	DTA
Anthra-quinone	14	8						2					1815	279	508		1100

由此即可查到其紫外吸收光谱图编号是 508。

(2) 根据化合物的名称索引(字顺索引)

Name	Prism	Grating	UV	NMR	DTA
Anthraquinone	1815	279	508		1100

三、谱图的解析

谱图的解析因谱图种类的不同而异,可参考有关的仪器分析书籍,这里仅介绍四种谱图综合解析的一般步骤:

(1) 确定分子式 首先可由质谱的分子离子峰、同位素峰及其相对强度,利用 Beynon 表求出分子式。由分子式可计算出不饱和度 Ω。

(2) 初查并分析四种谱图 判断化合物是芳香族还是脂肪族,是否含有不饱和键等。

(3) 利用某一种谱图的优势特征去印证另一谱图显示的信息,从而辨认出分子中的官能团及其取代关系。

(4) 根据已确定的结构单元,推测化合物的可能结构。

(5) 对几种可能的结构进行认证,如果某一结构对四种谱图均很相符,说明这就是待测物的结构;否则就要利用经验公式对几种结构中的某些氢原子(或碳原子)的化学位移 δ 值进行计算,并与实测值比较,选出最合理的结构。

需要指出的是,在解析之前,先要了解样品来源,以便缩小分析范围。另外要了解样品是否为纯品(因为只有纯品作出的各种谱图才可能用来推断化合物的结构),否则需要事先通过各种分离技术进行分离提纯,以得到待测物的纯品。

第十一章

实验化学操作技能(二)

概　述

为适应新形势下相关专业人才培养的需要，在上册第二章的基础上，本章就物理化学实验和仪器分析实验的有关操作做一简要介绍，以进一步提高学生的实验基本操作技能和水平。

11－1　水银温度计的校正

水银温度计是实验室中最常用的液体温度计，水银具有热导率大、比热容小、膨胀系数均匀并且在相当大的温度范围内体积随温度的变化呈直线关系、不润湿玻璃、不透明而便于读数等优点，因而水银温度计是一种结构简单、使用方便、测量较准确并且测量范围大的温度计。但当温度计受热时，水银球体积会有暂时的改变而需要较长时间才能恢复原来体积，由于玻璃毛细管很细，因而水银球体积的微小改变都会引起读数的较大误差，并且温度计经长期使用后，玻璃毛细管也会发生变形而导致刻度不准。另外温度计有全浸式和半浸式两种，全浸式温度计的刻度是在温度计的水银全部均匀受热的情况下刻出来的，但在测量时，往往是仅有部分水银受热，因而露出的水银柱温度就较全部受热时低。这些在准确测量中都应予以校正。

校正方法参阅上册 2－9－1“温度计的校正”，如图 11－1 所示。

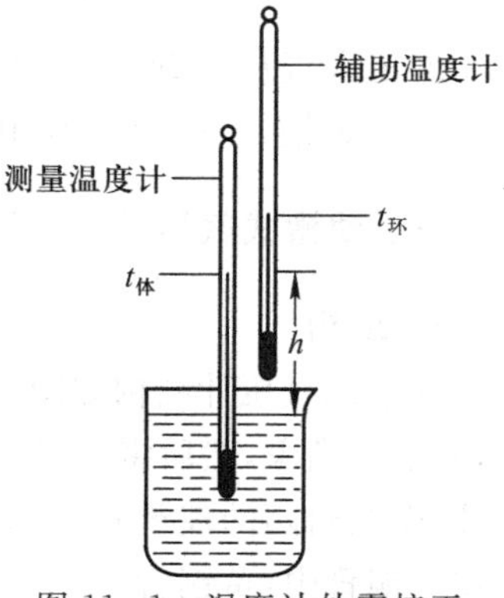

图 11－1　温度计外露校正

将一支辅助温度计靠在测量温度计的露出部分，其水银球位于露出水银柱的中间，测量露出部分的平均温度，校正值 Δt 按式(2－6)计算，即

$$\Delta t = 0.00016\,h(t_{体} - t_{环})$$

式中:0.00016——水银对玻璃的相对膨胀系数;

h ——露出水银柱的高度(以温度差值表示,℃);

$t_{体}$——体系的温度(由测量温度计测出,℃);

$t_{环}$——环境即水银柱露出部分的平均温度(由辅助温度计测出,℃)。

校正后的真实温度为

$$t_{真}=t_{体}+\Delta t$$

例如,测得某液体的 $t_{体}=183$ ℃,其液面位于温度计的 29 ℃上,则 $h=(183-29)$ ℃ $=154$ ℃,而 $t_{环}=64$ ℃,则

$$\Delta t=0.00016\times154(183\text{ ℃}-64\text{ ℃})=2.9\text{ ℃}$$

故该液体的真实温度为

$$t_{真}=183\text{ ℃}+2.9\text{ ℃}=185.9\text{ ℃}$$

由此可见,体系的温度越高,校正值越大。在 300 ℃时,其校正值可达 10 ℃左右。

半浸式温度计,在水银球上端不远处有一标志线,测量时只要将线下部分放入待测体系中,便无须进行露出部分的校正。

11-2 气压计

测定大气压力的仪器称为气压计,气压计的种类很多,实验室常用的是动槽式和定槽式气压计,其中以动槽式(福廷式)气压计最为常见。

一、动槽式气压计

1. 结构

动槽式气压计结构如图 11-2 所示。它是用一支长 90 cm 的玻璃管封闭上端,管中装满汞,然后将开口端倒插入下部汞槽中,管中的汞由于重力作用而下降,因而在封闭的玻璃管上部出现一段真空,汞槽与大气相通。盛汞的玻璃管装在黄铜管中,黄铜管上部刻有主标尺并在相对两边开有长方形小窗,在窗内装一可上下滑动的游标尺,通过转动调节游标螺旋可使游标尺上下移动。汞槽底部为一羊皮袋,可以借助下端的螺旋 Q 调节其中汞面的高度,汞面的高度应正好与固定在汞槽顶端的象牙针尖接触,这个汞面就是测定汞柱高度的"零点",也就是铜管上主标尺的"零点"。气压计必须垂直安装,如果偏离垂直位置

1°时，对于 101.325 kPa(1 个大气压)来说，就会造成 13.33 Pa 的误差。

2. 操作方法

(1) 读取温度　首先从气压计所附温度计上读取温度。

(2) 调节汞槽中汞面的高度　慢慢旋转底部螺旋 Q，使汞槽中的汞面与象牙针尖恰好接触。调节时可利用汞槽后面白瓷板的反光来观察汞面的高度，调节动作要轻而慢，汞面调节好以后，稍待 30 s 再次观察汞面与象牙针尖接触的情况，没有变化后继续下一步操作。

(3) 调节游标尺　转动调节游标螺旋使游标尺的下沿高于汞柱面，然后慢慢下降直至游标尺下沿和汞柱的凸面相切，此时观察者的眼睛与游标尺的下沿与汞柱的凸面在同一水平面上。

(4) 读取气压计数值　先从主标尺上读出靠近游标尺下端且在其下面的刻度，即为大气压的整数部分，再从游标尺上找出一根与主标尺上某一刻度线相吻合的刻线，其刻度值即为大气压的小数部分，单位是 kPa(老式气压计的单位是 mmHg)。

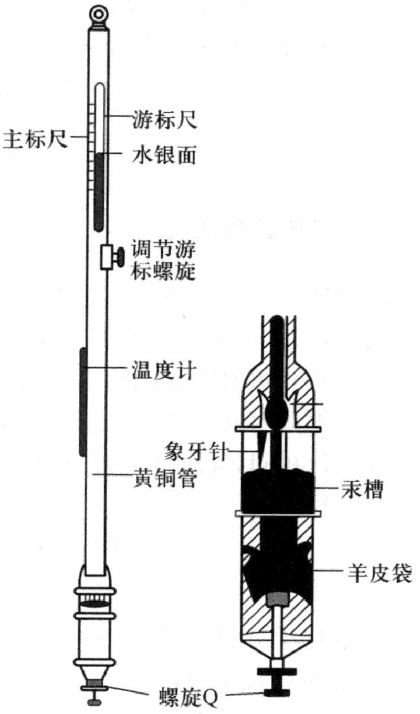

图 11-2　动槽式气压计

3. 气压计读数的校正

由于气压计的刻度是以 0 ℃、纬度 45°的海平面高度为标准的，同时仪器本身还有误差，因此气压计的读数必须经过温度、纬度、海拔高度和仪器误差的校正才能使用。

(1) 仪器校正　由于仪器本身不精确，造成的读数误差称为“仪器误差”。仪器在出厂时均附有校正表，从气压计上读出的数值，应先经此表校正。若表中是正值，应在读数上加上此值；若是负值则应从读数中减去此值。

(2) 温度校正　温度会影响水银密度及黄铜标尺的长度，考虑了这两个因素之后采用如下校正公式：

$$p_0 = p - p\,\frac{\alpha - \beta}{(1+\alpha t)\cdot t}$$

式中：p——气压计的读数(Pa)；

t——测量时的温度(℃);

α——汞体膨胀系数(汞在 0～35 ℃之间的平均体膨胀系数 $\alpha=0.0001818$ ℃$^{-1}$);

β——黄铜的线膨胀系数($\beta=0.0000184$ ℃$^{-1}$);

p_0——将大气压读数校正到 0 ℃后的读数(Pa)。

(3) 重力校正　重力加速度数值受海拔高度 H(单位为 m)和纬度 λ 影响,因此需将测得的气压计读数用如下公式校正:

$$p_{校}=p_0(1-2.65\times10^{-3}\cos 2\lambda-1.96\times10^{-7}H)$$

二、定槽式气压计

定槽式气压计与动槽式气压计大同小异,不同之处在于前者的汞槽中汞面无须调节,它的汞是装在体积固定的槽内。当大气压力发生变化时,玻璃管内汞柱的液面和汞槽内汞液面的高度差也相应变化。在标定气压计的标尺时已经补偿了汞槽内液面的变化量。其使用方法除槽中汞面无须调节,其他均与动槽式气压计相同,气压计读数的校正方法二者也完全相同。

11-3 常用电极

在电化学分析中经常会用到一些电极,这些电极通用性较强。

常见的有甘汞(Hg_2Cl_2)电极、Ag-AgCl 电极、氟电极、铂黑(Pt)电极、pH 玻璃电极和 pH 复合电极。现就这些电极及其特点予以介绍。

一、甘汞电极

单个电极与电解质溶液界面的相界面电势(即电极电势),迄今为止还无法直接进行测量。为了解决这个问题,通常采用相对标准的比较办法,将电极体系与一个作为标准的参比电极体系组成一个原电池,然后测量该电池在某一温度下的电动势,即可计算该电极在该温度下的电势。常用的参比电极有:标准氢电极、甘汞电极和 Ag-AgCl 电极。

甘汞电极是最常见的参比电极之一,它的结构如图 11-3 所示。

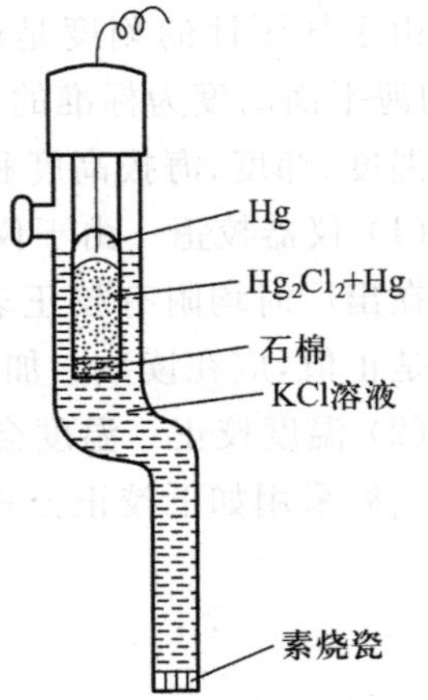

图 11-3　甘汞电极示意图

甘汞电极的电池符号如下(半电池)：

$$Hg(l) \mid Hg_2Cl_2(s) \mid KCl\text{溶液}(c)$$

其电极反应为：

$$Hg_2Cl_2(s) + 2e^- \rightleftharpoons 2Hg(l) + 2Cl^-(aq)$$

甘汞电极的电极电势 $\varphi(Hg_2Cl_2/Hg)$ 与 KCl 溶液中的 Cl^- 的活度 $a(Cl^-)$ 或浓度 $c(Cl^-)$ 之间的关系，符合能斯特(Nernst)方程。在温度为 25 ℃时，

$$\varphi(Hg_2Cl_2/Hg) = \varphi^{\ominus\prime}(Hg_2Cl_2/Hg) - 0.0592\ V\lg[c(Cl^-)/c^{\ominus}]$$

式中：$\varphi^{\ominus\prime}(Hg_2Cl_2/Hg)$——甘汞电极的条件电极电势(单位为 V)。

如果 $a(Cl^-)$ 或 $c(Cl^-)$ 在一定温度下为定值，则电极的电势也就为定值。常用的甘汞电极有三种，如表 11－1。

表 11－1　三种常用的甘汞电极

名　称	KCl 溶液浓度	25 ℃时的电极电势
0.1 mol 甘汞电极	0.1 $mol \cdot L^{-1}$	＋0.3365 V
标准甘汞电极	1 $mol \cdot L^{-1}$	＋0.2807 V
饱和甘汞电极	(饱和溶液)	＋0.2415 V

由于液体接界电势和盐桥种类不同的影响，各种文献上列出的甘汞电极的电极电势值稍有差别。浓的 KCl 溶液可以较好地消除液体接界电势，所以常用饱和甘汞电极进行测量。

二、Ag－AgCl 电极

Ag－AgCl 电极也是常用的参比电极，它的结构如图 11－4 所示。

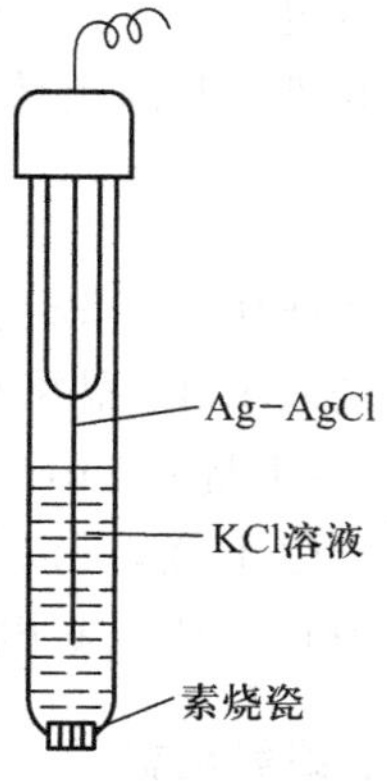

图 11－4　Ag－AgCl 电极

Ag－AgCl 电极的电极反应如下：

$$AgCl(s) + e^- \rightleftharpoons Ag(s) + Cl^-(aq)$$

在 25 ℃时，其电极电势符合下式：

$$\varphi(AgCl/Ag) = \varphi^{\ominus\prime}(AgCl/Ag) - 0.0592\ V\lg[c(Cl^-)/c^{\ominus}]$$

与甘汞电极相似，其电极电势决定于溶液中 Cl^- 的活度(或浓度)。Ag－AgCl电极具有良好的稳定性和较高的重现性，但由于 AgCl 易从电极上

脱落,故电极常保存在溶液中,同时 AgCl 见光会分解,不宜长期保存。

在 25 ℃时,Ag-AgCl 电极的标准电极电势为 +0.2224 V[$c(Cl^-)$ = 1 mol·L^{-1}]。对 0.1 mol·L^{-1} KCl 溶液,其电极电势为 +0.2900 V;对饱和 KCl 溶液,电极电势为 +0.1990 V。

三、氟电极(氟离子选择性电极)

氟电极由掺杂了少量 EuF_2 和 CaF_2 的 LaF_3 单晶敏感电极薄膜、内参比电极(Ag-AgCl 电极)和内充液(0.1 mol·L^{-1} NaCl-0.1 mol·L^{-1} NaF 溶液)组成,如图 11-5。它常作为电势法测量溶液中 F^- 浓度时的指示电极。氟电极可表示为

Ag(s) | AgCl(s) | NaCl(0.1 mol·L^{-1}),

NaF(0.1 mol·L^{-1}) | LaF_3 膜 | F^-试液

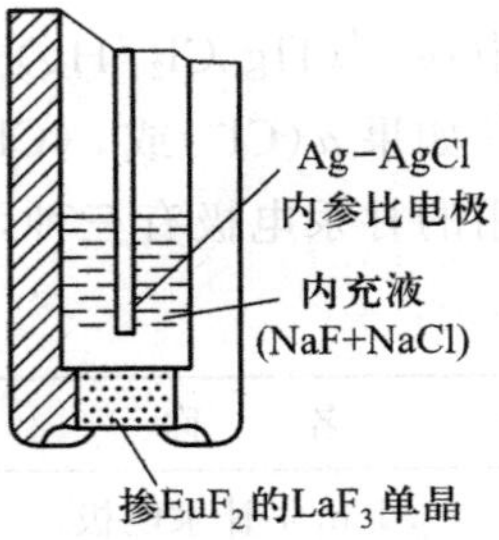

图 11-5 氟电极(氟离子选择性电极)示意图

LaF_3 单晶对 F^- 有高度的选择性,允许体积小、带电荷少的 F^- 在其表面进行交换。将电极插入 F^- 试液中,如果试液中 F^- 活度较高,F^- 进入晶体的空穴中(这是因为 Eu^{2+} 和 Ca^{2+} 代替 LaF_3 晶格点阵中的 La^{3+},使晶体中增加了空的 F^- 点阵,使更多的 F^- 沿着这些点阵扩散而导电);反之,晶体表面的 F^- 进入试液,晶格中的 F^- 又进入空穴。这样,在晶体膜与溶液界面间建立了双电层结构,从而产生膜电势。其膜电势 φ_m 表达式(25 ℃时)为

$$\varphi_m = 常数 - 0.0592\ \text{V} \lg a(F^-)$$

当试液中 pH 较高,即 $c(OH^-) \gg c(F^-)$ 时,由于 OH^- 半径与 F^- 相近,OH^- 能进入 LaF_3 晶格形成 $La(OH)_3$,同时释放了 F^-(增加了试液中 F^- 的活度)而产生干扰;当 pH 较低时,溶液中形成难以解离的 HF,降低了试液中 F^- 活度而产生干扰,所以一般控制 pH 为 5.0~6.0。由于 LaF_3 的溶解度约为 10^{-7} mol·L^{-1},所以氟电极的测定范围为 10^{-1}~10^{-6} mol·L^{-1}。

四、铂黑电极

在制备标准氢电极时和进行电导测定时常会用到铂黑电极,铂黑电极是在铂片电极表面镀上一层海绵状的细小颗粒的金属 Pt,铂黑的存在有效地增大了电极的表面积,有利于电极去极化和提高效率。

铂黑电极的制备采用电解法。电解前应对电极表面进行处理,新的光亮铂电极可用热 NaOH 醇溶液洗涤 15 min 左右,然后在浓 HNO_3 溶液中煮数

分钟，再用蒸馏水洗干净。

将处理好的铂电极作阴极，用另一铂电极作阳极，在 0.5 mol·L^{-1} H_2SO_4 溶液中电解 10 min，除去表面的氧化物，冲洗干净后，用下列溶液作电解液进行电解（镀）：

H_2PtCl_6（铂氯酸）	3g
$PbAc_2 \cdot 3H_2O$（醋酸铅）	80 mg
H_2O	100 mL

电镀时电流密度为 100～200 mA·cm^{-2}，时间 1～3 min；也可以用 2% $PtCl_2$ 的 2 mol·L^{-1} HCl 溶液作电解液，以 15 mA·cm^{-2} 的电流密度电镀10～20 min。

电镀好的铂黑电极冲洗干净后，再置于 0.5 mol·L^{-1} H_2SO_4 溶液中阴极化 10～20 min（电流密度为 20～50 mA·cm^{-2}），以除去（镀铂黑时产生的）Cl_2，最后洗净并浸于蒸馏水中待用。

五、pH 玻璃电极

典型的 pH 玻璃电极的结构如图 11-6 所示。电极的核心部分是电极下端的球形玻璃泡（也有平板式玻璃泡），是由特殊成分玻璃制成的，膜厚 30～100 μm。玻璃膜的化学组成对 pH 电极性能影响较大。球泡内充入 pH 为一定值的内参比溶液（0.1 mol·L^{-1} HCl 溶液），在其中插入一支 Ag-AgCl 电极作内参比电极，内参比电极的电势是恒定的，与待测溶液的 pH 无关。pH 玻璃电极能测定溶液的 pH，主要是由于它的玻璃膜（敏感膜）产生的膜电势与待测溶液的 pH 有特定的关系。

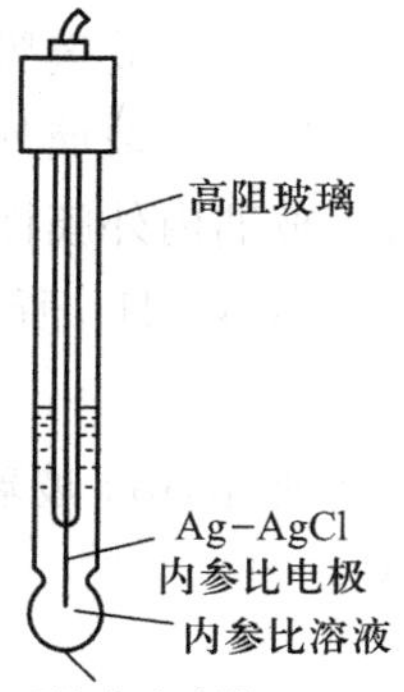

图 11-6 pH 玻璃电极的结构

玻璃电极在使用之前必须在水中浸泡一定的时间，浸泡时玻璃膜内外表面形成了一层水合硅胶层，这种水合硅胶层是逐渐形成的。只有在水中浸泡足够长的时间后，水合硅胶层才能完全形成并趋向稳定。

浸泡后，玻璃电极水合硅胶层表面的 Na^+ 与水溶液中的质子发生如下的交换反应：

$$\underset{\text{溶液}}{H^+} + \underset{\text{玻璃膜}}{Na^+Gl^-} \rightleftharpoons \underset{\text{溶液}}{Na^+} + \underset{\text{水合硅胶层}}{H^+Gl^-}$$

交换达到平衡后,玻璃内外表面几乎全由硅酸($H^+ Gl^-$)组成。从膜的表面到胶层内部,H^+数目逐渐减小,而Na^+数目逐渐增多。把浸泡好的玻璃电极浸入待测试液时,水合硅胶层与外部试液接触,由于胶层表面和溶液中的H^+活度不同,两者之间存在着活度差,因此H^+从活度大的一方向小的一方扩散,并建立如下平衡:

$$H^+_{硅胶层} \rightleftharpoons H^+_{溶液}$$

这样就改变了胶层-溶液相界面的电荷分布,于是在内外两胶层-溶液间产生了一定的相界面电势,即:膜外侧水合硅胶层-试液的相界面电势φ_1和膜内侧水合硅胶层-内部缓冲液的相界面电势φ_2。由此可见,玻璃膜两侧相界面电势的产生不是由于电子的得失,而是由于H^+在溶液和胶层界面间进行扩散的结果。该相界面电势与每个相界面的H^+活度(浓度)有关,并遵守能斯特(Nernst)方程(298 K时):

$$\varphi_1 = k_1 + 0.0592\ \lg(a_1/a_1')$$
$$\varphi_2 = k_2 + 0.0592\ \lg(a_2/a_2')$$

式中:a_1、a_2——外部试液和内部缓冲液的H^+活度;

a_1'、a_2'——玻璃膜外部和内部水合硅胶层的H^+活度;

k_1、k_2——玻璃外、内膜表面性质决定的常数。

由于玻璃内外膜性质基本相同,则$k_1 = k_2$。又因为内外水合硅胶层表面的Na^+完全被H^+所取代,故内外水合硅胶层的H^+活度应该相等,即$a_1' = a_2'$。

综上所述,pH玻璃电极的膜电势包含两个部分,即φ_1和φ_2。膜电势可表示为

$$\varphi_m = \varphi_1 - \varphi_2 = 0.0592\ \lg(a_1/a_2)$$

因所用的内部缓冲液的H^+活度(a_2)为一定值,所以有

$$\varphi_m = K + 0.0592\ \lg a_1 \quad 或 \quad \varphi_m = K - 0.0592\ pH_{试}$$

因而玻璃电极的电势为

$$\varphi_G = \varphi_{AgCl-Ag} + \varphi_m = \varphi_{AgCl-Ag} + K - 0.0592\ pH_{试}$$
$$= K' - 0.0592\ pH_{试}$$

φ_G为玻璃电极电势,$\varphi_{AgCl-Ag}$为内参比电极电势。上式给出了在一定温度下,玻璃电极电势与试液pH的线性关系。

六、pH 复合电极

将 pH 玻璃电极和参比电极组合在一起的电极称为 pH 复合电极。该电极分为内参比电极和外参比电极两部分，其中内参比电极与玻璃电极完全一样，外参比电极为 Ag－AgCl 电极，外参比溶液是3 $mol \cdot L^{-1}$ KCl凝胶电解质溶液。电极管内及引线装有屏蔽层，以防静电感应而引起电位漂移。pH 复合电极的结构如图 11－7 所示。

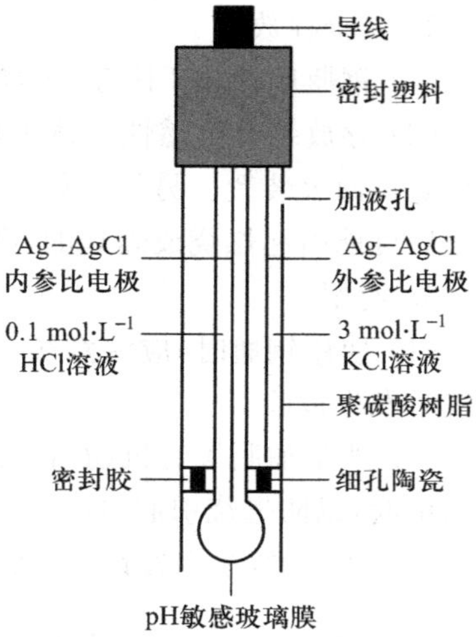

图 11－7　pH 复合电极的结构

pH 复合电极利用对溶液 pH 变化敏感的测量电极和有恒定电极电势的参比电极所组成的工作电池来测量电动势，从而利用待测溶液的 pH 与工作电池的电动势之间的线性关系来实现测定。

pH 复合电极浸泡液必须是 pH＝4 的 3.3 $mol \cdot L^{-1}$ KCl缓冲溶液，不可浸泡在蒸馏水中。

外参比溶液一般每两个月更换一次，如果测量含强酸、强碱、有机溶剂和容易污染的样品时，最好每两周更换一次。更换的时候把原来的液体全部倒出，然后加入少量新的补充液把电极内部润洗一遍后倒掉，最后加入新的补充液。

11－4　钢瓶和常用气体的使用

一、钢瓶的使用

在实验化学中，经常要使用一些气体，例如，氧气、氮气、乙炔气、氢气等。为了方便使用、贮存和运输，通常将这些气体压缩成为压缩气体或液化气体，灌入耐压钢瓶内。耐压钢瓶由无缝碳素钢或合金钢制成，适用于压力在 15.0 MPa(150 atm)以下的气体。使用钢瓶的主要危险是当钢瓶受到撞击或受热时可能发生爆炸。另外有一些气体具有剧毒，一旦泄漏其后果严重，所以在实验化学中，必须正确安全地使用各种钢瓶。使用时，需注意以下事项：

1. 定期检查

钢瓶在运输、贮存和使用时,不要与其他坚硬的物体撞击,以免引起钢瓶爆炸;钢瓶应定期进行安全检查,如进行水压、气密性实验等。

2. 安全存放

(1) 钢瓶应存放于阴凉、干燥、远离热源(如阳光、暖气、炉火等)的地方。

(2) 存放装有可燃性气体钢瓶的房间最好远离实验室并注意通风,同时应加防止回火装置。另外,原则上有毒气体的钢瓶应单独存放。若两种气体接触后可能引起燃烧或爆炸的,则这两种气体钢瓶不能放置在一起。

3. 使用

(1) 使用钢瓶时,应注意缓开阀门,而且不能把瓶内气体用尽,以防重新灌气时发生危险。

(2) 严禁油脂等有机物沾污钢瓶(特别是出口和气压表);也不可用麻、棉等物堵漏,以防燃烧引起事故。

(3) 使用时,注意各钢瓶上漆的颜色及标记(见表 11-2),避免混淆。

表 11-2 我国钢瓶常用标记

钢瓶名称	外表颜色	字 样	字样颜色	横条颜色
氧气瓶	天蓝	氧	黑	
氢气瓶	深绿	氢	红	红
氮气瓶	黑	氮	黄	棕
纯氩气瓶	灰	纯氩	绿	
二氧化碳气瓶	黑	二氧化碳	黄	黄
氨气瓶	黄	氨	黑	
氯气瓶	草绿	氯	白	白
氟氯烷瓶	铝白	氟氯烷	黑	
乙炔瓶	白	乙炔	红	

二、氧气的使用

由电解水或液化空气能得到纯氧气,经压缩后贮于钢瓶中备用。刚出厂的钢瓶压力在 15.0 MPa 左右,使用氧气时须用氧气压力表,表的结构如图 11-8 所示。

本书中涉及氧弹充氧(16-4 燃烧热的测定),下面予以介绍。

1. 氧弹充氧程序

(1) 将氧气钢瓶放稳、固定(一般是直立),取下瓶上钢帽,连接氧气钢瓶与氧气压力表，并用高压铜线管与氧弹进气管连接。

(2) 打开氧气钢瓶上端的氧气出口阀，此时表 1 所指压力即为钢瓶中氧气压力。然后略为旋紧减压阀，同时打开氧弹的放气管，排尽氧弹内的空气。

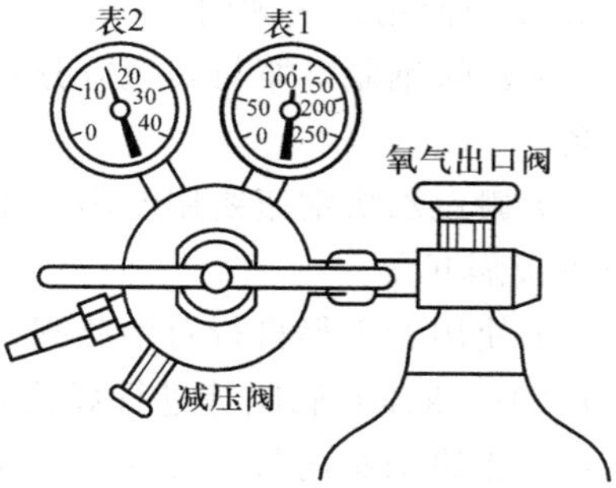

图 11-8 氧气压力表的结构

(3) 待排尽空气后，拧紧氧弹放气管，再继续旋紧减压阀，使表 2 的压力读数约为 1.5 MPa(15 atm)。放松减压阀，此时氧弹中约有 1.5 MPa 的氧气。

(4) 取下氧弹，关闭氧气钢瓶上端的阀门，打开减压阀放掉管道和氧气压力表中的氧气。

(5) 氧弹充气后，须检查不漏气，才能使用。

2. 安全使用氧气规则

(1) 严禁与氢气在同一个实验室内使用。

(2) 尽可能远离热源。

(3) 搬运氧气钢瓶时，防止剧烈震动，严禁与氧气压力表一起装车运输。

(4) 开阀门及调压时，操作者应站在钢瓶的侧面，以保证人身安全。

(5) 打开氧气出口阀之前，减压阀必须处于关闭状态，否则易引发事故。

(6) 钢瓶中压力在 1.0 MPa(10 atm)以下时，不能使用，应该去灌气。

三、乙炔气的使用

乙炔在室温下是一种无色、极易燃的气体，纯乙炔是无臭的。乙炔钢瓶内有浸满丙酮的多孔性填料，可使乙炔溶解在丙酮中而实现安全贮存。使用时，溶解在丙酮中的乙炔分解出来，通过乙炔瓶阀流出。而丙酮仍留在瓶内，以便溶解再次压入的乙炔。

1. 乙炔钢瓶的安全操作

(1) 乙炔钢瓶放置在通风处或没有放射线源的场所，2 m 范围之内不允许有火源。

(2) 将乙炔钢瓶放稳、直立固定，防止倾倒，严禁卧倒。对已卧倒的乙炔钢瓶，必须先立牢静止 15 min 后，再接减压阀使用，否则易造成危险。

(3) 乙炔钢瓶必须安装专用减压阀和回火防止器，不能直接让乙炔流入管道，且减压阀指示的放气压力不得超过 0.15 MPa。开启时，操作者应站在阀门的侧后方,动作要轻缓。

2. 安全使用乙炔规则

(1) 乙炔钢瓶空瓶与实瓶应分开放置,并有明显标志,不得靠近热源和电器设备。

(2) 搬运乙炔钢瓶要用专用小车,如和氧气钢瓶同时搬运,必须用非燃烧材料隔板隔开。

(3) 使用者不得自行对钢瓶阀、易熔合金塞等附件进行修理或更换,严禁对乙炔钢瓶瓶体和底座等进行焊接修理。

(4) 乙炔钢瓶内气体不能用尽,乙炔钢瓶中压力安全要求:当环境温度<0 ℃时,压力$\geqslant 0.05$ MPa;当环境温度为25～40 ℃时,压力$\geqslant 0.3$ MPa。否则不能使用。

四、氮气的使用

氮气为无色、无臭气体,属于稳定、不聚合的不燃气体,在保证其中不含超标有害杂质的情况下,因无毒害等作用允许其安全地扩散到大气中。由于氮气本身较稳定,其可能发生的危险主要是操作者吸入危害健康,以及钢瓶遇到高热时,瓶内压力增大造成的开裂和爆炸。

1. 氮气钢瓶的安全操作

(1) 将氮气钢瓶放稳、直立固定,以免摇动或倾倒。

(2) 使用前要检查连接部位是否漏气,可涂上肥皂液进行检查,确定不漏气后才能进行实验。

(3) 使用时先逆时针打开钢瓶总开关,观察高压表读数,记录高压瓶内总的氮气压力,然后顺时针转动低压表的压力调节螺杆,使高压气体经节流减压后进入低压室,并经出口通往工作系统。

(4) 使用结束后,先顺时针关闭钢瓶总开关,再逆时针旋松减压阀。

(5) 开关氮气阀门和调压时动作要轻缓,切不可过急或强行地用力拧。

2. 安全使用氮气规则

(1) 使用场所应有良好的通风条件。

(2) 操作者必须经过培训,并严格按照安全操作规程进行操作。

(3) 运输氮气钢瓶时应注意轻装轻卸,防止钢瓶及附件破损导致气体泄漏。

(4) 不能把钢瓶内的气体全部用尽,减压阀表压一定要在0.05 MPa以上。

11-5　移液器与微量进样器

一、移液器

移液器又称取液器，是一种精密计量器具，广泛应用于医药卫生、生化和科研单位，是各类实验室做生化测定、免疫实验及微量化学分析时对各种化学试剂，放射性同位素，生物制剂，无菌制剂，传染性、毒性和腐蚀性液体进行定量加液的必不可少的工具。

移液器采用精密自锁微量计数结构，在容量范围内连续可调，数字显示读数直观。移液器设有脱卸吸头专用弹射按钮，更换吸头快捷简便，吸取过程安全。配套吸头选用优质聚丙烯精密模压成型，适宜高温消毒。

图 11-9 为一种典型的移液器，移液器的取液量由手柄上读数窗口示出。操作时只有在移液器额定移液量的范围内进行设定和移液，才能取得精确的满意效果。任意过度用力旋转和超额定范围的设定，都会损坏移液器并影响其精度。

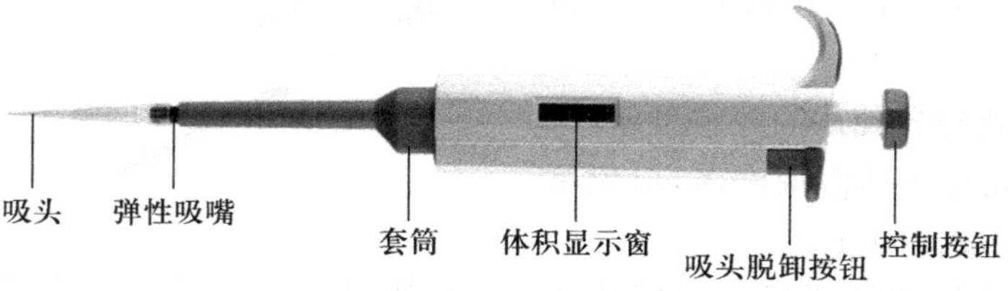

图 11-9　移液器的结构

移液器的使用方法如下：

(1) 设定移液体积　如果将体积由大调小，逆时针旋转控制按钮；如果将体积由小调大，先顺时针旋转控制按钮调至超过设定体积刻度，再调回至设定体积，保证量取的精确度。

(2) 装配移液器吸头　将移液器吸嘴垂直插入吸头中，稍微用力左右微微转动即可使其紧密结合。

(3) 润洗　用同一样品重复吸液、放液 2～3 次。

(4) 吸液和放液　吸取液体时，将吸头垂直插入液面下 2～4 mm。用大拇指将控制按钮按至第一停点，缓慢松开拇指使控制按钮回到原点，吸液速度要缓慢匀速。放液时，先将吸头尖靠在容器内壁，再将控制按钮按至第一停点放液,稍停片刻继续按控制按钮至第二停点吹出残余的液体,最后松开控制按钮。

(5) 移液完毕,按压脱卸吸头按钮,将吸头脱卸。并将移液器刻度调至最大,使弹簧恢复原状延长移液器的使用寿命。

移液器使用的注意事项为:

(1) 已吸有液体的移液器不应平放或倒置,以防液体流入旋塞室腐蚀移液器旋塞。

(2) 移液器严禁吸取有强挥发性、强腐蚀性的液体(如浓酸、浓碱和有机物等)。

(3) 不要用大量程的移液器移取小体积的液体,以免影响准确度。

二、微量进样器

微量进样器可供分析化学实验使用。尤其对于气相色谱仪和高效液相色谱仪的液体进样分析,是必不可少的精密器械。微量进样器总容量误差小于 5%,气密性能承受 0.2 MPa。图 11－10 为微量进样器的结构。

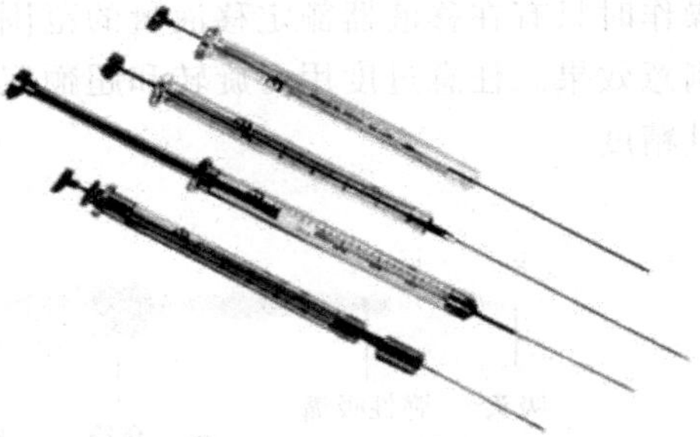

图 11-10 微量进样器的结构

微量进样器使用的注意事项:

(1) 切忌用碱溶液洗涤,以免腐蚀、损坏而漏液漏气。

(2) 进样器使用后应立即清洁处理,以免针芯受污而堵塞。

(3) 拉动指示针芯不得超过商标图案,若不慎拉过或全部拉出时,可重新装配,但必须先旋出针尖螺母,再把针芯(不锈钢丝)从硅橡胶垫中心穿过,对准针尖孔,慢慢旋上针尖螺母,然后推进针芯。不得直接插入,以免不锈钢丝折弯。

(4) 进样器针尖极为细小,因此不宜吸取有较粗悬浮物质的溶液,一旦针尖堵塞,用 ϕ 0.1 mm 不锈钢丝疏通。

(5) 用微量进样器吸取溶液时,必须把针尖浸在溶液中来回抽吸几次,以便针尖内的空气排尽,否则会影响分析正确性和容量精确度。

(6) 如发现进样器内不锈钢表面有氧化(发黑)现象,可在不锈钢针芯上涂少量肥皂水,塞入进样器内,来回拉动几次,即可除去,然后再清洗。

11-6 真空技术简介

真空技术在化学化工及吸附体系的研究等许多方面都有十分广泛的应用，因而真空的获得与测量在化学实验技术上是非常重要的。真空是指一个系统压力低于标准大气压的气态系统。一般把系统压力高于 1333 Pa 的称为粗真空，介于 1333～0.1333 Pa 的称为低真空，介于 0.1333～1.333×10^{-6} Pa 的称为高真空，低于 1.333×10^{-6} Pa 的称为超高真空。

一、真空的获得

真空泵是用来产生真空的抽气设备。采用水泵往往能获得粗真空，它应用的是伯努利原理。水经过收缩的喷口以高速喷出，其周围区域的压力较低，由系统中进入的气体分子便被高速喷出的水流带走。水流泵所能达到的极限真空度受水本身的蒸气压限制。水流泵在15 ℃时的极限真空度为 12.8 Pa，25 ℃时为 23.8 Pa。尽管其效率较低，但由于简便，实验室中在吸滤或其他只需要粗真空度要求时却经常使用。

若要获得低真空，最常用的一种机械泵是油封式的转动泵，俗称油泵或真空泵。它的抽气效率较高，但只能产生 1.333～0.1333 Pa 的低真空，可达到的极限真空为 0.1333～1.333×10^{-2} Pa。常用的真空泵为旋片式油泵，其内部结构如图 11-11 所示。它由两组机件串联而成，每一组主要由泵腔、偏心转子组成，偏心转子下面安装有带弹簧的滑片，由电动机带动，偏心转子紧贴泵腔壁旋转，滑片靠弹簧的压力也紧贴泵腔壁，滑片在泵腔壁中连续运转，由此泵腔被滑片分成两个不同容积的部分，并且各部分的容积呈周期性扩大和缩小。气体从进气嘴进入，被压缩后从第一组机件的排气管排入第二组机件，再由第二组机件经气阀排出泵外。如此循环往复，将系统内

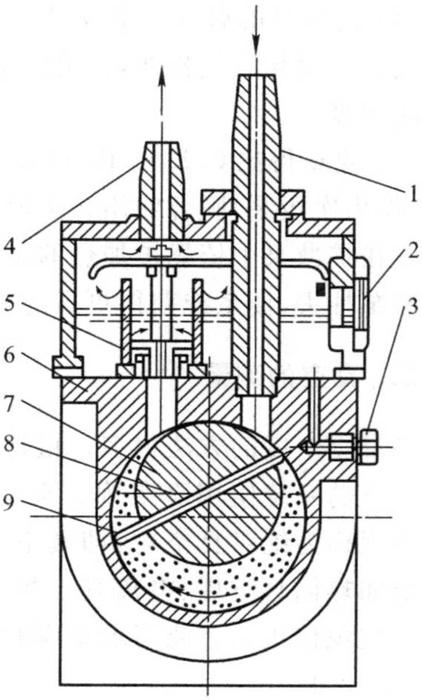

图 11-11 旋片式油泵结构图

1—进气嘴；2—油窗；3—防油塞；4—排气管；5—排气阀；6—定子；7—转子；8—弹簧；9—旋片

压力减少。

旋片式机械泵，整个机件浸在真空泵油中，这种油蒸气压很低，既可起润滑作用，又可起封闭微小的漏气和冷却机件的作用。使用机械泵应注意以下几点：

(1) 机械泵不能直接抽可凝性蒸气、挥发性液体等，因为这些气体进入泵后会破坏泵油的品质，降低油在泵内的密封和润滑作用，甚至会导致泵的机件生锈。因而必须在可凝气体进泵前先通过纯化装置。例如，用无水 $CaCl_2$，P_2O_5，分子筛等吸收水汽，用石蜡吸收有机化合物蒸气，用活性炭或硅胶吸收其他蒸气等。

(2) 机械泵不能用来抽腐蚀性气体，如 HCl，Cl_2，NO_2 等。因这类气体能迅速侵蚀泵中精密加工的机件表面，使泵漏气而不能达到所要求的真空度。遇到这种情况时，应当使气体在进泵前先通过装有 NaOH 固体的吸收瓶，以除去有害气体。

(3) 机械泵由电动机带动，使用时应注意电动机的电压及三相电动机旋转方向是否正确。正常运转时不应有摩擦、金属碰击等异声。运转时电动机温度不能超过 50～60 ℃。

(4) 机械泵的进气口前安装一个三通旋塞，停止抽气时应使机械泵与抽空系统隔开而与大气相通，再关闭电源，这样既可保持系统的真空度，又可避免泵油倒吸。

(5) 要获得比 0.1333 Pa 更高的真空，通常将机械泵(作为前级泵)和扩散泵(作为次级泵)联合使用。扩散泵并不能抽除气体，它只能起浓缩气体的作用。在扩散泵中依靠被加热的某种蒸气流把抽空系统的分子富集，然后再由机械泵抽去，使系统获得更高的真空。

二、真空的测量

测量真空度的方法很多。粗真空的测量，一般用 U 形管压力差计。对于较高真空的系统使用真空规。真空规有绝对真空规和相对真空规两种。麦氏真空规称为绝对真空规，即真空度可以用测量到的物理量直接计算而得。而其他如热偶真空规、电离真空规等均为相对真空规，测得的物理量只能经绝对真空规校正后才能指示相应的真空度，一些常用的真空规和应用范围列于表 11-3 中。

表 11-3 一些常用的真空规和应用范围

真 空 规	应用范围(单位为 Pa)
U 形汞压计	1～1000
油压力计	0.03～10
热偶规	10^{-3}～0.1
麦氏规	10^{-6}～1
电离规	10^{-8}～10^{-3}
B-A(Bayard-Alpert)规	10^{-11}～10^{-1}
磁控规	10^{-12}～10^{-3}

第十二章

色谱仪器分析

概　述

色谱仪器分析是重要的分离分析技术。其分离、分析原理参阅 19－8 色谱分析仪。按照两相(流动相和固定相)的状态,色谱分析法可分为气相色谱法和高效液相色谱法两大类。

仪器分析思维导图

气相色谱法(简称 GC)是 20 世纪 50 年代提出并发展起来的一种分离分析技术,它是以惰性气体为流动相,固体或液体为固定相的色谱法。它具有分离效能高、选择性高、灵敏度高、分析速率快和应用范围广等特点,广泛应用于环境科学、医学、农业、生物化学、石油工业等领域。例如,应用在大气、水质、土壤和食品等方面,测定样品中农药、多环芳烃、腐殖酸、植物生长素、食品添加剂和霉菌毒素等。但气相色谱不宜分析高沸点或不易汽化的物质,只能测定能够汽化的及转化成衍生物后能汽化的化合物,仅占有机化合物总数的 20%。但是由于价格便宜,使 GC 的应用非常普遍。

高效液相色谱法(简称 HPLC)是 20 世纪 60 年代末 70 年代初发展起来的一种分离分析技术,它是以液体为流动相,固体或液体为固定相的色谱法。它具有高速度、高效率、高灵敏度和应用范围广等特点,广泛应用于卫生检验、环境保护、生命科学、农业科学和石油化工等领域,尤其适用于分离分析不易挥发、热稳定性差和各种离子型化合物。例如,可分离分析氨基酸、蛋白质、维生素、生物碱、糖类、农药等,在几百万种化合物中,可分离分析约 80% 的有机化合物。由于新型固定相和高灵敏度检测器的开发使用,使 HPLC 在理论和实际应用方面非常活跃。

随着色谱技术研究的不断深入及应用领域的日趋广泛,使色谱分析灵敏度和选择性大幅度提高并且更方便快捷。现代科学技术与色谱仪的融合,使色谱仪呈现了以下的发展趋势。

(1) 智能化　利用微电子技术和计算机技术来实现色谱仪的数字化、自动化、网络化和人机对话功能。

(2) 微型化 随着色谱仪应用的日趋广泛，出于用户对产品使用需求，微型化(芯片化、模块化)、便携式色谱仪成为发展的新趋势。但是液相色谱仪发展出现了两极化：制备型液相色谱朝着大型化、工业化方向发展；而分析型液相色谱则朝着便携化、芯片化方向发展。

(3) 联用化 通过仪器联用，可以解决单一仪器在检测灵敏度、分辨率、效率等诸多方面的问题，从而实现仪器性能的突破。例如，液-质联用仪、气-质联用仪等。

色谱仪除水质检测、食品检测和药品检测等应用外，还广泛应用于纯物质杂质、环境污染、药物有效成分、代谢产物、刑事法医鉴定、石化生产中痕量化学检测等。色谱仪与我们的生活息息相关，色谱仪的使用对我们的生活产生了巨大的影响。相信随着科学技术的进步和经济的发展，色谱技术在未来有更大的发展空间，将进一步推动中国科学技术的发展。

12-1 实验五十九 气相色谱填充柱的制备及柱效的测定

一、目的要求

1. 学习和掌握气相色谱填充柱的制备方法及柱效的测定。
2. 学习如何使用分析手册，了解一些固定液、载体。
3. 学习使用气相色谱仪。

二、实验原理

色谱柱是气相色谱仪的核心部分，因此，制备一根分离效能高的色谱柱是分离多组分混合物的关键。色谱柱(可分为填充柱和空心毛细管柱)是由柱管和固定相组成的，其中填充柱具有制备容易、性质稳定、使用方便和柱容量大等优点而得到广泛应用。

气相色谱填充柱的制备通常包括五个步骤：

1. 固定相的选择

(1) 载体的选择与预处理 根据待测组分的极性大小选择载体的种类，并根据需要进行酸洗、碱洗、硅烷化或釉化预处理，以改进载体孔径结构和屏蔽活性中心，以便提高柱效。载体的颗粒度常选用 60～80 目。

(2) 固定液的选择 根据相似相溶的原理和待测组分的极性选择合适的固定液。

常用载体和固定液的性质、特点及使用范围可参阅《仪器分析》《分析化学手册》和《气相色谱使用手册》等有关书籍。

2. 载体与固定液的配比

一般液载比(质量)为 5%～25%,配比的比例直接影响载体表面固定液液膜的厚度,因而影响色谱柱的柱效。

3. 固定液的涂渍

在载体表面涂渍上一层薄而均匀的固定液液膜。

4. 柱管的选择与清洗

一般填充柱的柱长常用1～5 m,色谱柱的内径为3～6 mm。柱管材质有不锈钢、玻璃和聚四氟乙烯等供选用。用酸或碱进行清洗,然后用水洗至中性。

5. 色谱柱的装填与老化

把固定相均匀、紧密地填入色谱柱,固定相装填得是否均匀、紧密,并在装填过程中不破碎,对色谱柱的柱效影响较大。装填好的色谱柱安装到仪器上进行老化处理,以除去残留的溶剂和低沸点杂质,并使固定液液膜均匀、牢固地涂布在载体表面。

色谱柱的柱效能是色谱柱的一项重要指标,混合物能否在色谱柱中得到分离,除取决于固定相的选择外,还与色谱操作条件及色谱柱的装填状况等因素有关。在一定条件下,色谱柱的柱效可用理论塔板数 $N_{理论}$ 或理论塔板高度 $H_{理论}$ 来衡量。一般说来塔板数越多,或塔板高度越小,色谱柱的分离效能越好。使用有效塔板数 $N_{有效}$ 及有效塔板高度 $H_{有效}$ 表示,更能反映色谱柱分离的好坏。

$$N_{理论}=5.54\left(\frac{t_R}{W_{1/2}}\right)^2=16\left(\frac{t_R}{W}\right)^2 \qquad H_{理论}=\frac{L}{N_{理论}}$$

$$N_{有效}=5.54\left(\frac{t'_R}{W_{1/2}}\right)^2=16\left(\frac{t'_R}{W}\right)^2 \qquad H_{有效}=\frac{L}{N_{有效}}$$

式中:t_R ——组分的保留时间;

t'_R ——组分的调整保留时间;

$W_{1/2}$——色谱峰的半峰宽度;

W——色谱峰的峰底宽度;

L ——色谱柱的长度。

由于各组分在固定相和流动相之间分配系数不同,因而同一色谱柱对各组分的柱效也不相同,所以在报告柱效时,应注明对何种组分。

三、实验用品

1. 仪器

气相色谱仪　红外干燥箱　真空泵和水泵　低噪声空气泵　氢气发生器　氢火焰离子化检测器　不锈钢或玻璃色谱柱管(2 m×4 mm)　高纯氮气钢瓶　量筒(100 mL)　漏斗和分液漏斗　蒸发皿(150 mL)　筛子(60 目,80 目)　微量进样器(1μL)　干燥器　托盘天平　洗瓶　玻璃棒　烘箱

2. 药品

固定液　邻苯二甲酸二壬酯(DNP)色谱纯

载体　201 红色载体(60～80 目),液载比 10%

无水乙醇(AR)　丙酮(AR)　NaOH(AR)　苯(AR)

3. 其他

纱布　玻璃棉或铜网　橡胶管

四、操作步骤

1. 载体的预处理及称取

(1) 载体的预处理　将载体通过 60 目和 80 目筛子,除去过粗或过细的载体,于 105 ℃烘约 4 h 以除去吸附的水分,冷却后保存在干燥器内备用。

(2) 载体的称取　根据色谱柱管的容积计算载体的用量。

色谱柱管的容积　$V_{柱}=\pi r^2L=3.14\times 0.2^2\ \mathrm{cm^2}\times 200\ \mathrm{cm}=25.1\ \mathrm{cm^3}=25.1\ \mathrm{mL}$。

载体用量需过量 20%～40%　$V_{载}=25.1\ \mathrm{mL}\times(1+0.30)=32.6\ \mathrm{mL}$ 用量筒量取 32.6 mL 载体,并用托盘天平称出其质量 $m_{载}$。

2. 固定液的称取及涂渍

(1) 固定液的称取　根据液载比计算所需固定液用量。本实验选用液载比为 10%,$m_{液}=\dfrac{10}{100}m_{载}$,称取质量为 $m_{液}$ 的固定液,放入蒸发皿中,加入 43 mL 丙酮($1.3\times V_{载}=43\ \mathrm{mL}$)将其溶解。

(2) 固定液的涂渍　将称好的载体倒入蒸发皿中摇动,此载体应被液面浸没,置于通风橱内使丙酮自然挥发,而且不时轻缓搅拌,待溶剂挥发完毕后,移至红外线干燥箱内,烘烤 30 min,即可准备填充。

3. 色谱柱的清洗与填充

(1) 色谱柱的清洗 将不锈钢柱用热的5%～10% NaOH溶液浸泡数分钟，用水泵抽洗，用水洗至中性，反复2～3次，再用蒸馏水冲洗，最后用无水乙醇、丙酮冲洗，烘干备用。

(2) 色谱柱的填充 在色谱柱出口端塞入适量玻璃棉，再包上一块纱布后接在真空泵的橡胶管上，柱的入口端通过橡胶管接上漏斗，开启真空泵抽气，将固定相徐徐倒入漏斗中，要边抽气，边加固定相，保持固定相为不间断的细流，并用木棒轻轻敲打柱管各个部位，使固定相填料均匀而紧密地填充在柱管内，直到固定相不能再装进柱子为止。去掉漏斗，在入口端塞入适量玻璃棉，在柱子上贴上标签，注明入口端、出口端和填充物。

4. 色谱柱的老化

将入口端与色谱仪的汽化室相连，出口端直接通大气，不要连接检测器(以免污染检测器)，开启载气(N_2)，载气流量为5～10 $mL \cdot min^{-1}$，控制柱温在120 ℃，老化处理5～8 h。随后把色谱柱的出口端与检测器相连，开启检测器，若记录的基线符合要求，说明老化处理完毕，即可测柱效，然后用于分离分析。

5. 填充色谱柱柱效的测定

(1) 实验条件 流动相：N_2 流量为20～40 $mL \cdot min^{-1}$；柱温：110 ℃；汽化温度：150 ℃；氢火焰离子化检测器检测室温度：150 ℃；H_2 流量40 $mL \cdot min^{-1}$，空气流量400 $mL \cdot min^{-1}$。

(2) 根据实验条件将色谱仪按仪器操作步骤调节至可进样状态，待仪器的电路和气路系统达到平衡、基线平直时，即可进样。

(3) 用微量进样器吸取0.1 μL的苯进样，记录色谱图、保留时间，重复进样两次。

五、数据处理

由色谱峰的峰宽和半峰宽，计算 $N_{理论}$ 和 $H_{理论}$。评价填充色谱柱的柱效。

思考题

1. 涂渍固定液应注意哪些问题？
2. 通过本实验，你认为要装好一个均匀、紧密的色谱柱，在操作上应注意哪些问题？
3. 影响填充色谱柱柱效的因素有哪些？

12-2 实验六十 混合物的保留值法定性分析及归一化法定量分析

一、目的要求

1. 掌握气相色谱仪的使用方法及微量进样器的使用技术。
2. 学习保留值法定性分析及归一化法定量分析方法。

二、实验原理

1. 定性分析

定性分析的任务是确定色谱图上各个峰代表什么物质。各物质在一定色谱条件下有其确定的保留值,因此,保留值是定性分析的基础,可利用标准物质对照法、保留指数 I 等方法进行定性分析。但有时不同物质具有相近或相同的保留值,因此,对于复杂样品,色谱定性鉴定能力较弱,可和其他仪器如质谱、光谱联用来进行定性分析。

当有待测组分的标准物质时,可将未知样品各个色谱峰的保留值与其对应的标准物质的保留值(在相同条件下测得的)进行比较,就能确定各色谱峰的归属,此方法比较简单,但操作条件要稳定。也可采用相对保留值定性,它仅与所用的固定相和温度有关,不受其他操作条件的影响。相对保留值 r_{is}为

$$r_{is}=\frac{t'_{Ri}}{t'_{Rs}}=\frac{t_{Ri}-t_{M}}{t_{Rs}-t_{M}} \tag{12-1}$$

式中: t_{M}——死时间(min);

t_{Ri}和 t'_{Ri}——分别为待测物的保留时间和调整保留时间(min);

t_{Rs}和 t'_{Rs}——分别为标准物的保留时间和调整保留时间(min)。

2. 定量分析

定量分析的任务是测定混合样品中各组分的含量。定量分析的依据是待测物质的质量 m_i 与检测器产生的信号 A_i(色谱峰面积)成正比:

$$m_i=f'_iA_i$$

式中:f'_i——比例常数,称为绝对校正因子。

由于各组分在同一检测器上具有不同的响应值,即使两组分含量相同,在检测器上得到的信号也往往不相等,所以,不能用峰面积来直接计算各组

分的含量。因此，在进行定量分析时，引入相对校正因子 f_i（即通常所说的校正因子）：

$$f_i=\frac{f'_i}{f'_s}=\frac{m_i/A_i}{m_s/A_s}=\frac{m_i \cdot A_s}{m_s \cdot A_i} \tag{12-2}$$

式中：f'_s——标准物质的绝对校正因子；

m_s——标准物质的质量；

A_s——标准物质的峰面积。

由式(12-2)可知：

$$f_iA_i=m_i\frac{A_s}{m_s}$$

利用相对校正因子可将各组分峰面积进行校正，利用校正后的峰面积便可准确计算物质的含量。常用的定量分析方法有归一化法、内标法、外标法和内加法等，它们各有一定的优缺点和适用范围。本实验将介绍归一化法。

归一化法是将所有出峰组分的含量之和按 100% 计算的定量分析方法，它是分别求出样品中各个组分的峰面积和校正因子，然后根据下式分别求出各组分的含量。

$$w_i=\frac{A_if_i}{A_1f_1+A_2f_2+\cdots+A_nf_n}=\frac{A_if_i}{\sum_{i=1}^{n}A_if_i} \tag{12-3}$$

对于对称峰，峰面积等于峰高 h 乘半峰宽 $W_{1/2}$，即 $A=1.065\ h\ W_{1/2}$；若色谱峰为不对称峰，峰面积为 $A=1.605\ h\times\frac{1}{2}\times(W_{0.15}+W_{0.85})$。

归一化法的优点是简便、准确，不必准确称量和准确进样，操作条件稍有变化对结果影响较小，是常用的一种定量方法，但归一化法要求样品中的所有组分都出峰，并且需测出它们的峰面积和相对校正因子。

三、实验用品

1. 仪器

气相色谱仪　　热导检测器　　氢气钢瓶　　微量进样器(1 μL)

色谱柱(2 m×4 mm)　　滴管及磨口试管若干

动画：热导检测器

2. 药品

固定液　邻苯二甲酸二壬酯

载体　201红色载体(60～80 目)，液载比 15%

正戊烷(AR) 正己烷(AR) 正庚烷(AR) 环己烷(AR)
苯(AR) 未知样品

四、操作步骤

1. 色谱操作条件

H_2 流量为 20～30 mL·min^{-1}，柱温 80℃，热导检测器温度 130℃，汽化室温度 110℃。

开启色谱仪，按色谱仪器说明书和上面所列色谱操作条件进行调节，待基线稳定后，即可进样。

2. 调节色谱工作站

调节相对应的程序，定量时选择归一化法。进样出峰完毕后，打印出图。

3. 色谱图的绘制

用微量进样器吸取下列各组溶液进样，绘制色谱图。

(1) 取正戊烷、正己烷各 5 滴，正庚烷 10 滴于磨口试管中混合均匀。取混合液 0.4 μL 进样，按上述次序检测色谱峰。

(2) 取环己烷、苯各 5 滴于磨口试管中混合均匀，取混合液 0.4 μL 进样，按上述次序检测色谱峰。

(3) 取 1.0 μL 未知样品进样，检测色谱峰。

五、数据处理

1. 记录色谱条件

记录检测器的类型、操作条件，柱子的柱长、内径、填充物、柱温，汽化室温度，载气的种类、流速，进样量等。

2. 定性分析

根据测得的保留时间和标准物的保留时间进行比较，判断未知物的组成及各个峰所代表的物质。

3. 定量分析

根据所得谱图，直接测定混合样品中各组分的含量。

思考题

1. 用 t_R，t'_R，r_{is} 定性时，哪种方法更好？
2. 为什么进样量准确与否不影响归一化法的结果？

12-3 实验六十一 气相色谱法测定酒或酊剂中的乙醇含量

一、目的要求

1. 学习气相色谱法测定含水样品中的乙醇含量。
2. 学习和熟悉氢火焰离子化检测器的调试及使用方法。
3. 学习和掌握色谱内标法定量分析方法。

二、实验原理

内标法是一种准确而应用广泛的定量分析方法，操作条件和进样量不必严格控制，限制条件较少。当样品中组分不能全部流出色谱柱、某些组分在检测器上无信号或只需测定样品中的个别组分时，可采用内标法。

内标法就是将准确称量的纯物质作为内标物，加入准确计量的样品中，根据内标物和样品的量及相应的峰面积 A 求出待测组分的含量。例如，用质量(或体积)计量内标物和待测物时，待测组分的质量 m_i(或体积 V_i)与内标物质量 m_s(或体积 V_s)之比等于相应的峰面积之比。

$$\frac{m_i}{m_s}=\frac{A_i f_i}{A_s f_s} \qquad \frac{V_i}{V_s}=\frac{A_i f_{i(V)}}{A_s f_{s(V)}} \tag{12-4}$$

待测组分含量可表示如下：

$$质量分数\ w_i=\frac{m_i}{m}=\frac{A_i f_i m_s}{A_s f_s m} \qquad 质量浓度\ \rho=\frac{m_i}{V}=\frac{A_i f_i m_s}{A_s f_s V}$$

$$体积分数\ \varphi=\frac{V_i}{V}\times 100\%=\frac{A_i f_{i(V)} V_s}{A_s f_{s(V)} V} \tag{12-5}$$

式中：f_i，f_s ——分别为组分 i 和内标物 s 的相对质量校正因子；

$f_{i(V)}$，$f_{s(V)}$ ——分别为组分 i 和内标物 s 的相对体积校正因子；

A_i，A_s ——分别为组分 i 和内标物 s 的峰面积(mm^2)；

m，V ——分别为待测样品的质量和体积(g 和 mL)。

为方便起见，求定量校正因子时，常以内标物作为标准物，则 $f_s=f_{s(V)}=1.0$。选用内标物时需满足下列条件：(1)内标物应是样品中不存在的物质；(2)内标物与待测组分的色谱峰能够分开，并尽量靠近；(3)内标物的量应接近待测物的含量;(4)内标物与样品互溶。

本实验样品中乙醇的含量可用内标法定量,以无水1-丙醇为内标物符合以上条件。

三、实验用品

1. 仪器

GC—2014C气相色谱仪 氢火焰离子化检测器 毛细管色谱柱KB—Wax(30 m×0.32 mm× 0.25 μm,固定液:聚乙二醇20000) 微量进样器(10 μL) 容量瓶(50 mL) 吸量管(2 mL) 氢气发生器 低噪声空气泵 高纯氮气钢瓶 洗耳球 洗瓶

图片:气相色谱仪

2. 药品

无水乙醇(AR) 无水1-丙醇(AR)

样品 饮用酒(或酊剂)

动画:氢火焰离子化检测器

四、操作步骤

1. 色谱操作条件

柱温90 ℃,汽化室温度150 ℃,检测器温度160 ℃,N_2(载气)柱流量1.5 mL·min^{-1},H_2流量40 mL·min^{-1},空气流量400 mL·min^{-1},进样采用分流模式,分流比为1∶100。

2. 标准溶液的测定

用吸量管吸取1.00 mL无水乙醇,放入50 mL容量瓶中,加入1.00 mL内标物无水1-丙醇,用蒸馏水稀释至刻度,摇匀。用微量进样器吸取1.0 μL标准溶液,注入色谱仪,记录各峰的保留时间t_R、峰高及半峰宽,计算以1-丙醇为标准的相对校正因子。

3. 样品溶液的测定

用吸量管吸取2.00 mL样品,放入50mL容量瓶中,加入1.00 mL内标物无水1-丙醇,用蒸馏水稀释至刻度,摇匀。用微量进样器吸取1.0 μL样品溶液,注入色谱仪,记录各峰的保留时间t_R,以标准溶液与样品溶液的t_R对照定性样品中的醇,记录乙醇、1-丙醇的峰高及半峰宽,计算样品中乙醇的含量。

五、数据处理

1. 相对校正因子的计算

相对质量校正因子用标准溶液测定,按式(12-4)(其中$f_s = f_{s(V)} = 1.0$)

计算：

$$f_i = m'_i A'_s/(m'_s A'_i) \qquad f_{i(V)} = V'_i A'_s/(V'_s A'_i)$$

式中：m'_i、m'_s——分别为标准溶液中无水乙醇质量和无水1-丙醇的质量（等于各自的体积乘以各自的密度）(g)；

V'_i，V'_s——分别为标准溶液中无水乙醇体积和无水1-丙醇的体积（均为1.00 mL）；

f_i，$f_{i(V)}$——分别为乙醇的相对质量校正因子和相对体积校正因子；

A'_i，A'_s——分别为标准溶液中无水乙醇的峰面积和无水1-丙醇的峰面积(mm^2)。

2. 样品中乙醇含量的计算

样品中乙醇含量由样品溶液测定，按式(12-5)（其中 $f_s = f_{s(V)} = 1.0$）计算：

$$w_i = \frac{m_i}{m} = \frac{A_i m_s}{A_s m} f_i \qquad \rho = \frac{m_i}{V} \times 10 = \frac{A_i f_i m_s}{A_s V} \times 10,$$

$$\varphi = \frac{V_i}{V} \times 100\% = \frac{A_i V_s f_{i(V)}}{A_s V} \times 100\%$$

式中：m——为样品溶液的质量（等于体积乘以密度）(g)；

10——稀释倍数；

A_i，A_s——分别为样品溶液中乙醇的峰面积和1-丙醇的峰面积(mm^2)；

V_s、V——分别为内标物1-丙醇体积(1.00 mL)和样品溶液体积(mL)。

思考题

1. 内标物的选择应符合哪些条件？用内标法定量有何优缺点？
2. 热导检测器和氢火焰离子化检测器各有什么特点？

12-4 实验六十二 气相色谱法测定食品中的山梨酸和苯甲酸

一、目的要求

1. 学习和了解食品中山梨酸、苯甲酸的气相色谱测定方法。
2. 掌握外标法（标准曲线法）的定量分析方法。
3. 熟悉氢火焰离子化检测器。

二、实验原理

山梨酸、苯甲酸及它们的钠盐、钾盐是食品卫生标准允许使用的常用食品添加剂。其作用是作为防腐剂，抑制微生物的生长繁殖，防止食品在贮藏和运输过程中变质和腐败。防腐剂的使用量有严格的规定，山梨酸、苯甲酸的允许用量一般为 $0.5 \sim 2\ g \cdot kg^{-1}$。

本实验采用外标法测定食品中山梨酸、苯甲酸的含量。即在一定操作条件下，用已知准确浓度的纯物质配制成不同含量的系列标准溶液，依次定量进样，得到色谱图。用峰面积或峰高对标准溶液含量作标准曲线。待测样品在相同色谱条件下进样，由所得的待测组分的峰面积或峰高从标准曲线上查得待测组分的含量。

外标法的优点是不必加内标物，不必用相对校正因子，操作、计算简便。但要求操作条件稳定、进样量的重复性好。

本实验采用溶剂萃取法，在 pH＝1.6 时，用乙醚将山梨酸和苯甲酸从样品中提取出来，选用二乙二醇丁二酸聚酯（简称 DEGS）固定液，氢火焰离子化检测器（FID）进行测定。本方法可测定酱油、醋、果汁、罐头、葡萄酒、面条等食品中的山梨酸和苯甲酸。

三、实验用品

1. 仪器

气相色谱仪　氢火焰离子化检测器　不锈钢柱（2 m×3 mm）　电动振荡器　分液漏斗（30 mL，50 mL）　容量瓶（10 mL，25 mL）　恒温水浴　比色管（25 mL）　低噪声空气泵　氢气发生器　高纯氮气钢瓶　微量进样器（5 μL）　吸量管（1 mL，5 mL，10 mL）　分析天平　玻璃棒　洗耳球　洗瓶　烧杯（50 mL）

2. 药品

固定液　5%DEGS＋1%H_3PO_4

载体　101 酸洗白色载体（60～80 目）　无水 Na_2SO_4（AR）

乙醚（AR）　丙酮（AR）　H_3PO_4（AR）　山梨酸（AR）　苯甲酸（AR）

$0.1\ mol \cdot L^{-1}$ NaOH 溶液　精密 pH 试纸

样品　汽水、雪碧、酱油等

四、操作步骤

1. 色谱操作条件

柱温：180 ℃　　检测器温度：210 ℃　　汽化室温度：210 ℃

载气：N_2　　流量：30 mL·min^{-1}

燃气：H_2；助燃气：空气（选择最佳比例）

进样量：2 μL

2. 标准溶液的配制和测定

（1）山梨酸、苯甲酸储备溶液的配制　用直接法准确称取 0.1250 g 山梨酸[1]和0.1250 g苯甲酸[2]，放入 50mL 烧杯中，用丙酮完全溶解后，定量转移到 25 mL 容量瓶中，用丙酮稀释至刻度，摇匀。此储备溶液中的山梨酸和苯甲酸分别为 5 mg·mL^{-1}。

（2）系列标准溶液的配制和处理　用吸量管吸取 0.10 mL，0.20 mL，0.30 mL，0.40 mL，0.50 mL 上述储备溶液，分别放入五个 30 mL 分液漏斗中，各加 2 mL 0.1 mol·L^{-1}NaOH 溶液，用 H_3PO_4 调节 pH 为 1.6[3]，加入10 mL 乙醚，振荡萃取 3 min，静置分层。将上层乙醚溶液通过装有无水 Na_2SO_4 的滴管吸入 25 mL 比色管中，下层溶液用 5 mL 乙醚再萃取一次，合并两次乙醚层，在 50 ℃的恒温水浴中蒸发至干，用丙酮溶解后，定量转移到 10 mL 容量瓶中，用丙酮稀释至刻度，摇匀。

（3）系列标准溶液的测定　在选定的色谱条件下，依次取 2 μL 系列标准溶液进样，进行色谱分析。记录 t_R 及色谱图，记录各个色谱峰的峰高和半峰宽。

3. 样品溶液的处理和测定[4]

（1）不含固态物样品（如汽水、雪碧等）的处理　取 5 mL 样品（或相当于 0.4 mg 山梨酸、苯甲酸的样品），准确称量，放入 50 mL 分液漏斗中，加 H_3PO_4 调节 pH 为 1.6，用乙醚萃取，操作方法同系列标准溶液。

（2）含固态物样品（如酱油等）的处理　取 5 mL 样品（或相当于 0.4 mg 山梨酸、苯甲酸的样品），准确称量，放入 50 mL 分液漏斗中，加 H_3PO_4 调节 pH 为 1.6，加 2 mL 丙酮和 10 mL 乙醚，萃取。再用 2 mL 丙酮和5 mL 乙醚萃取，操作方法同系列标准溶液。

（3）样品溶液的测定　在同系列标准溶液测定时的相同色谱条件下，分别取 2 μL 处理过的样品溶液进样，进行色谱分析。记录 t_R 及色谱图，记录各个色谱峰的峰高和半峰宽。

五、数据处理

1. 绘制标准曲线

以标准系列山梨酸、苯甲酸的峰面积或峰高为纵坐标，标准溶液含量为横坐标绘制标准曲线。

2. 计算含量

根据标准曲线,计算出样品中的山梨酸、苯甲酸含量。

注释

[1] 山梨酸 又名2,4-己二烯酸,熔点134.5℃,难溶于水,易溶于乙醇和乙醚。它对霉菌、酵母和细菌等有较好的抑制作用,在pH=8以下防腐和杀菌作用稳定,其钾盐具有很强的抑制腐败菌和霉菌的作用,并且毒性远比其他防腐抗菌剂低,故成为世界上食品工业中主要的防腐抗菌剂。

[2] 苯甲酸 熔点122.4℃,难溶于冷水,易溶于沸水、乙醇、乙醚和氯仿中,它有抑制霉菌的作用,故苯甲酸及其钠盐常作食物或某些药物中的防腐剂。它的某些衍生物在农业上作除草剂及植物生长调节剂,例如,2,3,5-三碘代苯甲酸能刺激番茄的生长和结实,也能使马铃薯增产。

[3] 山梨酸、苯甲酸在pH较高时萃取不完全,样品在pH=1.6时(用精密pH试纸检测),用乙醚萃取效果最佳。

[4] 若样品中含有胶质、色素等,会对测定有干扰,需经过前处理消除。

思考题

1. 本实验在涂渍色谱柱时,为何要加少量H_3PO_4?
2. 样品为什么要控制为酸性,并用乙醚萃取?

12-5 实验六十三 气相色谱法(气相色谱-质谱联用)测定水中六种多环芳烃(萘、苊、菲、芴、荧蒽、芘)

实验:气相色谱法测定植物油脂肪酸

一、目的要求

1. 学习和了解多环芳烃的气相色谱测定方法。
2. 了解固相微萃取技术,掌握外标法(标准曲线法)的定量分析方法。
3. 熟悉气相色谱仪和质谱仪。

二、实验原理

多环芳烃(polycyclic aromatic hydrocarbon,PAHs)主要是指各种稠环芳香族化合物,包括萘、菲、芘等150多种物质。研究表明,萘、苊、菲、芴、荧蒽、芘等具有较强的致癌、致畸及致突变性。这些多环芳烃广泛分布在环境介质中,浓度普遍较低,因此通常需要经过萃取、浓缩等前处理之后才能进行分析检测。

固相微萃取技术(solid phase micro-extraction,SPME)是 20 世纪 90 年代兴起的一项样品前处理技术,由加拿大 Waterloo 大学的 Pawliszyn 于 1989 年率先研究开发。SPME 是一种集采样、萃取、浓缩和进样于一体的无溶剂样品微萃取新技术。SPME 装置小巧,形状类似于一支色谱微量进样器,由手柄和萃取头或纤维头两部分构成。萃取头是一根外面套有不锈钢细管、长度为 1 cm、涂有不同色谱固定相或吸附剂的熔融石英纤维头,纤维头在不锈钢管内可自由伸缩,用于萃取、吸附样品。

常用于 PAHs 分析检测的方法有气相色谱-火焰离子化检测器法(GC-FID)、气相色谱-质谱联用(GC-MS)。GC-MS 因其既具有气相色谱法的高效分离的优点,又具备质谱法准确鉴定化合物结构的特点,已成为国际公认的环境有机污染物重要的分析方法。气相色谱-质谱联用能提高多环芳烃分析的灵敏度和准确性,可对极低浓度的多环芳烃进行检测(检出限可达 0.5 $\mu g \cdot L^{-1}$)。本实验采用外标法测定水中多环芳烃的含量。

本实验采用固相微萃取法(SPME)分别与气相色谱仪或气相色谱-质谱联用仪相结合分析检测水样中的六种多环芳烃残留。

图片:气相色谱质谱联用仪

三、实验用品

1. 仪器

HP-5MS 毛细管色谱柱(30 m×0.25 mm×0.25 μm)　微量进样器(10 μL)　恒温加热磁力搅拌器　商业纤维(PDMS,100 μm)　容量瓶(25 mL)　吸量管(10 mL)　移液器(100 μL)　固相微萃取样品瓶(20 mL)

气相色谱法:GC-2014 C 气相色谱仪　氢火焰离子化检测器

氢气发生器　低噪声空气泵　高纯氮气钢瓶　高纯氦气钢瓶

气相色谱-质谱联用:GCMS-QP2010SE 气相色谱-质谱仪

2. 药品

丙酮(AR)多环芳烃(萘、苊、菲、芴、荧蒽和芘)(AR)　二次蒸馏水

标准储备液　分别配制 1.0 $mg \cdot mL^{-1}$ 的萘、苊、菲、芴、荧蒽、芘的丙酮溶液

标准工作液　将上述标准储备液配制成 100 $\mu g \cdot mL^{-1}$ 混合溶液(气相色谱法)

标准工作液　将上述标准储备液配制成 10 $\mu g \cdot mL^{-1}$ 混合溶液(气相色谱-质谱联用)

四、操作步骤

1. 气相色谱法

(1) 色谱条件操作

进样口温度设置为 270 ℃,进样模式:采用不分流。色谱分离程序升温条件:初始温度 90 ℃,然后以 10 ℃ · min^{-1} 升至 185 ℃(保持 3 min),最后以 35 ℃ · min^{-1} 升到 270 ℃(保持 1 min),N_2 柱流量 1.5 mL · min^{-1},H_2 流量 40 mL · min^{-1},空气流量 400 mL · min^{-1}。检测器温度设置为 285 ℃。

(2) 系列标准溶液的配制与萃取、测定

用吸量管分别吸取 5.00 mL、10.00 mL、15.00 mL 和 20.00 mL 100 μg · mL^{-1} 标准工作液,放入四个 25 mL 容量瓶中并加二次蒸馏水至刻度,即得到 20.0 μg · mL^{-1}、40.0 μg · mL^{-1}、60.0 μg · mL^{-1}、80.0 μg · mL^{-1} 和原液(100.0 μg · mL^{-1})五种不同浓度的标准混合溶液。在五个固相微萃取样品瓶中,分别加入 15 μL 五种标准混合溶液、15 mL 二次蒸馏水和磁子,即得到五种工作溶液(20.0 ng · mL^{-1}、40.0 ng · mL^{-1}、60.0 ng · mL^{-1}、80.0 ng · mL^{-1} 和 100.0 ng · mL^{-1})。最后,用商业纤维在常温条件下固相微萃取 10 min(搅拌速率 1000 rpm)后,直接在 270 ℃的进样口解吸进样。

(3) 样品溶液的萃取和测定

用吸量管吸取 15.00 mL 待测样品溶液,放入固相微萃取样品瓶中,放入磁子,用商业纤维在常温条件下固相微萃取 10 min(搅拌速率 1000 rpm)后,直接在 270 ℃的进样口解吸进样。

2. 气相色谱-质谱联用

(1) 色谱条件操作

进样口温度设置为 270 ℃,进样模式:采用不分流。色谱分离程序升温条件:初始温度 80℃,然后以 30℃ · min^{-1} 升至 220℃,最后以 20 ℃ · min^{-1} 升到 280 ℃(保持 2 min),He 柱流量 1.0 mL · min^{-1}。

质谱仪是在电子电离(EI)模式下进行的,其离子源和接口温度分别为 200 ℃和 250 ℃;电子加速电压 70 eV。在全扫描模式 50～400 m/z 下进行数据采集。

(2) 系列标准溶液的配制与萃取、测定

用吸量管分别吸取 1.50 mL、3.00 mL、6.00 mL、12.00 mL 和 24.00 mL 10 μg · mL^{-1} 的标准工作液,放入五个 25 mL 容量瓶中并加二次蒸馏水至刻度,即得到 0.6 μg · mL^{-1}、1.2 μg · mL^{-1}、2.4 μg · mL^{-1}、4.8 μg · mL^{-1} 和 9.6 μg · mL^{-1} 五种不同浓度的标准混合溶液。在五个固相微萃取样品瓶中,

分别加入 15 μL 五种标准混合溶液、15 mL 二次蒸馏水和磁子，即得到五种工作溶液（0.6 ng · mL^{-1}、1.2 ng · mL^{-1}、2.4 ng · mL^{-1}、4.8 ng · mL^{-1} 和 9.6 ng · mL^{-1}）。最后，用商业纤维在常温条件下固相微萃取 10 min（搅拌速率 1000 r · min^{-1}）后，直接在 270 ℃的进样口解吸进样。

(3) 样品溶液的萃取和测定

用吸量管吸取 15.00 mL 待测样品溶液，放入固相微萃取样品瓶中，放入磁子，用商业纤维在常温条件下固相微萃取 10 min（搅拌速率 1000 r · min^{-1}）后，直接在 270 ℃的进样口解吸进样。

五、数据处理

1. 绘制标准曲线

以标准系列萘、苊、菲、芴、荧蒽、芘的峰面积或峰高为纵坐标，标准溶液含量为横坐标绘制标准曲线。

2. 计算样品溶液中多环芳烃的含量

根据标准曲线，计算样品溶液中的萘、苊、菲、芴、荧蒽、芘的含量。

思考题

1. 简述常用气相色谱法的定性、定量依据。
2. 色谱仪与质谱仪联用后有什么突出特点？

12-6 实验六十四 苯、萘、联苯的高效液相色谱分析及柱效能的测定

一、目的要求

1. 学习高效液相色谱保留值定性、外标法定量分析方法。
2. 了解高效液相色谱仪基本结构和工作原理，初步掌握其操作技能。
3. 学习柱效能的测定方法。

二、实验原理

高效液相色谱的定性和定量分析，与气相色谱分析相似，在定性分析中，采用保留值定性，或与其他定性能力强的仪器分析方法（如质谱法、红外吸收光谱法等）联用。在定量分析中，采用测量峰面积的归一化法、内标法或外标法等。

气相色谱中评价色谱柱柱效的方法及计算理论塔板数的公式，同样适用于高效液相色谱：

$$N=5.54\left(\frac{t_R}{W_{1/2}}\right)^2=16\left(\frac{t_R}{W}\right)^2$$

速率理论及范弟姆特方程式对于研究影响高效液相色谱柱效的各种因素，同样具有指导意义：

$$H=A+\frac{B}{u}+Cu$$

由于组分在液体中的扩散系数很小，纵向扩散项(B/u)对色谱扩展的影响可以忽略不计，而传质阻力项(Cu)则成为影响柱效的主要因素，提高柱内填料装填的均匀性和减小填料粒度，以加快传质速率，可提高液相色谱的柱效能。目前常使用的固定相直径为 5～10 μm。

液相色谱除了上述影响柱效的一些因素外，还应考虑到一些柱外展宽的因素。

三、实验用品

1. 仪器

高效液相色谱仪　紫外检测器　溶剂过滤系统　六通阀进样器

微量进样器(100 μL)　超声波清洗机　C18 色谱柱(250 mm×4.6 mm，10 μm)

图片：高效液相色谱仪

2. 药品

苯(AR)　萘(AR)　联苯(AR)　甲醇(AR)　超纯水

标准储备溶液　分别配制浓度为 1000 $\mu g \cdot mL^{-1}$ 的苯、萘、联苯的甲醇溶液。

图片：溶剂过滤器

标准工作溶液　将上述标准储备溶液用甲醇稀释 10 倍，配制成苯、萘、联苯的浓度分别为 100 $\mu g \cdot mL^{-1}$ 的甲醇溶液。

混合样品　苯、萘、联苯

四、操作步骤

1. 测定条件的选择

(1) 流动相　甲醇∶水＝83∶17，流量 1.0 $mL \cdot min^{-1}$

(2) 紫外检测器　测定波长 254 nm

(3) 进样量　20 μL

2. 仪器操作

(1) 将配制好的流动相在超声波清洗机上脱气 15 min。

(2) 按照仪器的操作步骤将仪器调节至进样状态，待仪器液路和电路系统达到平衡，基线平直时，吸取 60 μL 标准工作溶液，进样 20 μL，记录色谱图，重复进样两次。

(3) 吸取 60 μL 混合样品，进样 20 μL，记录色谱图，重复进样两次。

五、数据处理

1. 记录实验测定条件

(1) 色谱柱与固定相

(2) 流动相及其流量

(3) 检测器

(4) 进样量

2. 记录各色谱图中苯、萘、联苯等的保留时间 t_R 及相应色谱峰的半峰宽 $W_{1/2}$，计算各对应理论塔板数 N。已知组分的出峰顺序为苯、萘、联苯。

3. 求样品中各组分的含量。

思考题

1. 由计算得到的各组分理论塔板数说明了什么？
2. 高效液相色谱采用 5～10 μm 粒度的固定相有何优点？为什么？

12-7 实验六十五 高效液相色谱法测定小麦中的氨基酸

一、目的要求

1. 学习和掌握高效液相色谱法的原理和操作方法。

2. 学习和了解小麦籽粒中蛋白质的水解和氨基酸的衍生、分离、鉴定等操作技术。

3. 学习和掌握色谱的外标法定量分析方法。

二、实验原理

本实验采用反相高效液相色谱法，以流动相 A 和流动相 B[1] 进行梯度洗脱，37 ℃柱温，10 μL 进样量。用紫外检测器在 254 nm 波长下测定 17 种氨基酸的有效成分含量。在进样量相同的条件下，样品溶液中每一种氨基酸均可按下面公式计算其质量分数 w_i：

$$w_i = \frac{m_s w_s A_i}{m A_s}$$

式中：m_s，w_s——某种氨基酸的标样质量（单位为 g）和质量分数；

m——样品的质量（单位为 g）；

A_s，A_i——某种氨基酸的标样和样品的峰面积（单位为 mm^2）。

三、实验用品

1. 仪器

高效液相色谱仪（双泵） 紫外检测器[2] 数据处理软件 六通阀进样器 微量进样器（25 μL） 溶剂过滤系统 注射器式过滤器 专用水解玻璃管 AccQ* Tag 氨基酸专用分析柱（3.9 mm×150 mm） 超声波清洗机 小型不锈钢粉碎机 衍生管（6 mm×50 mm） pH/酸度计 pH 复合电极 恒温鼓风干燥箱 容量瓶（50 mL） 吸量管（1 mL，10 mL） 分析天平 酒精喷灯 玻璃棒 洗耳球 洗瓶

2. 药品

水解氨基酸标准液（除胱氨酸浓度为 1.25 $mmol \cdot L^{-1}$ 外，其他均为 2.5 $mmol \cdot L^{-1}$） 流动相 A 和流动相 B AccQ* Flowr* Borele 缓冲液 乙腈（HPLC 级） AccQ* Flowr 衍生剂[3] 磺基水杨酸（AR） 超纯水 6 $mol \cdot L^{-1}$ HCl 溶液 5 $mol \cdot L^{-1}$ NaOH 溶液 石蜡

3. 其他

滤纸 小麦

四、操作步骤

1. 标准氨基酸溶液的配制

打开一瓶 17 种氨基酸标样，用微量移液器移取 100 μL，放入一小样品瓶中，加入 0.90 mL 超纯水，稀释（10 倍）混匀后备用。

2. 样品的处理、水解及样品溶液的配制

将样品小麦进行筛选和手工清理，除去其中所含的大杂质、小杂质及砂石性杂质，用小型不锈钢粉碎机磨粉，粒度为 80 目。

用直接法准确称取 0.1000 g 80 目样品，放入专用水解玻璃管内。加入

10.0 mL 6 $mol \cdot L^{-1}$ HCl 溶液，在酒精喷灯上加热封口后，放入恒温鼓风干燥箱内。110 ℃保持20～24 h，取出冷却至室温后，用普通滤纸过滤，专用水解玻璃管洗涤三次。用 5 $mol \cdot L^{-1}$ NaOH 溶液调 pH＝8～10 后，在 50 mL 容量瓶中用超纯水稀释至刻度，摇匀，备用。

3. 标准和样品溶液的衍生

用微量进样器分别吸取 10 μL 标准氨基酸稀释液和样品水解液，放入 6 mm×50 mm衍生管内，再加入 70 μL AccQ* Flowr* Borele 缓冲液，加入 20 μL AccQ* Flowr 衍生剂，立即涡流混合几秒钟，室温放置 1 min，用石蜡膜封口后移入 55 ℃鼓风干燥箱内衍生 10 min 后即可上机分析。

4. 测定

用微量进样器分别准确吸取 10 μL 标准溶液和样品溶液，按下列顺序进样：(1) 标准溶液；(2) 样品溶液；(3) 样品溶液；(4) 标准溶液。工作站软件将自动保存定性、定量分析的信息。

五、数据处理

实验结束后，调出所有氨基酸的分析信息，首先按照提示，对标准氨基酸进行积分，然后，同时选中处理后的标准溶液和样品。并根据对话框的提示，分别输入样品的质量及稀释倍数进样处理，软件将打印出定性、定量的多种信息。

也可将软件中的数据信息列表进行手工计算。

将实验中测得的数据及计算结果列表如下：

样品	m_s/g	w_s	A_s/mm^2	A_i/mm^2	m/g	w_i
Asp(天冬氨酸)						
Ser(丝氨酸)						
Glu(谷氨酸)						
Gly(甘氨酸)						
His(组氨酸)						
Arg(精氨酸)						
Thr(苏氨酸)						
Ala(丙氨酸)						
Pro(脯氨酸)						
Cys2(胱氨酸)						

续表

样品	m_s/g	w_s	A_s/mm^2	A_i/mm^2	m/g	w_i
Cys(半胱氨酸)						
Tyr(酪氨酸)						
Val(缬氨酸)						
Met(蛋氨酸)						
Lys(赖氨酸)						
Ile(异亮氨酸)						
Leu(亮氨酸)						
Phe(苯丙氨酸)						

注释

[1] 流动相 A 溶液的配制：

称取 190.4 g 三水合乙酸钠，加 1 L 超纯水溶解，用浓磷酸调 pH 至 5.2，加入 10 mL 1 mg·mL^{-1} EDTA 溶液，加入 0.1 g NaN_3，加入 23.7 mL 三乙胺，用浓磷酸调 pH 至 4.5，用 0.45 μm 水相有机膜过滤，即为浓 A 液。

用浓 A 液 100 mL 和 900 mL 超纯水均匀混合即为流动相 A 液。

流动相 B 溶液的配制：用 0.45 μm 有机膜过滤 HPLC 级乙腈，将 600 mL 过滤过的乙腈和 400 mL 超纯水混合均匀即为流动相 B 液。

系统适用的梯度表

时间/min	流量/(mL·min^{-1})	A 液的体积分数/%	B 液的体积分数/%	曲线
起始	1.0	100	0	*
0.5	1.0	99	1	6
17	1.0	93	7	6
21	1.0	90	10	6
30	1.0	67	33	6
33	1.0	67	33	6
34	1.0	0	100	6
37	1.0	0	100	6
38	1.0	100	0	6
50	1.0	100	0	6

梯度运行时间为 50 min。

[2] 一般情况下，可用紫外检测器，含量低时可用荧光检测器。

[3] AccQ* Flowr 衍生剂：氨基酸分析所使用的衍生试剂，AQC（即：6－氨基喹啉基－*N*－羟基琥珀酰亚胺基氨基甲酸酯）是具有反应活性的杂环氨基甲酸酯，它是一种新型氨基衍生化试剂（其结构见下图）。

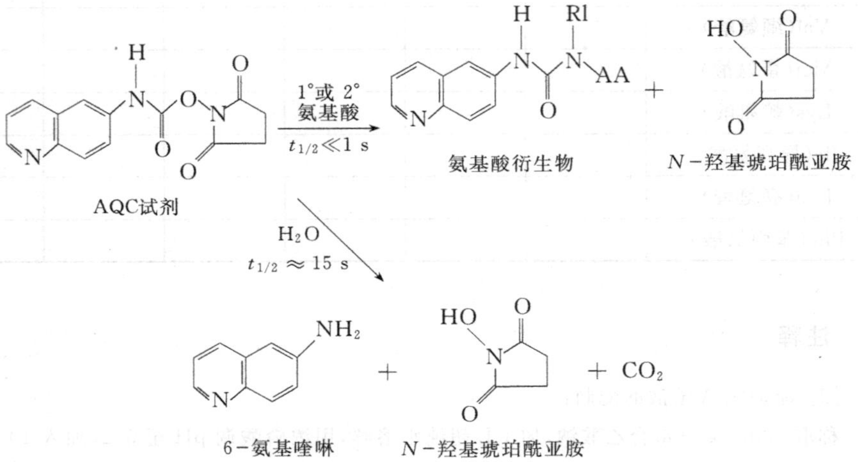

氨基酸衍生方法的原理是：

① AQC 衍生剂能与伯氨基酸和仲氨基酸迅速反应，生成在 248 nm 吸收紫外光、在 395 nm发射强荧光的高稳定性的脲。生成的衍生物在室温下可稳定一周。

② 过量的试剂可在一步慢反应中完全水解，生成不干扰测定的副产物：6－氨基喹啉(AMQ)，*N*－羟基琥珀酰亚胺(NHS)和二氧化碳。主要的水解产物在 248 nm 处的紫外光、在 395 nm 处的荧光很弱，在色谱图上只产生一个易于辨认的小峰，NHS 和 CO_2 对分析没有干扰。

思考题

1. 紫外检测器是否适用于各类有机化合物的测定？为什么？
2. 氨基酸分析时为什么要进行化学衍生？

12－8 实验六十六 固相萃取－高效液相色谱法测定环境水中的氨基甲酸酯类农药残留

一、目的要求

1. 学习固相萃取样品前处理技术的基本原理及操作。
2. 掌握高效液相色谱法进行定性分析及定量分析的基本方法。

3. 了解固相萃取结合高效液相色谱在痕量分析中的应用。

二、实验原理

氨基甲酸酯类农药因具有高效、广谱、残留期短、毒性小等优点被广泛用于农业生产中。但是该类农药会干扰乙酰胆碱酯酶的活性，对人类的中枢神经系统产生破坏，从而威胁人类的健康，因此许多国家对氨基甲酸酯类农药在食物和环境中的最大残留限量建立了严格的标准。

食品和环境样品中痕量农药残留的分析方法主要包括两部分：样品前处理和分析测定。样品前处理是指采用合适的方法，将目标化合物从复杂的样品基质中分离出来并实现目标化合物的纯化和浓缩，以便满足仪器检测的需要。常用的样品前处理方法主要有液－液萃取、固相萃取、固相微萃取、膜萃取等。

固相萃取(solid phase extraction SPE)是一种重要的样品前处理技术，它是利用固体吸附剂对液体样品中的目标化合物进行吸附，实现目标化合物与样品基质和干扰物质的分离，然后再用洗脱液对目标化合物进行洗脱(或加热解吸)，从而达到分离、纯化和富集目标化合物的目的。固相萃取技术的操作程序大致分为四步：活化、上样、淋洗(去杂质)和洗脱。与液－液萃取相比，固相萃取具有操作简单、有机溶剂用量少、富集倍数高、易于实现自动化等优点。该技术已广泛应用于生物、环境、制药、临床医学、食品等领域中痕量物质的检测。

本实验将固相萃取技术与高效液相色谱法相结合，用于测定环境水中的氨基甲酸酯类农药残留。

三、实验用品

1. 仪器

LC—20A 高效液相色谱仪　SPD—20A 紫外检测器　固相萃取仪　Century SIL C18 柱(200 mm×4.6 mm，5 μm)　微量进样器(100 μL)　固相萃取柱(二乙烯苯和 *N*－乙烯基吡咯烷酮共聚物)　溶剂过滤系统　超声波清洗机　真空泵　微孔过滤膜(尼龙，0.45 μm)　微孔过滤膜(混合纤维素，0.45 μm)　移液器(1000 μL)　容量瓶(5 mL)　塑料滴管(5 mL)　玻璃离心管(10 mL)　注射器(1 mL)　注射器式过滤器(尼龙，0.22 μm)　塑料离心管(1.5 mL)

图片:固相萃取装置

2. 药品

速灭威(分析标准品)　残杀威(分析标准品)　西维因(分析标准品)

异丙威(分析标准品) 甲醇(HPLC 级) 乙腈(HPLC 级)

标准储备液 以甲醇为溶剂,分别配制质量浓度为 1 mg・mL^{-1}的速灭威、残杀威、西维因和异丙威单标标准储备液。

四、操作步骤

1. 色谱条件

(1) 流动相 乙腈:水(50:50),流量 1 mL・min^{-1}

(2) 紫外检测器 测定波长 208 nm

(3) 进样量 20 μL

2. 标准溶液的配制

用移液器分别准确吸取 0.10 mL 四种农药的标准储备液,放入 5 mL 容量瓶中,用甲醇稀释至刻度,得到浓度 20.0 μg・mL^{-1}的混合标准溶液。然后采用逐级稀释法配制浓度为 10.0 μg・mL^{-1}、5.0 μg・mL^{-1}、1.0 μg・mL^{-1}、0.5 μg・mL^{-1}的混合标准溶液(配制方法:取 0.50 mL 20.0 μg・mL^{-1}的混合标准溶液,放入塑料离心管中,加入 0.50 mL 甲醇稀释得到 10.0 μg・mL^{-1}混合标准溶液;以此类推,注意确保正确的稀释倍数)。

3. 标准曲线的绘制

打开 HPLC 仪器,调整好参数,待仪器稳定后,分别吸取 60 μL 混合标准溶液,进样 20 μL,按由稀到浓的顺序依次对五个不同浓度的混合标准溶液进样分析,记录峰面积及峰保留时间。

4. 样品处理

用量筒取 400 mL 水样,用 0.45 μm 混合纤维素微孔过滤膜过滤,收集滤液待用。

5. 样品的固相萃取及分析

依次用 3 mL 甲醇和 3 mL 蒸馏水活化固相萃取柱,取 100 mL 水样用滴管逐次加到固相萃取柱上,抽真空使样品溶液通过萃取柱,控制流量约为 3 mL・min^{-1}(约 2 滴・s^{-1});上样完毕后用 5 mL 10 %甲醇－水(V:V)溶液淋洗萃取柱,并抽干至无液体流出;然后用移液器吸取 1.00 mL 甲醇洗脱萃取柱上吸附的氨基甲酸酯,控制流速为 1 滴・s^{-1},用 10 mL 离心试管收集洗脱液,至无液体流出,混匀后经针式过滤器过滤,吸取 60 μL 滤液,进样20 μL。记录峰面积及峰保留时间。实验平行测定三次。

样品分析完毕后,用纯乙腈冲洗液相色谱系统及色谱柱 30 min。将用过的固相萃取柱依次用 3 mL 乙腈、3 mL 超纯水洗涤。

五、数据处理

1. 实验数据记录(峰面积)

分析物/(保留时间)	质量浓度/($\mu g \cdot mL^{-1}$)					
	0.5	1.0	5.0	10.0	20.0	c_x
速灭威(　　　min)						
残杀威(　　　min)						
西维因(　　　min)						
异丙威(　　　min)						

2. 绘制标准曲线

以标准溶液的浓度为横坐标、峰面积为纵坐标作图,得到标准曲线。将洗脱液的峰面积代入标准曲线计算洗脱液中氨基甲酸酯类农药的含量。

3. 计算水样中氨基甲酸酯类农药的含量

按下式计算水样中各氨基甲酸酯类农药的含量:

$$c_x = c_{洗脱液} \cdot V_{洗脱液} / V_{样品}$$

式中:c_x——水样中农药的待测含量($\mu g \cdot mL^{-1}$);

$c_{洗脱液}$——洗脱液中农药的质量浓度($\mu g \cdot mL^{-1}$);

$V_{洗脱液}$——洗脱液的体积(mL),本实验为 1.0 mL;

$V_{样品}$——水样的体积(mL),本实验为 100 mL。

思考题

1. 固相萃取技术的基本操作步骤有哪些?
2. 与传统的液-液萃取技术相比,固相萃取技术的优点有哪些?

第十三章

光谱仪器分析

概　述

光学分析是建立在电磁辐射与物质相互作用的基础上的方法，根据电磁辐射与物质作用性质的不同，光学分析方法可以分为光谱法与非光谱法两大类。以测量电磁辐射与物质相互作用引起原子、分子内部量子化能级之间的跃迁产生的发射、吸收、散射等波长与强度变化关系为基础的光学分析法，统称为光谱分析法，本章内容就是以光谱分析仪器为工具的分析实验。主要包括原子发射光谱，原子吸收光谱，分子吸收光谱，分子荧光光谱及化学发光分析等内容。

光谱分析仪器是探测电磁辐射与物质相互作用的工具，虽然各类仪器的具体结构与复杂程度差异较大，但都包括四个基本组成部分：信号发生系统（如各种激发光源、辐射光源及样品池的组合系统）、色散系统、检测系统、信号处理系统。近年来由于新技术、新材料、新器件的不断出现，大大地推动了光谱分析仪器的发展，主要表现为（1）检测的灵敏度与选择性有了很大的提高；（2）增强了多组分同时检测的能力，丰富了检测信息量；（3）应用范围不断扩大，由于光谱分析法在定性及定量方面所表现的优越性，该法已广泛应用于生命科学、医学、食品、化工、农药、环境、商检、空间探索等领域。

与其他分析方法一样，利用光谱仪器进行分析实验时，必须注意仪器条件、化学条件的最优化选择，全面了解各种可能的干扰因素，如光谱干扰、化学干扰、物理干扰等常见干扰因素在特定分析仪器及实验中的存在及消除方法。了解光谱仪器分析对样品的要求及样品的前处理方法，本章选编的几个光谱仪器分析实验是一些有代表性、成熟的分析实验，包括了常见光谱分析的主要内容。通过这些实验，可以使我们熟悉从样品预处理到具体的分析测定，以至数据、结果处理的整个分析过程，从而掌握上面提到的光谱分析中应注意的几个要点，掌握各类光谱分析的定性及定量方法，使理论与实践更加紧密结合。

13－1 实验六十七 等离子体发射光谱法测定人发中微量元素铜、铅、锌

一、目的要求

1. 了解和学习等离子体发射光谱分析法。
2. 掌握等离子体发射光谱仪(ICP－AES)的使用方法和原理。

二、实验原理

ICP 发射光谱分析是以电感耦合高频等离子体炬为激发源，高频发生器产生高频电流，并加在等离子炬管的高频感应圈上，使等离子体产生8000 K左右的高温，形成激发源。样品经雾化后进入炬管，在高温区内被激发，使待测元素发射出特征波长的辐射，射出的光由入射狭缝进入分光系统，在分光器中光栅将不同波长的光分开后送入光电检测器，检测器中的光电倍增管把光信号转变成电信号，经放大器放大后测定元素谱线强度而进行定量分析；仪器常配备计算机进行自动控制和数据处理，计算机屏幕显示并绘制标准曲线，计算样品分析结果，在打印机上打印出检测结果。

动画:ICP 激发源

ICP 光源具有环形通道、高温、惰性气氛等特点，因而有检出限低、灵敏度高、分析速度快、精密度高、稳定性好、线性范围宽、基体效应小等优点，可用于高、中、低含量的 70 个元素的同时测定。

用 ICP 测定人发中微量元素，可先将头发样品用浓 HNO_3 和 H_2O_2 混合液消化处理，这种湿法处理样品的优点是，Pb，Zn 损失少。将处理好的样品上机测试，即可迅速得出结果。

三、实验用品

1. 仪器

电感耦合等离子体发射光谱分析仪(ICP－AES)　石英坩埚

电热板　容量瓶(25 mL)　量筒(10mL)　分析天平　玻璃棒

滴管　洗瓶　烘箱　不锈钢剪刀

2. 药品

Cu 标准溶液　用直接法准确称取光谱纯 Cu 1.0000 g，溶于 20 mL 6 $mol\cdot L^{-1}$ HNO_3 溶液中，定量转移到 1000 mL 容量瓶中，用二次蒸馏水稀释至刻度，摇匀，含 Cu^{2+} 1.000 $mg\cdot mL^{-1}$。

Pb 标准溶液　用直接法准确称取光谱纯 Pb 1.0000 g，溶于 20 mL 6 mol·L^{-1} HNO_3 溶液中，定量转移到 1000 mL 容量瓶中，用二次蒸馏水稀释至刻度，摇匀，含 Pb^{2+} 1.000 mg·mL^{-1}。

Zn 标准溶液　用直接法准确称取光谱纯 Zn 1.0000 g，溶于 20 mL 6 mol·L^{-1} HCl 溶液，定量转移到1000 mL容量瓶中，用二次蒸馏水稀释至刻度，摇匀，含 Zn^{2+} 1.000 mg·mL^{-1}。

以上等体积的混合标准溶液为高浓度标准溶液，再依照测定样品含量接近范围，用二次蒸馏水稀释为低浓度标准溶液。

HNO_3(GR)　HCl(GR)　H_2O_2(GR)

四、操作步骤

1. 样品处理

用不锈钢剪刀从后颈部剪取头发样品，将其剪成长约 1 cm 发段，用洗发香波洗涤，再用自来水清洗多次，然后用蒸馏水淋洗，在 110 ℃下烘干。用直接法准确称取 0.3 g 左右(准确至 0.1 mg)样品，置于石英坩埚内，加 5 mL 浓 HNO_3 和 0.5 mL H_2O_2，室温下放置数小时(或放置过夜)；在电热板上加热，稍冷后滴加 H_2O_2，加热至近干，再加少量浓 HNO_3 和 H_2O_2，加热，至溶液澄清，浓缩至 1～2 mL，加少许二次蒸馏水稀释，定量转移到 25 mL 容量瓶中，用二次蒸馏水稀释至刻度，摇匀，待测定。

2. 测定

根据实验条件，按照仪器使用方法，将配制的 Cu^{2+}，Pb^{2+}，Zn^{2+} 标准溶液和样品溶液上机测试。

注意事项

液体样品可直接使用，固体样品可采用湿消化法或干灰化法处理成溶液后使用。溶解样品过程中加 H_2O_2 时，要将样品稍冷，且要缓慢滴加，以避免 H_2O_2 剧烈分解，将样品溅出。(注意：不能有沉淀物，否则应先过滤。)

五、数据处理

计算头发样品中铜、铅、锌含量。

将实验数据整理后写出实验报告。

思考题

1. 头发样品为何通常用湿法处理？若用干法处理，会有什么问题？

2. 通过实验，请列举出 ICP-AES 分析法有哪些优点？

13-2 实验六十八 火焰光度法测定样品中的钾、钠

一、目的要求

1. 学习和熟悉火焰光度法测定样品中钾、钠的方法。
2. 加深对火焰光度法原理的理解。
3. 了解火焰光度计的结构及使用方法。

二、实验原理

以火焰为激发源的原子发射光谱法叫火焰光度法，它是利用火焰光度计测定元素在火焰中被激发时发射出的特征谱线的强度来进行定量分析。火焰光度法又叫作火焰发射光谱法。

当样品溶液经雾化后喷入燃烧的火焰中，溶剂在火焰中蒸发，样品熔融后转化为气态分子，继续加热又解离为原子，再由火焰高温激发而发射特征光谱，用单色器把元素所发射的特定波长的光分离出来，经光电检测系统进行光电转换，再由检流计测出特征谱线的强度。用火焰光度法进行定量分析时，若激发的条件保持一定，则谱线的强度与待测元素的浓度成正比，可以用下式表示：

$$I=ac^b$$

式中：a——与待测元素的激发电位、激发温度及样品组成等有关的系数，当实验条件固定时，a 为常数；

b——谱线的自吸系数。

当浓度很低时，自吸现象可忽略不计，此时，$b=1$，则

$$I=ac$$

通过测量待测元素特征谱线的强度，即可进行定量分析。

K，Na 元素通过火焰燃烧容易激发而放出不同能量的谱线，用火焰光度计测定 K 原子发射的 766.8 nm 和 Na 原子发射的 589.0 nm 的这两条谱线的相对强度，利用标准曲线法可进行 K，Na 的定量测定。为抵消 K，Na 间的相互干扰，其标准溶液可配成 K，Na 混合标准溶液。

本实验使用液化石油气(或汽油)-空气火焰。

三、实验用品

1. 仪器

6400A 火焰光度计　　吸量管(5 mL,10 mL)　　曲颈小漏斗

振荡机　　烧杯(100 mL,250 mL,500 mL)

容量瓶(10 mL,50 mL,100 mL,250 mL)　　电热板

分析天平　　聚乙烯试剂瓶

具塞磨口锥形瓶(100 mL)　　锥形瓶(100 mL)

漏斗　　托盘天平

量筒(100 mL)　　烘箱　　玻璃棒

洗瓶　　洗耳球

2. 药品

(1) 1.000 $g\cdot L^{-1}$ K 的标准储备溶液　用直接法准确称取 0.953 4 g 在 105 ℃烘干 4～6 h 的 KCl(AR),溶于水后,定量转移到 500 mL 容量瓶中,用蒸馏水稀释至刻度,摇匀,转入聚乙烯试剂瓶中储存。

(2) 1.000 $g\cdot L^{-1}$ Na 的标准储备溶液　用直接法准确称取 1.270 8 g 在 110℃烘干 4～6 h 的 NaCl(AR),溶于水后,定量转移到 500 mL 容量瓶中,用蒸馏水稀释至刻度,摇匀,转入聚乙烯试剂瓶中储存。

(3) K,Na 混合标准工作溶液"1"　移取 5.00 mL K 标准储备溶液,2.50 mL Na 标准储备溶液,放入 50 mL 容量瓶中,用蒸馏水稀释至刻度,摇匀。此标准溶液含 100 $mg\cdot L^{-1}$ K,含 50 $mg\cdot L^{-1}$ Na。

(4) 三酸混合溶液　HNO_3 ($\rho = 1.42\ g\cdot cm^{-3}$), H_2SO_4 ($\rho = 1.84\ g\cdot cm^{-3}$), $HClO_4$(60%)以 8∶1∶1 的比例混合而成。

(5) K,Na 混合标准工作溶液"2"　(如果不测定土壤样品则此溶液不必配制)移取 5.00 mL K 标准储备溶液,12.50 mL Na 标准储备溶液,放入 100 mL 容量瓶中,用蒸馏水稀释至刻度,摇匀。此标准溶液含 50 $mg\cdot L^{-1}$ K,含 125 $mg\cdot L^{-1}$ Na。

(6) $Al_2(SO_4)_3$ 溶液　称取 34 g $Al_2(SO_4)_3$ 或 66 g $Al_2(SO_4)_3\cdot 18H_2O$ 溶于蒸馏水中稀释至 1 L。

(7) K 标准工作溶液　吸取 5.00 mL K 标准储备溶液,放入 100 mL 容量瓶中,用蒸馏水稀释至刻度,配成 50 $mg\cdot L^{-1}$。

(8) Na 标准工作溶液　吸取 10.00 mL Na 标准储备溶液,放入 100 mL 容量瓶中,用蒸馏水稀释至刻度,配成 100 $mg\cdot L^{-1}$。

(9) 混合酸消化液　HNO_3 与 $HClO_4$ 以 4∶1 比例混合而成。

(10) 1% HCl 溶液。

3. 其他

定量滤纸　　植物样品　　玻璃珠

四、操作步骤

植物样品[1]中 K,Na 含量的测定

1. 样品的预处理

植物样品通常用湿消化法处理成分析试液。用直接法准确称取 1.000 g 通过 35 号筛的干样品,放入 100 mL 锥形瓶中,加入 2～3 粒玻璃珠以防暴沸,瓶口加一曲颈小漏斗,加入 10 mL 三酸混合溶液。在通风橱中用电热板低温消化 40 min 后,升高温度使 $HClO_4$ 冒白烟分解,此过程 2～3 min 即可完成,见到 H_2SO_4 回流,即呈现缕状白烟时取下锥形瓶,稍冷后,加 20 mL 左右 1% HCl 溶液,加热至沸以溶解残渣,趁热用快速滤纸过滤至 50 mL 容量瓶中,用热的 1% HCl 溶液洗涤沉淀三次,洗至滤液近刻度后用蒸馏水稀释至刻度,摇匀。此溶液一般可直接用于测定 Na,用逐级稀释法稀释 100 倍后测定 K[2]。

2. 系列标准溶液的配制

在五个 50 mL 容量瓶中,分别加入 1.00 mL,2.00 mL,3.00 mL,4.00 mL 和 5.00 mL K,Na 混合标准工作溶液"1",用蒸馏水稀释至刻度,摇匀。

3. K,Na 含量的测定

按使用方法开动仪器并点火,仪器预热 10～20 min 后,选择适当的灵敏度并用蒸馏水喷雾调零,用标准系列中浓度最大的溶液调节仪器满刻度。由稀到浓依次测定系列标准溶液和未知样品溶液的发射强度(I),每个溶液要测定三次,取平均值。

五、数据处理

以浓度为横坐标,K,Na 的发射强度为纵坐标,分别绘制 K,Na 的标准曲线。由未知样品的发射强度求出样品中的 K,Na 的含量(用质量分数表示)。

注释

[1] 如果为土壤样品或食物样品可分别按下法测定。

1. 土壤样品中水溶性 K,Na 含量的测定

(1) 土壤样品的预处理

土壤样品通常用浸提法处理。待测溶液中 Ca 对 K 的干扰不大,而对 Na 的干扰较大。

可以用 $Al_2(SO_4)_3$ 抑制钙的激发减少干扰。

称取 10 g 通过 1 mm 筛孔筛选并烘干的土样放入 100 mL 具塞磨口锥形瓶中，加蒸馏水 50 mL 盖好瓶盖，在振荡机上振荡 3 min 立即过滤，根据具体情况吸取一定体积浸出液，放入50 mL 容量瓶中，加 1 mL $Al_2(SO_4)_3$ 溶液，用蒸馏水稀释至刻度，摇匀，备用。

(2) 系列标准溶液的配制及测定

在九个 50 mL 容量瓶中，分别加入 0.00 mL，2.00 mL，4.00 mL，6.00 mL，8.00 mL，10.00 mL，12.00 mL，16.00 mL，20.00 mL K、Na 混合标准工作溶液"2"，分别加入 1 mL $Al_2(SO_4)_3$，用蒸馏水稀释至刻度，摇匀。各瓶中分别含 K 为 0 mg·L^{-1}，2 mg·L^{-1}，4 mg·L^{-1}，6 mg·L^{-1}，8 mg·L^{-1}，10 mg·L^{-1}，12 mg·L^{-1}，16 mg·L^{-1}，20 mg·L^{-1}，含 Na 为 0 mg·L^{-1}，5 mg·L^{-1}，10 mg·L^{-1}，15 mg·L^{-1}，20 mg·L^{-1}，25 mg·L^{-1}，30 mg·L^{-1}，40 mg·L^{-1}，50 mg·L^{-1}。

按操作步骤 3 的方法，由稀到浓依次测定系列标准溶液中 K，Na 的发射强度，每个溶液要测三次，取平均值。然后用火焰光度计测试未知液，记录检流计读数，在标准曲线上查出其浓度。

2. 食物样品中 K，Na 含量的测定

食物样品通常用湿消化法处理成分析试液。

(1) 样品的预处理

准确称取均匀样品(0.5～1 g 干样或 1～2 g 湿样或 3～5 g 饮料)，放入 250 mL 高型烧杯中，加 20～30 mL 混合酸消化液，盖上表面皿，用电热板或电沙浴加热消化。如消化不完全，再补加几毫升混合酸消化液，继续加热消化，直至无色透明为止。加几毫升蒸馏水，加热以除去多余的 HNO_3。待烧杯中的液体接近 2～3 mL 时，取下冷却。用蒸馏水洗并定量转移到 10 mL 容量瓶中，用蒸馏水稀释至刻度，摇匀。

取与消化样品相同的混合酸消化液，按上述操作做试剂空白测定。

(2) 系列标准溶液的配制及测定

用吸量管吸取 0.00 mL，0.50 mL，1.00 mL，1.50 mL，2.00 mL，2.50 mL K 标准工作溶液分别放入 250 mL 容量瓶中，用蒸馏水稀释至刻度，摇匀。将消化样液、试剂空白液、K 系列标准溶液分别导入火焰光度计，测定发射强度。

用吸量管吸取 0.00 mL，1.00 mL，2.00 mL，3.00 mL，4.00 mL Na 标准工作溶液分别放入100 mL容量瓶中，用蒸馏水稀释至刻度，摇匀。将消化样液、试剂空白液、Na 系列标准溶液分别导入火焰光度计，测定发射强度。

[2] 为将某溶液(试液或标准溶液)稀释 100 倍，通常是先取 5.00 mL 该溶液放入 50 mL容量瓶中，用蒸馏水稀释至刻度，摇匀，得中间液；再取 5.00 mL 中间液放入 50 mL 容量瓶中，用蒸馏水稀释至刻度，摇匀，得稀释 100 倍的溶液，这种稀释方法称为逐级稀释法。

思考题

1. 火焰光度计中的滤光片有什么作用？

2. 如果系列标准溶液浓度范围过大，则标准曲线会弯曲，为什么会有这种情况？

13-3 实验六十九 光度法测定有色混合物

一、目的要求

1. 学习光度法同时测定有色混合物组成的实验方法。
2. 学会使用可见分光光度计。

二、实验原理

在很多情况下，溶液中含有两个（或两个以上）不同的有色组分（M 和 N 组分）。若 M，N 两组分的吸收光谱相互不重叠，如图 13-1 (a)，则只要在波长 λ_1 及 λ_2 处分别测量标样和样品溶液的吸光度，便可以求出 M 及 N 组分的含量。若两组分的吸光光谱部分重叠，如图 13-1 (b)，则根据吸光度的加和性原则，在 M 和 N 的最大吸收波长 λ_1 及 λ_2 处，测量总吸光度 $A_{\lambda_1}^{M+N}$ 及 $A_{\lambda_2}^{M+N}$。

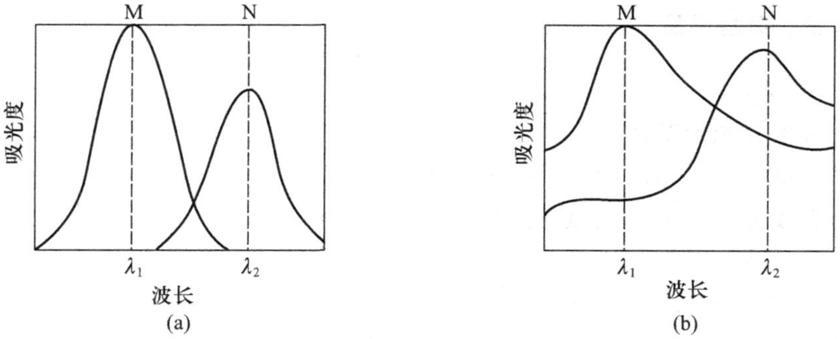

图 13-1 有色混合物两组分的吸收光谱

若测定时用 1 cm 厚的吸收池，从下列关系式可求得 M 组分浓度 c_M 和 N 组分浓度 c_N

$$A_{\lambda_1}^{M+N}=A_{\lambda_1}^{M}+A_{\lambda_1}^{N}=\kappa_{\lambda_1}^{M}c_M+\kappa_{\lambda_1}^{N}c_N \tag{1}$$

$$A_{\lambda_2}^{M+N}=A_{\lambda_2}^{M}+A_{\lambda_2}^{N}=\kappa_{\lambda_2}^{M}c_M+\kappa_{\lambda_2}^{N}c_N \tag{2}$$

解式(1)与式(2)的联立方程，得

$$c_M=\frac{A_{\lambda_1}^{M+N}\kappa_{\lambda_2}^{N}-A_{\lambda_2}^{M+N}\kappa_{\lambda_1}^{N}}{\kappa_{\lambda_1}^{M}\kappa_{\lambda_2}^{N}-\kappa_{\lambda_2}^{M}\kappa_{\lambda_1}^{N}} \tag{3}$$

$$c_N = \frac{A_{\lambda_1}^{M+N} - \kappa_{\lambda_1}^{M} c_M}{\kappa_{\lambda_1}^{N}} \tag{4}$$

式(3)、式(4)中 $\kappa_{\lambda_1}^{M}$，$\kappa_{\lambda_2}^{M}$，$\kappa_{\lambda_1}^{N}$，$\kappa_{\lambda_2}^{N}$——组分 M 及 N 在 λ_1 及 λ_2 处的摩尔吸收系数。

本实验测定 Co^{2+} 及 Cr^{3+} 的有色混合物的组成。Co^{2+} 和 Cr^{3+} 的吸收光谱见图13－2，它们的吸收光谱相互重叠，故可用上述方法测定其混合物的组成。

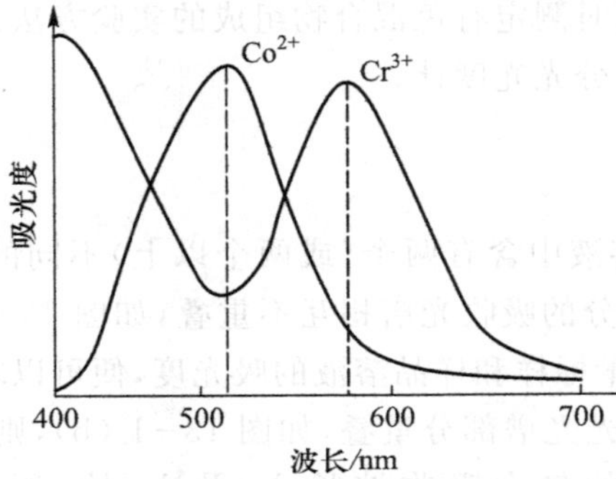

图 13－2　Co^{2+} 及 Cr^{3+} 的吸收光谱

三、实验用品

视频：V1200分光光度计

1. 仪器

可见分光光度计

容量瓶(25 mL)　吸量管(10 mL)

吸收池(1 cm)　洗瓶　洗耳球

2. 药品

0.350 mol·L^{-1} $Co(NO_3)_2$ 溶液

0.100 mol·L^{-1} $Cr(NO_3)_3$ 溶液　　Co 和 Cr 混合样品

四、操作步骤

视频：吸收池装液

1. 溶液的配制

在四个 25 mL 容量瓶中，分别加入 2.50 mL，5.00 mL，7.50 mL，10.00 mL 0.350 mol·L^{-1} $Co(NO_3)_2$ 溶液。另取四个 25 mL 容量瓶，分别加入2.50 mL，5.00 mL，7.50 mL，10.00 mL 0.100 mol·L^{-1} $Cr(NO_3)_3$ 溶液，用蒸馏水稀释至刻度，摇匀。

在另一个 25 mL 容量瓶中，加入未知样品溶液 10.00 mL，用蒸馏水稀释至刻度，摇匀。

2. 测绘 $Co(NO_3)_2$ 及 $Cr(NO_3)_3$ 两溶液的吸收光谱，并选择测定波长

用 1 cm 吸收池，用蒸馏水作参比溶液，分别测量 $Co(NO_3)_2$ 及 $Cr(NO_3)_3$（都为 5.00 mL）的两个容量瓶中的溶液的吸光度。从 420 nm 到700 nm每隔 10 nm 测一次吸光度，吸收峰附近每隔 2nm 测一次。根据绘制的吸收光谱选择最大吸收峰的波长 λ_1 和 λ_2。

3. 吸光度的测量

用 1 cm 吸收池，用蒸馏水作参比溶液，在波长 λ_1 及 λ_2 处，分别测量上述九个溶液的吸光度。

五、数据处理

1. 记录实验条件及数据。

2. 绘制 Co^{2+} 及 Cr^{3+} 的吸收光谱，找出 λ_1 及 λ_2。

3. 在 λ_1 及 λ_2 处，分别绘制 $Co(NO_3)_2$ 溶液及 $Cr(NO_3)_3$ 溶液的四条标准曲线，求得四条直线的斜率 $\kappa_{\lambda_1}^{Co}$，$\kappa_{\lambda_1}^{Cr}$，$\kappa_{\lambda_2}^{Co}$，$\kappa_{\lambda_2}^{Cr}$，并与测量得到未知样品溶液的 $A_{\lambda_1}^{Co+Cr}$ 及 $A_{\lambda_2}^{Co+Cr}$，通过式（3）、式（4）计算未知样品溶液中 $Co(NO_3)_2$ 及 $Cr(NO_3)_3$ 的含量。

思考题

1. 同时测定两组分混合溶液时如何选择波长？
2. 若是同时测定三组分混合溶液的组成，则应如何设计实验？

13-4 实验七十 苯及其衍生物的紫外吸收光谱的测绘及溶剂对紫外吸收光谱的影响

一、目的要求

1. 了解不同的助色团对苯的紫外吸收光谱的影响。

2. 观察溶剂极性对丁酮、异亚丙基丙酮的吸收光谱及 pH 对苯酚的吸收光谱的影响。

3. 学习并掌握紫外可见分光光度计的使用方法。

二、实验原理

具有不饱和结构的有机化合物，特别是芳香族化合物，在紫外区（200～400nm）有特征吸收，为鉴定有机化合物提供了有用的信息。方法

是比较未知物与纯的已知化合物在相同条件(溶剂、浓度、pH、温度等)下绘制的吸收光谱,或将未知物的紫外吸收光谱与标准谱图(如 Sadtler 紫外吸收光谱图)比较,如果两者一致,说明至少它们的生色团和分子母核是相同的。

E_1 带、E_2 带和 B 带是苯环上三个共轭体系中的 $\pi \rightarrow \pi^*$ 跃迁产生的,E_1 带和 E_2 带属强吸收带,在 230～270 nm 范围内的 B 带属弱吸收带,其吸收峰常随苯环上取代基的不同而发生位移。

影响有机化合物的紫外吸收光谱的因素有:内因(共轭效应、空间位阻、助色效应)和外因(溶剂的极性和酸碱性)。

溶剂的极性和酸碱性不仅影响待测物质的吸收波长,还影响吸收峰吸收强度和它的形状。

三、实验用品

1. 仪器

UV－1780 紫外可见分光光度计　石英吸收池(1cm)

容量瓶(5 mL,10 mL)　吸量管(0.1 mL,1 mL)　洗瓶　洗耳球

2. 药品

苯(AR)　乙醇(AR)　氯仿(AR)　丁酮(AR)　甲醇(AR)

异亚丙基丙酮(AR)　正庚烷(AR)

0.1 $mol \cdot L^{-1}$ HCl 溶液　0.1 $mol \cdot L^{-1}$ NaOH 溶液

苯的正庚烷溶液(以 1∶250 比例混合而成)

0.3 $mg \cdot mL^{-1}$ 苯酚的乙醇溶液

甲苯的正庚烷溶液(以 1∶250 比例混合而成)

0.3 $mg \cdot mL^{-1}$ 苯酚的正庚烷溶液

0.4 $mg \cdot mL^{-1}$ 苯酚的水溶液

0.8 $mg \cdot mL^{-1}$ 苯甲酸的正庚烷溶液

0.8 $mg \cdot mL^{-1}$ 苯甲酸的乙醇溶液

0.3 $mg \cdot mL^{-1}$ 苯乙酮的正庚烷溶液

0.3 $mg \cdot mL^{-1}$ 苯乙酮的乙醇溶液

异亚丙基丙酮分别用蒸馏水、甲醇、正庚烷配成浓度为 0.4 $mg \cdot mL^{-1}$ 的溶液

四、操作步骤

1. 苯及其一取代物的吸收光谱的测绘

在五个 5 mL 容量瓶中分别加入 0.50 mL 苯、甲苯、苯乙酮、苯酚、苯甲酸的正庚烷溶液，用正庚烷稀释至刻度，摇匀。将它们依次装入带盖的石英吸收池中，用正庚烷作参比液，从 220～320 nm 进行波长扫描，得吸收光谱。

观察各吸收光谱的图形，找出最大吸收波长 λ_{max}，并计算各取代基使苯的 λ_{max} 红移了多少？

2. 溶剂极性对紫外吸收光谱的影响

(1) 溶剂极性对 $n\rightarrow\pi^*$ 跃迁的影响　在三个 5 mL 容量瓶中，各加入 0.02 mL(长嘴滴管 1 滴)的丁酮，分别用蒸馏水、乙醇、氯仿稀释至刻度，摇匀。将它们依次装入石英吸收池，分别用各自的溶剂作参比液，从 220～350 nm进行波长扫描，得吸收光谱。比较它们吸收光谱的最大吸收波长的变化，并解释。

(2) 溶剂极性对 $\pi\rightarrow\pi^*$ 跃迁的影响　在三个 10 mL 容量瓶中依次加入 0.20 mL 分别用蒸馏水、甲醇、正庚烷配制的异亚丙基丙酮溶液，并分别用蒸馏水、甲醇、正庚烷稀释至刻度，摇匀。将它们依次装入石英吸收池，用各自的溶剂作参比液，从 200～300 nm 进行波长扫描，得吸收光谱。比较吸收光谱的最大吸收波长的变化，并解释。

(3) 溶剂极性对吸收峰吸收强度和形状的影响　在三个 5 mL 容量瓶中，分别加入 0.50 mL 苯酚、苯乙酮、苯甲酸的乙醇溶液，用乙醇稀释至刻度，摇匀。将它们依次装入带盖的石英吸收池中，用乙醇作参比液，从 220～320 nm 进行波长扫描，得吸收光谱。与苯酚、苯乙酮、苯甲酸的正庚烷溶液的吸收光谱相比较，得出结论。

3. 溶液的酸碱性对苯酚吸收光谱的影响

在两个 5 mL 容量瓶中，各加入 0.50 mL 苯酚的水溶液，分别用 0.1 $mol\cdot L^{-1}$ HCl 溶液、0.1 $mol\cdot L^{-1}$ NaOH 溶液稀释至刻度，摇匀。将它们分别依次装入石英吸收池，用各自的溶剂作参比液，从 220～350 nm 进行波长扫描，得吸收光谱。比较它们的最大吸收波长，并解释。

思考题

1. 举例说明溶剂极性对 $n\rightarrow\pi^*$ 跃迁和 $\pi\rightarrow\pi^*$ 跃迁吸收峰将产生什么影响？
2. 在本实验中能否用蒸馏水代替各溶剂作参比溶液，为什么？

13-5 实验七十一 紫外-可见吸收光谱法测定饮料中的防腐剂——苯甲酸

一、目的要求

1. 进一步熟悉紫外-可见分光光度计。
2. 掌握紫外-可见吸收光谱法测定苯甲酸的原理和方法。
3. 掌握标准曲线法。

二、实验原理

PPT:实验讲义

为了防止食品在储存、运输过程中发生腐败、变质,常在食品中添加少量防腐剂。防腐剂使用的品种和用量在食品卫生标准中都有严格的规定,苯甲酸及其钠盐、钾盐是食品卫生标准允许使用的主要防腐剂之一。其使用量一般不超过 0.1%。苯甲酸具有芳香结构,在波长 225 nm 和 272 nm 处有 K 吸收带和 B 吸收带。

由于食品中苯甲酸用量很少,同时食品中其他成分也可能产生干扰,因此一般需要预先将苯甲酸与其他成分分离。从食品中分离防腐剂常用的方法有蒸馏法和溶剂萃取法等。本实验采用蒸馏法,将样品中苯甲酸在酸性(H_3PO_4)溶液中随水蒸气蒸馏出来,与样品中非挥发性成分分离,然后用 $K_2Cr_2O_7$ 溶液和 H_2SO_4 溶液进行氧化,使得除苯甲酸以外的其他有机物氧化分解,将此氧化后的溶液再次蒸馏,用碱液(NaOH)吸收苯甲酸,第二次所得蒸馏液中除苯甲酸以外,基本不含其他杂质。根据苯甲酸(钠)在 225 nm 处有最大吸收,测得其吸光度即可用标准曲线法求出样品中苯甲酸的含量。

三、实验用品

1. 仪器

UV-1780 紫外-可见分光光度计　蒸馏装置　石英吸收池(1 cm)

容量瓶(50 mL)　吸量管(5 mL,10 mL)

量筒(10 mL,100 mL)　分析天平　洗瓶　洗耳球

2. 药品

无水 Na_2SO_4(AR)　85% H_3PO_4 溶液　0.1 $mol \cdot L^{-1}$ NaOH 溶液

0.01 $mol \cdot L^{-1}$ NaOH 溶液　0.033 $mol \cdot L^{-1}$ $K_2Cr_2O_7$ 溶液　2 mol·

L^{-1} H_2SO_4 溶液

0.10 mg·mL^{-1}苯甲酸标准储备溶液 用直接法准确称取 100 mg 苯甲酸(AR,预先经 105 ℃干燥),加入 100 mL 0.1 mol·L^{-1} NaOH 溶液,溶解后用蒸馏水稀释至 1000 mL。

雪碧饮料 橙汁饮料

3. 其他

玻璃珠

四、操作步骤

1. 样品测定

用差减法准确称取 10 g(准确至 0.1 mg)均匀的样品,放入 250 mL 蒸馏烧瓶中,加 1 mL H_3PO_4 溶液,20 g 无水 Na_2SO_4,70 mL 蒸馏水,3 粒玻璃珠进行第一次蒸馏。用预先加有5 mL 0.1mol·L^{-1}NaOH 溶液的 50 mL 容量瓶接收馏出液,当馏出液收集到约45 mL 时,停止蒸馏,用少量蒸馏水洗涤冷凝器,最后用蒸馏水稀释至刻度。

准确吸取上述蒸馏液 25 mL,放入另一个 250 mL 蒸馏烧瓶中,加入 25 mL 0.033 mol·L^{-1} $K_2Cr_2O_7$ 溶液,6.5 mL 2mol·L^{-1} H_2SO_4 溶液,连接冷凝装置,水浴上加热 10 min,冷却,取下蒸馏烧瓶,加入 1 mL H_3PO_4 溶液,20 g 无水 Na_2SO_4,40 mL 蒸馏水,3 粒玻璃珠,进行第二次蒸馏,用预先加有 5 mL 0.1 mol·L^{-1}NaOH 溶液的 50 mL 容量瓶接收蒸馏液,当蒸馏液收集到约 45 mL 时,停止蒸馏,用少量蒸馏水洗涤冷凝器,最后用蒸馏水稀释至刻度。

根据样品中苯甲酸含量,决定吸取第二次蒸馏液的体积,放入 50 mL 容量瓶中,用 0.01 mol·L^{-1} NaOH 溶液稀释至刻度,摇匀,用 0.01 mol·L^{-1} NaOH 溶液作为对照液,用紫外-可见分光光度计在 225 nm 处测定吸光度。

2. 空白试验

用差减法准确称取 10 g(准确至 0.1 mg)均匀的样品,按上述样品测定方法进行操作,但第一次蒸馏时用 5 mL 0.1 mol·L^{-1}NaOH 溶液[1]代替 1 mL H_3PO_4 溶液。测定空白溶液的吸光度 A_0。

若测定样品中无干扰组分,则无须分离,可直接测定。以雪碧饮料为例,吸取一定体积样品在 50 mL 容量瓶中用蒸馏水稀释至刻度,摇匀,即可测定。标准溶液也不需蒸馏,直接配制测定即可。

3. 标准溶液的测定

取苯甲酸标准储备溶液 50.00 mL,放入 250 mL 蒸馏烧瓶中,然后按样品测定方法进行第一次蒸馏。将全部蒸馏液 50.00 mL 放入 250 mL 蒸馏瓶烧中，然后按样品测定方法进行第二次蒸馏。取第二次蒸馏液 2.00 mL，4.00 mL，6.00 mL，8.00 mL，10.00 mL，分别放入五个 50 mL 容量瓶中，用 0.01 $mol\cdot L^{-1}$ NaOH 溶液稀释至刻度。用 0.01 $mol\cdot L^{-1}$ NaOH 溶液作为对照液，测定其中一个标准溶液的紫外-可见吸收光谱（测定波长范围为 200～350 nm)，找出 λ_{max}，然后在 λ_{max} 处测定五个标准溶液的吸光度 A_i。

五、数据处理

1. 记录数据

将标准溶液的质量浓度 ρ 和吸光度 A 数据填入表 13-1 中。

表 13-1 苯甲酸标准溶液浓度及吸光度测定数据

编号	1	2	3	4	5
$\rho/(mg\cdot mL^{-1})$					
A					

2. 绘制标准曲线

(1) 绘制标准曲线　根据表中数据，以 A 为纵坐标，ρ 为横坐标绘制标准曲线，计算线性回归方程和相关系数。

现代紫外分光光度计带有计算机数据处理系统，可直接给出标准曲线、线性回归方程和相关系数。

(2) 计算样品中苯甲酸含量　根据标准曲线和线性回归方程计算样品中苯甲酸的含量。

$$w=\frac{50.00\ mL\times\rho_x}{m\times\dfrac{25.00\ mL}{50.00\ mL}\times\dfrac{V}{50.00\ mL}}$$

式中：m——样品的质量(mg)；

V——样品测定时所取的第二次蒸馏液体积(mL)；

ρ_x——从标准曲线上查得样品溶液中苯甲酸钠的质量浓度($mg\cdot mL^{-1}$)。

注释

[1] 由于苯甲酸钠在碱性溶液中不能被蒸馏出来，故可用 NaOH 代替 H_3PO_4 制得空白溶液。

思考题

1. 如何利用标准曲线计算样品中苯甲酸含量？
2. 怎样安装蒸馏装置？
3. 根据获得的相关系数 γ，评价实验中 ρ 与 A 的线性关系。

13-6 实验七十二 原子吸收光谱法测定自来水中钙、镁的含量

一、目的要求

1. 掌握原子吸收光谱法的基本原理。
2. 了解原子吸收分光光度计的基本结构及其使用方法。
3. 掌握应用标准加入法和标准曲线法测定自来水中钙、镁的含量。

二、实验原理

原子吸收光谱法是基于物质所产生的原子蒸气对特定谱线（即待测元素的特征谱线）的吸收作用进行定量分析的一种方法。

若使用锐线光源，待测组分为低浓度，在一定的实验条件下，吸光度与待测元素的浓度之间符合下式：

$$A = Kc \tag{13-1}$$

式(13-1)就是原子吸收光谱法的定量基础。定量方法可用标准加入法或标准曲线法。

标准曲线法是原子吸收光谱分析中常用的定量方法，常用于未知试液中共存的基体成分较为简单的情况，如果溶液中基体成分较为复杂，则应在标准溶液中加入相同类型和浓度的基体成分，以消除或减少基体效应带来的干扰，必要时须采用标准加入法而不是标准曲线法。标准曲线法的标准曲线有时会发生向上或向下弯曲现象。要获得线性好的标准曲线，必须选择适当的实验条件，并严格实行。

三、实验用品

1. 仪器

AA－6880 原子吸收分光光度计　钙、镁空心阴极灯　烧杯(100 mL)

空气压缩机　乙炔钢瓶

容量瓶(50 mL,100 mL)　吸量管(5 mL,10 mL)　洗瓶

洗耳球　玻璃棒

2. 药品

金属 Mg(GR)　无水 $CaCO_3$(GR)

1 mol·L^{-1} HCl 溶液　浓 HCl 溶液(GR)

(1) 1 000 μg·mL^{-1} Ca 标准储备溶液　用直接法准确称取 0.625 0 g 的无水 $CaCO_3$(在 110℃烘干 2 h),放入 100 mL 烧杯中,用少量蒸馏水润湿,盖上表面皿,滴加1mol·L^{-1} HCl 溶液,直至完全溶解,然后把溶液定量转移到 250 mL 容量瓶中,用蒸馏水稀释至刻度,摇匀备用。

(2) 100 μg·mL^{-1} Ca 标准工作溶液　用吸量管吸取 10.00 mL 上述钙标准储备溶液,放入 100 mL 容量瓶中,用蒸馏水稀释至刻度,摇匀备用。

(3) 1 000 μg·mL^{-1} Mg 标准储备溶液　用直接法准确称取 0.250 0 g 金属 Mg,放入100 mL烧杯中,盖上表面皿,滴加 5 mL 1 mol·L^{-1} HCl 溶液溶解,然后把溶液定量转移到 250 mL 容量瓶中,用蒸馏水稀释至刻度,摇匀备用。

(4) 10 μg·mL^{-1}Mg 标准工作溶液　用吸量管吸取 1.00 mL 上述 Mg 标准储备溶液,放入 100 mL 容量瓶中,用蒸馏水稀释至刻度,摇匀备用。

四、操作步骤

1. 标准加入法 Ca 标准溶液配制

在五个干净的 50 mL 容量瓶中,各加入 5.00 mL 自来水,然后依次加入 0.00 mL,1.00 mL,2.00 mL,3.00 mL 和 4.00 mL Ca 的标准工作溶液,用蒸馏水稀释至刻度,摇匀备用。

2. Mg 系列标准溶液、样品溶液的配制

用吸量管吸取 1.00 mL,2.00 mL,3.00 mL,4.00 mL,5.00 mL 上述 Mg 标准工作溶液,分别放入五个 50 mL 容量瓶中,用蒸馏水稀释至刻度,摇匀备用。

配制自来水样溶液 准确吸取适量(视 Mg 浓度而定)自来水,放入 50 mL 容量瓶中,用蒸馏水稀释至刻度,摇匀备用。

3. 测定

根据实验条件,将原子吸收分光光度计,按仪器操作步骤进行调节,待仪器电路和气路系统达到稳定,即可测定以上各溶液的吸光度。

五、数据处理

1. 记录实验条件

(1) 仪器型号

(2) 吸收线波长(nm)

(3) 空心阴极灯电流(mA)

(4) 光谱通带或光谱带宽(nm)

(5) 乙炔流量($L\cdot min^{-1}$)

(6) 空气流量($L\cdot min^{-1}$)

(7) 燃助比

2. 列表记录测量所得的 Ca,Mg 系列标准溶液的吸光度,然后以吸光度为纵坐标,分别以 Ca,Mg 加入浓度为横坐标绘制 Ca 的工作曲线和 Mg 的标准曲线。

3. 根据自来水样的吸光度,在上述标准曲线上查得自来水样中 Mg 的浓度($g\cdot L^{-1}$)。若经稀释须乘上稀释倍数求得原始自来水中 Mg 含量。

4. 延长 Ca 工作曲线与浓度轴相交,交点为 ρ_x,根据 ρ_x 换算为自来水中 Ca 的含量。

思考题

1. 原子吸收光谱的理论依据是什么?

2. 原子吸收光谱分析为何要用待测元素的空心阴极灯做光源?能否用氢灯或钨灯代替,为什么?

3. 如何选择最佳的实验条件?

13-7 实验七十三 原子吸收光谱法测定毛发中的锌、铜

一、目的要求

PPT:实验讲义

1. 进一步熟悉和掌握原子吸收光谱法进行定量分析的方法。

2. 学习和掌握样品的湿消化或干灰化技术。

3. 进一步熟悉和掌握原子吸收分光光度计的使用方法。

二、实验原理

Zn,Cu是生物体必需的微量元素。Zn广泛分布于有机体的所有组织中，有着重要的生理功能，它是多种与生命活动密切相关的酶的重要成分。例如，它是叶绿体内碳酸酐酶的组成成分，能促进植物的光合作用，对植物的生长发育及产量有着重大影响。Cu则影响植物体内酶的活性和氧化还原过程，是生命体系中一种独特的催化剂。对于人和动物，缺Zn会阻碍蛋白质的氧化及影响生长素的形成，表现为食欲不振、生长受阻，严重时会影响繁殖机能；人体长期缺Cu则容易引发冠心病。通常在机体内Zn与Cu存在一定的量比关系，当此比例失调时，将会导致缺Zn或缺Cu，引发各种疾病。因此Zn和Cu的测定不仅是土壤肥力和植物营养的常测项目，也是人和动物营养诊断的常测项目。从毛发中Zn,Cu含量（常简称"发Zn、发Cu"）可以判断Zn,Cu营养的正常与否，因此，测定发Zn、发Cu为医院的诊断手段之一。

当条件一定时，原子吸收光谱法的定量依据是

$$A = K c$$

人或动物的毛发，用湿消化法或干灰化法处理成溶液后，溶液对213.9 nm波长光（Zn元素的特征谱线）的吸光度与Zn的含量呈线性关系，溶液对324.0 nm波长光（Cu元素的特征谱线）的吸光度与Cu的含量呈线性关系，故可直接用标准曲线法测定毛发中Zn,Cu的含量。

三、实验用品

1. 仪器

AA−6880原子吸收分光光度计　　Zn,Cu空心阴极灯

乙炔钢瓶　　空气压缩机　　聚乙烯试剂瓶(500 mL)

马弗炉（干灰化法）或可调温电热板（湿消化法）

烧杯(250 mL)　　容量瓶(50 mL)　　吸量管(5 mL)

分析天平　　洗耳球　　洗瓶　　玻璃棒　　烘箱　电炉

干灰化法：瓷坩埚(30mL)　　不锈钢剪刀

湿消化法：锥形瓶(100 mL)　　曲颈小漏斗

2. 药品

(1) 0.5 $mg \cdot mL^{-1}$ Zn的标准储备溶液　用直接法准确称取0.5000 g金属Zn(99.9%)，溶于10 mL浓HCl溶液中，然后在水浴上蒸发至近干，用少

量蒸馏水溶解后定量转移到 1000 mL 容量瓶中，用蒸馏水稀释至刻度，摇匀，转入聚乙烯试剂瓶中储存。

(2) 100 $\mu g \cdot mL^{-1}$ Zn 的标准工作溶液　用吸量管吸取 10.00 mL Zn 的标准储备溶液放入 50 mL 容量瓶中，用 0.1 $mol \cdot L^{-1}$ HCl 溶液稀释至刻度，摇匀。

(3) 1.0 $mg \cdot mL^{-1}$ Cu 的标准储备溶液　用直接法准确称取 1.000 g 金属 Cu(99.99%)，分次加入 HNO_3 溶解（总量不超过 37 mL），定量转移到 1000 mL容量瓶中，用蒸馏水稀释至刻度，摇匀，转入聚乙烯试剂瓶中储存。

(4) 100 $\mu g \cdot mL^{-1}$ Cu 的标准工作溶液　用吸量管吸取 10.00 mL Cu 的标准储备溶液放入 100 mL 容量瓶中，用 HNO_3 溶液(5+95)稀释至刻度，摇匀。

(5) 1%HCl 溶液，10%HCl 溶液　干灰化法用。

(6) HNO_3-HClO_4 混合溶液　浓 HNO_3(d=1.42)-$HClO_4$(60%)以 4∶1比例混合而成，湿消化法用。

四、操作步骤

1. 样品的采集与处理

用不锈钢剪刀取 1～2 g 枕部距发根 1～3 cm 处的发样，剪碎至 1 cm 左右，于烧杯中用中性洗涤剂浸泡 2 min，然后用自来水冲洗至无泡，这个过程一般须重复 2～3 次，以保证洗去头发样品上的污垢和油腻。最后，发样用蒸馏水冲洗三次，晾干，置烘箱中于 80℃干燥至恒重(6～8 h)。

用直接法准确称取 0.1 g(准确至 0.1 mg)发样，放入 30 mL 瓷坩埚中，先在电炉上炭化，再置于马弗炉中，升温至 500℃左右，直至完全灰化。冷却后用 5.0 mL 10%HCl 溶液溶解，用 1%HCl 溶液稀释至 50 mL，待测（干灰化法）。在 50 mL 容量瓶中，用吸量管加入 5.0 mL10 % HCl 溶液，用蒸馏水稀释至刻度，摇匀，作为样品的空白溶液。

也可将准确称取的 0.1 g(准确至 0.1 mg)发样，放入 100 mL 锥形瓶中，加入 5 mL 4∶1 HNO_3-HClO_4 混合溶液，上加曲颈小漏斗，在可控温电热板上加热消化，温度控制在 140～160℃，待约剩 0.5 mL 清亮液体，冷却，加 10 mL 蒸馏水加热微沸数分钟再至近干，放置冷却，反复处理二次后用蒸馏水稀释至 50 mL，待测（湿消化法）。同时制作空白溶液。

2. 系列标准溶液的配制

在十个 50 mL 容量瓶中，分别加入 1.00 mL，2.00 mL，3.00 mL，4.00 mL，5.00 mL Zn 的标准工作溶液和 Cu 的标准工作溶液，用蒸馏水稀释至刻度，摇匀，待测。

3. 测量

先安装 Zn 空心阴极灯，按 19-14“原子吸收分光光度计”中的仪器操作步骤开动仪器，选定测定条件：测定波长，空心阴极灯的灯电流，狭缝宽度，空气流量，乙炔流量等。

用蒸馏水调节仪器的吸光度为 0，按由稀到浓的次序测量系列标准溶液和未知样品的吸光度。

然后换上 Cu 空心阴极灯，选择测定条件同上。用蒸馏水调节仪器的吸光度为 0，按由稀到浓的次序测量系列标准溶液和未知样品的吸光度。

五、数据处理

绘制标准曲线，计算线性回归方程和相关系数，并求出毛发中 Zn，Cu 的含量。

现代原子吸收分光光度计均备有计算机数据处理（软件）系统，只要将标准溶液浓度输入计算机并测定其吸光度，即可给出回归直线（标准曲线）、线性回归方程和相关系数。由未知样品的吸光度便能很快求出毛发中的 Zn，Cu 含量，并可根据相关系数评价实验数据的线性关系。

思考题

1. 原子吸收光谱法中，吸光度 A 与样品质量浓度 ρ 之间具有什么样的关系？当质量浓度较高一般会出现什么情况？

2. 测“发 Zn、发 Cu”有什么实际意义？

13-8 实验七十四 荧光分析法测定维生素 B_2

一、目的要求

1. 学习和掌握荧光分析法的基本原理和方法。

2. 熟悉荧光分光光度计的结构和使用方法。

二、实验原理

动画：荧光产生

在紫外光或可见光照射后，一些物质会发射出比入射光波长更长的荧光。以测量荧光强度为基础的分析方法叫作荧光分析法。

对同一物质而言，若 $\kappa bc \ll 0.05$，即对很稀的溶液，荧光强度 I_f 与该物质

的浓度 c 有以下的关系

$$I_f = 2.303\ \varphi_f I_0\ \kappa bc \qquad (13-2)$$

式中：φ_f——荧光量子效率；

I_0——入射光强度；

κ——荧光分子的摩尔吸收系数；

b——样品池的厚度。

I_0 和 b 不变时，

$$I_f = Kc \qquad (13-3)$$

式中 K 为常数。因此，在低浓度的情况下，荧光物质的荧光强度与浓度呈线性关系。

维生素 B_2(即核黄素)在 430～440 nm 蓝光的照射下，发出绿色荧光，其峰值波长为 525 nm。维生素 B_2 的荧光在 pH＝6～7 时最强，在 pH＝11 时消失。

荧光分析实验首先选择激发光单色器波长和荧光单色器波长，基本原则是使测量获得最强荧光，且受背景影响最小。激发光谱是选择激发光单色器波长的依据，荧光物质的激发光谱是指在荧光最强的波长处，改变激发光单色器的波长测量荧光强度，用荧光强度对激发光波长作图所得的谱图。大多数情况下，荧光物质的激发光谱与其吸收光谱相同。荧光光谱是选择荧光单色器波长的主要依据，荧光物质的荧光光谱是将激发光单色器波长固定在最大激发光波长处，改变荧光单色器波长测量荧光强度，用荧光强度对荧光波长作图所得的谱图。图 13-3 为维生素 B_2 的吸收(激发)光谱及荧光光谱示意图。

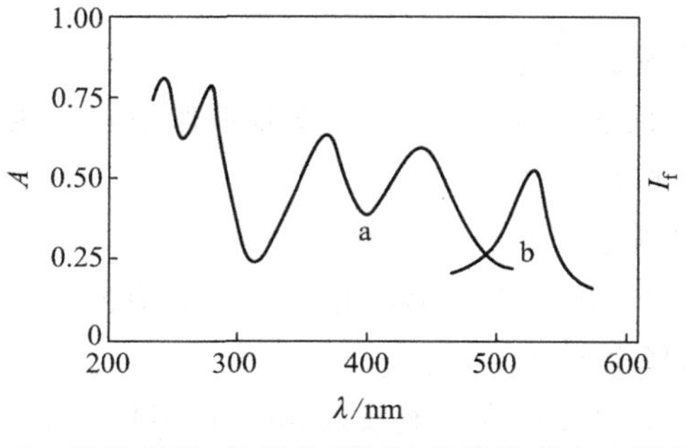

图 13-3 维生素 B_2 的吸收(激发)光谱及荧光光谱示意图

a—吸收光谱；b—荧光光谱

本实验采用标准曲线法来测定维生素 B_2 的含量。激发光单色器波长选 440 nm。荧光单色器波长选 525 nm，可将 440 nm 的激发光及水的拉曼光(360 nm)滤除，从而避免了它们的干扰。

三、实验用品

1. 仪器

RF－5301PC 荧光分光光度计　　容量瓶(50 mL，1 L)

吸量管(5 mL)　　棕色试剂瓶(500 mL)　　洗瓶　　冰箱

玻璃棒　　洗耳球

动画：仪器示意图

2. 药品

(1) 100.0 $mg \cdot L^{-1}$ 维生素 B_2 标准储备溶液　用直接法准确称取 0.100 0 g 维生素 B_2，将其溶解于少量的 1% 乙酸溶液中，定量转移至 1 L 容量瓶中，用 1% 乙酸溶液稀释至刻度，摇匀。

(2) 5.00 $mg \cdot L^{-1}$ 维生素 B_2 标准工作溶液　用移液管吸取 50.00 mL 100.0 $mg \cdot L^{-1}$ 维生素 B_2 标准储备溶液，放入 1 L 容量瓶中，用 1 % 乙酸溶液稀释至刻度，摇匀。

以上溶液均应装于棕色试剂瓶中，置于冰箱冷藏保存。

维生素 B_2 片剂

四、操作步骤

1. 系列标准溶液的配制

在五个干净的 50 mL 容量瓶中，分别加入 1.00 mL，2.00 mL，3.00 mL，4.00 mL 和 5.00 mL 5.00 $mg \cdot L^{-1}$ 维生素 B_2 标准工作溶液，用蒸馏水稀释至刻度，摇匀。

2. 系列标准溶液的测定

开启仪器电源，预热约 10 min。用蒸馏水作空白溶液，从稀到浓测量系列标准溶液的荧光强度。

3. 未知样品的测定

待测液　取一片市售维生素 B_2，用 1 % 乙酸溶液溶解，在 1 L 容量瓶中用 1 % 乙酸溶液稀释至刻度，摇匀。

用吸量管吸取 5.00 mL 待测液放入 50 mL 容量瓶中，用蒸馏水稀释至刻度，摇匀。在相同条件下，测量其荧光强度。

(仪器操作方法见 19－11“荧光分析仪”或有关仪器说明书。)

五、数据处理

1. 用系列标准溶液的荧光强度及浓度绘制标准曲线。
2. 根据待测液的荧光强度，从标准曲线上求得其浓度。
3. 计算药片中维生素 B_2 的含量，用 mg/片表示。

思考题

1. 怎样选择激发光单色器波长和荧光单色器波长？
2. 荧光分光光度计中为什么不把激发光单色器和荧光单色器安排在一条直线上？

13-9 实验七十五 化学发光分析法测定水样中的总铬和价态铬

一、目的要求

1. 了解水中痕量铬的化学发光分析方法。
2. 掌握微波炉压力密封消解水样的技术。
3. 掌握 YHF-1 型液相化学发光仪的基本操作。

二、实验原理

H_2O_2 氧化碱性鲁米诺(Luminol)的反应在 Cr^{3+} 等金属离子存在下而加速，并伴随亮蓝色的化学发光($\lambda_{max}=425$ nm)[1]。当固定 H_2O_2 和鲁米诺溶液(pH≥12.0)的浓度及用量时，其化学发光强度与 Cr^{3+} 的质量浓度(10^{-10} g·mL^{-1}至10^{-5} g·mL^{-1})呈线性关系，检测下限为 6.2×10^{-13} g·mL^{-1}，借此可以定量测定溶液中的痕量 Cr^{3+}。

由于 $Cr_2O_7^{2-}$，CrO_4^{2-} 对鲁米诺发光体系无催化活性，测定总铬时，可向水样中加入过量的 H_2SO_3，用聚四氟乙烯生料带密封后，于微波炉中快速加热，中挡功率消解 4～5 min，将水样中的六价铬还原为三价铬，在与 Cr^{3+} 测定条件相同的情况下测定总铬量。根据总铬量和三价铬量之差，求得水样中六价铬的含量。

水样中共存的 Fe^{3+}，Fe^{2+}，Ca^{2+}，Mg^{2+}，Cu^{2+} 等离子可迅速与试剂中加入的 EDTA 生成相应的配合物，不干扰测定。自来水中的 Co^{2+} 一般含量极微，不足以干扰 Cr^{3+} 的测定，通常不予考虑，如果有显著干扰，可用 PAN 掩蔽消除。本实验具有较高的选择性。

三、实验用品

1. 仪器

YHF－1型液相化学发光仪	微波炉
磁力搅拌器	吸量管(1 mL,2 mL,5 mL)
托盘天平	试剂瓶(1 L)
酸度计	移液管(25 mL)
容量瓶(50 mL,1000 mL)	pH复合电极

分析天平　搅拌磁子　洗耳球　洗瓶　玻璃棒

2. 药品

(1) 0.01 $mol\cdot L^{-1}$ EDTA溶液　　1.0 $mol\cdot L^{-1}$ KOH溶液

2.5 $mol\cdot L^{-1}$ KBr溶液　　6% H_2SO_3溶液

0.04 $mol\cdot L^{-1}$ H_2O_2 溶液(其中含 1.0×10^{-3} $mol\cdot L^{-1}$EDTA溶液)

$NaHCO_3$(AR)　　0.1 $mol\cdot L^{-1}$HCl溶液

(2) 1.0×10^{-4} $g\cdot mL^{-1}$ Cr^{3+}标准储备溶液　用直接法准确称取 0.5125 g 干燥的$CrCl_3\cdot 6H_2O$(GR)溶于少量二次蒸馏水中，稀释为1 L溶液储存。使用时，再根据此浓度逐级稀释成所需浓度(参阅 13－2 注释[2])，本实验使用 1.0×10^{-7} $g\cdot mL^{-1}$ Cr^{3+}标准溶液。

(3) 1.0×10^{-3} $mol\cdot L^{-1}$鲁米诺储备溶液　用直接法准确称取 0.1775 g 鲁米诺(Luminol)(即3－氨基邻苯二甲酰肼)放入小烧杯中，加入2 mL 1.0 $mol\cdot L^{-1}$KOH溶液(或NaOH溶液)溶解，稀释为1 L溶液，在棕色试剂瓶中保存、备用。

(4) 2.5×10^{-4} $mol\cdot L^{-1}$鲁米诺分析液　量取 250 mL 鲁米诺储备溶液，放入1 L烧杯中，加入100 mL 0.01 $mol\cdot L^{-1}$ EDTA溶液，200 mL 2.5 $mol\cdot L^{-1}$ KBr溶液和8.4g $NaHCO_3$(AR)，再加300 mL二次蒸馏水，置于磁力搅拌器上搅拌，不断加入1.0 $mol\cdot L^{-1}$ KOH溶液，直至用酸度计测得 pH＝12.50时止，定量转移到1 L棕色容量瓶中，用二次蒸馏水稀释至刻度，摇匀。

(5) pH＝2.50的稀HCl溶液　在1 L烧杯中加入900 mL二次蒸馏水，用0.1 $mol\cdot L^{-1}$ HCl溶液调节至用酸度计测得 pH＝2.50(也可用 pH＝0.5～5.0 的精密试纸检验 pH)，备用。

3. 其他

精密试纸(pH＝0.5～5.0)　橡皮筋　聚四氟乙烯生料带

四、操作步骤

1. 总铬水样的预处理

在洁净[2]的 50 mL 容量瓶中加入 25.00 mL 自来水，加入 2.00 mL 6% H_2SO_3 溶液，用聚四氟乙烯生料带（2～3 层）密封容量瓶颈口，用橡皮筋紧固，置于微波炉中加热[3]，中挡功率维持微沸 4min，关闭微波炉电源，取出容量瓶，编号为 4，冷却至室温，备用。

2. 标准溶液及待测液的制备

取三个 50 mL 的容量瓶，分别编号为 1,2,3，在 1,2 号中依次加入 0.00 mL 和 5.00 mL 1.0×10^{-7} g·mL^{-1} Cr^{3+} 标准溶液，用二次蒸馏水稀释至 25.00 mL。在 3 号容量瓶中准确加入 25.00 mL 自来水样，然后在 1,2,3,4 号容量瓶中，小心用 0.1 mol·L^{-1} HCl 溶液分别将这四个溶液 pH 调节为 2.50（用 pH＝0.5～5.0 的精密试纸检验），再用 pH＝2.50 的稀 HCl 溶液稀释至刻度，摇匀。

3. 测定[4]

将事先预热 20min 左右的仪器的增益选择旋至中挡，按下“高压”指示选择键[5]，打开“高压”电源，绿指示灯亮，用高压“调节”旋钮调负高压至适当位置（一般为－400～－500V，表头 1 μA 相当于－20V）。

将废液排放管夹子及试液贮管旋塞放开，用二次蒸馏水充分洗涤试剂加入管、试液贮管，待二次蒸馏水排净后[6]，夹紧废液排放管，关闭试液贮管旋塞。按下“复位”，用“调零”旋钮小心调至数显为零，同时将记录仪连接并调节好（也可不用记录仪）。

用吸量管分别吸取 2.00 mL 鲁米诺分析液，1.00 mL 4×10^{-2} mol·L^{-1} H_2O_2 溶液，依次注入试剂加入管。吸取 2.00 mL 1 号容量瓶中的溶液放入试液贮管中[7]，然后，均匀快速打开旋塞，记录数显峰值，关闭旋塞，打开废液管夹子，放净反应废液后重新夹好。按上述操作步骤对各溶液各做 3～5 次平行测定。舍去可疑值后，取平均值进行计算。

测量完毕，将“高压调节”反时针旋至表头指针为零，关闭“高压”电源，其他键、钮恢复原位，关闭电源和记录仪，整理好桌面及实验用品。

五、数据处理

按下式计算水样总铬含量 $\rho_{总铬}$：

$$\rho_{总铬}(\mathrm{g\cdot L^{-1}})=\frac{1.0\times10^{-7}\ \mathrm{g\cdot mL^{-1}}\times5.00\ \mathrm{mL}\times(I_4-I_1)\times1\,000\ \mathrm{mL\cdot L^{-1}}}{(I_2-I_1)\times25.00\ \mathrm{mL}}$$

$$=\frac{2.0\times10^{-5}\times(I_4-I_1)}{I_2-I_1}(\mathrm{g\cdot L^{-1}})$$

式中：I_1,I_2,I_4——分别为测定 1 号（空白）、2 号（标准）和 4 号（总铬水样）容量瓶中溶液的相对发光平均峰值。

按下式计算水样中三价铬含量 $\rho(Cr^{3+})$：

$$\rho[\mathrm{Cr(Ⅲ)}](\mathrm{g\cdot L^{-1}})=\frac{1.0\times10^{-7}\ \mathrm{g\cdot mL^{-1}}\times5.00\ \mathrm{mL}\times(I_3-I_1)\times1\,000\ \mathrm{mL\cdot L^{-1}}}{(I_2-I_1)\times25.00\ \mathrm{mL}}$$

$$=\frac{2.0\times10^{-5}\times(I_3-I_1)}{I_2-I_1}(\mathrm{g\cdot L^{-1}})$$

式中：I_1，I_2——意义同上；

I_3——3 号容量瓶溶液的相对发光平均峰值。

显然，水样中六价铬的含量按下式计算：

$$\rho[\mathrm{Cr(Ⅵ)}]=\rho_{总铬}-\rho[\mathrm{Cr(Ⅲ)}]$$

注释

[1] 鲁米诺(Luminol) H_2O_2 发光体系与 Cr^{3+} 的催化发光反应参阅有关教材。

[2] 实验中所用玻璃仪器事先应用稀硝酸浸泡后，用 0.01 mol·L^{-1} EDTA 溶液处理 10 min，然后用二次蒸馏水洗净后使用。

[3] 微波炉转盘上可同时加热消解二十个左右水样，但盘中心有"热点"效应，为保护转盘，当消解样品少于八个时，最好在盘中央放一杯约 150 mL 的水(微波加热溶样法参阅 10-2)。

微波炉工作时，严禁放置金属材料的器皿，以保护磁控管。注意阅读微波炉使用说明书及其他方面的安全知识。

[4] 本实验测定步骤按 YHF-1 型液相化学发光仪使用方法(参阅 19-12 化学发光分析仪)进行。如使用其他型号，请按有关仪器说明书进行。

[5] 测定过程中，指示选择应始终按下"高压"键，此种情况下，能及时观察负高压值是否变化，随时予以调整，保证稳定在预定值上。

[6] 化学发光值受酸度和试液的注入速度影响较大，因此，平行测定时，每次注入试液的速率应均匀一致。而且，如果不换待测液，则不要用二次蒸馏水洗涤试液贮管和反应池，否则，测定精密度和灵敏度都将变差。

更换待测液时需用二次蒸馏水洗涤试液贮管和反应池(试剂加入管可不必洗涤)，因此，洗后测定的第一个数据仅作为参考。

[7] 按本实验设定，反应池中反应液为 5 mL，pH 约为 11.0，可获得最高灵敏度。

思考题

1. 向鲁米诺分析液中加入 EDTA 和 KBr 的作用各是什么？
2. 如何测定该化学发光体系分析 Cr^{3+} 的检测下限和标准偏差 S、相对标准偏差 S_r？
3. 用该化学发光体系测定水中痕量铬时，有哪些定量分析方法？该实验用的是哪种定量方法？

4. 标准溶液和所有待测液的 pH 为什么要调到 2.50 左右？试液的注入速率对化学发光强度有何影响？怎样控制？

第十四章

有机化合物的定性分析与结构分析

概　述

在有机化学、生命科学研究领域，无论研究植物、动物或微生物，还是在分析或合成样品时，都会遇到化合物结构测定的问题。在有机化学发展的漫长道路上，人们一直借助化学分析的方法了解有机化合物结构方面的某些信息。这种经典方法具有样品和试剂的消耗量大、步骤多和周期长等缺点，鉴定一个化合物往往非常困难。随着现代仪器的发展、分离技术的提高，人们常用柱色谱、薄层色谱、气相色谱和高效液相色谱从复杂的动、植物中分离出少量或微量的纯物质，这样少的样品量用经典的化学分析法来测定物质结构是不可能的。

近几十年发展起来的波谱方法具有微量、快速、准确等特点，适应了现代分离技术的要求，已成为非常重要的测定结构的手段。波谱技术与经典的化学方法相比具有用量少、可回收样品（质谱除外）、快速、灵敏度高等优点，既可以用于定性测定也可以用于定量测定，还可以检测化学反应的进程。例如，从昆虫体内分离出来的昆虫激素（样品非常少）及一些不稳定分子和反应中间体等都只能用波谱分析法测定它们的结构。在众多的方法中，以紫外吸收光谱、红外吸收光谱、核磁共振波谱和质谱应用最广。近几十年来，波谱分析已成为测定有机化合物结构的一种重要手段，在自然科学的许多领域都发挥着重要作用。因此，对农、林、水产、轻工及其他相关院校的学生来说，初步了解和掌握有关波谱的基本知识和实验技术是十分必要的。本章对常用的紫外吸收光谱、红外吸收光谱、核磁共振波谱和色谱－质谱联用分析法加以简单介绍，为今后运用波谱测定结构打下基础。

紫外吸收光谱是分子中最外层价电子在不同能级上跃迁而产生的，它反映了分子中电子跃迁时的能量变化与化合物所含生色团的关系，主要提供了分子内共轭体系的结构信息。

红外吸收光谱是一种分子振动－转动光谱，它是由分子的振动－转动能级间的跃迁而产生的。可由红外吸收光谱图中显示的特征吸收谱带的位置，来鉴定分子中所含有的特征官能团和化学键的类型，进而确定分子的化学结构。

核磁共振波谱(氢谱)是由质子的自旋引起的。从核磁共振波谱可以了解化合物分子中氢的数目和碳架结构。它提供的分子结构信息比红外吸收光谱、紫外吸收光谱多，在化合物结构分析中发挥的作用很大。

质谱分析法是用具有一定能量的电子流轰击待分析物质的气态分子，产生各种阳离子碎片，这些碎片按质荷比进行分离、检测，从而推测化合物的分子结构，并确定其相对分子质量、构成元素的种类及分子式。

本章选编了紫外吸收光谱、红外吸收光谱、核磁共振波谱及色谱-质谱联用分析法来定性鉴定结构的四个实验。通过实验操作使学生了解和掌握现代有机化学仪器分析和检测技术手段，了解大型分析仪器的基本原理、应用范围，学会选择合适的仪器及仪器测试条件以获取可靠的实验结果，帮助学生了解波谱技术测定有机化合物结构的基本原理及其定性鉴定的一般方法，提高学生解析谱图的能力。

14-1 实验七十六 紫外吸收光谱法测定苯甲酸、山梨酸和未知物

一、目的要求

1. 通过实验了解苯甲酸、山梨酸[1]的紫外吸收特征，并利用这些特征对未知物进行定性鉴定。

2. 通过测定有机化合物紫外吸收光谱，掌握鉴别化合物中生色团及其化合物类型的方法。

3. 掌握有机化合物结构与紫外吸收光谱之间内在联系的规律。

二、实验原理

用紫外或可见光照射含有共轭结构的不饱和化合物时，分子中的价电子会从基态向激发态跃迁，此时，电子吸收了某一波长的紫外(可见)光。能级跃迁所需的能量与被吸收的紫外(可见)光波长之间的关系，可按下式计算：

$$\Delta E = h\nu = \frac{hc}{\lambda}$$

式中：h——普朗克常量；

ΔE——电子能级的能量差($kJ \cdot mol^{-1}$)；

ν,λ——被吸收光的频率和波长。

吸收紫外光的波长取决于化合物的结构。

电子跃迁主要有 $\sigma\rightarrow\sigma^*$,$n\rightarrow\sigma^*$,$\pi\rightarrow\pi^*$,$n\rightarrow\pi^*$ 四种形式,其中 $\sigma\rightarrow\sigma^*$ 及 $n\rightarrow\sigma^*$ 的跃迁能量大,吸收的光的波长落在远紫外部分,只有 $n\rightarrow\pi^*$ 和共轭体系 $\pi\rightarrow\pi^*$ 跃迁能量较小,落在紫外-可见光的范围内,因此是研究的重点。一般地,$\pi\rightarrow\pi^*$ 跃迁的吸收强度大,而 $n\rightarrow\pi^*$ 跃迁则弱得多。

如果以波长(λ)为横坐标,以紫外-可见光的吸光度(A)为纵坐标作图,就得到紫外-可见吸收光谱图。

利用紫外吸收光谱鉴定有机化合物,其主要依据是化合物的吸收光谱特征,如吸收曲线的形状、吸收峰数目、各吸收峰波长及摩尔吸收系数等。

有机化合物的紫外吸收光谱具有少数几个宽的吸收带,缺乏精细结构,它只能反映分子中生色团和助色团及附近的结构特征,而不能反映整个分子的特性,因此仅依靠紫外吸收光谱来推断未知化合物的结构是困难的。但是紫外吸收光谱对于判别有机化合物中生色团和助色团的种类、位置、数目,以及区别饱和与不饱和化合物,测定分子中共轭程度等有其独特的优点。

苯甲酸具有芳烃结构,在波长 225 nm 和 272 nm 处有 E 吸收带和 B 吸收带;山梨酸具有 α,β-不饱和羰基结构,在波长 250 nm 处有 $\pi\rightarrow\pi^*$ 跃迁的 K 吸收带。

本实验将通过测定苯甲酸、山梨酸及未知物的紫外吸收光谱,根据它们的紫外吸收光谱特征鉴定未知物是苯甲酸还是山梨酸。

三、实验用品

1. 仪器

UV-1780 紫外-可见分光光度计　分析天平　容量瓶(25 mL,100 mL)　吸量管(1 mL)　石英吸收池(1 cm)　烧杯(150 mL)　洗瓶　洗耳球　玻璃棒

2. 药品

山梨酸(AR)　苯甲酸(AR)　乙醇(AR)　未知物(苯甲酸或山梨酸)

四、操作步骤

1. 配制溶液

用直接法准确称取 10 mg 苯甲酸,用乙醇溶解,定量转移到 100 mL 容量瓶中,用乙醇稀释至刻度,摇匀。吸取 0.50 mL 稀释后的溶液,用乙醇稀释至 25 mL,此溶液质量浓度为 2×10^{-3} $mg\cdot mL^{-1}$。

同上方法分别配制浓度为 2×10^{-3} mg·mL^{-1} 的山梨酸及未知物的乙醇溶液。

2. 测定和记录

用 1 cm 石英吸收池，用乙醇作参比液，在波长 200～350 nm 范围，分别测定苯甲酸、山梨酸和未知物三种溶液的紫外吸收光谱（本实验的仪器使用方法参阅 19-13 紫外-可见分光光度计）。

五、数据处理

1. 利用谱图进行定性分析

由紫外-可见分光光度计可直接得到该化合物的紫外吸收光谱图。由光谱图可找出 λ_{max}，求出 κ 值，并将未知物谱图与已知化合物的谱图对照，推测未知物为苯甲酸或山梨酸。

2. 利用谱图进行结构分析

根据苯甲酸和山梨酸溶液的紫外吸收光谱，判断吸收带的电子跃迁类型及生色团。

注释

[1] 参阅 12-4 注释[1]。

思考题

1. 将实验测定的各化合物吸收带波长与按吸收波长计算方法求得的波长进行比较。

2. 苯甲酸和山梨酸及它们的钠盐、钾盐是食品卫生标准允许使用的两种主要防腐剂，能否根据它们的紫外吸收光谱特征确定饮料中防腐剂的种类？

14-2 实验七十七 红外吸收光谱法测定苯甲酸、苯甲酸乙酯、山梨酸和未知物

一、目的要求

1. 了解苯甲酸、苯甲酸乙酯、山梨酸的红外吸收光谱特征，通过实验掌握有机化合物的红外吸收光谱鉴定方法。

2. 学习 KBr 压片法和液膜法制备样品。

3. 了解红外光谱仪的结构，熟悉其使用方法。

二、实验原理

红外吸收光谱是将红外光照射样品，测定分子中有偶极矩变化的振动产

生的吸收所得到的光谱。红外吸收光谱用于定性分析时，通常用各种特征吸收图表，找出基团和骨架结构引起的特征吸收，然后与推断所得的化合物的标准谱图进行对照，作出结论。

为了便于谱图的解析，通常把红外吸收光谱分为两个区域，即官能团区和指纹区。波数 4000～1300 cm^{-1} 的频率范围为官能团区，产生吸收主要是由于分子的伸缩振动引起的，常见的官能团在这个区域一般都有特定的吸收峰；低于1300 cm^{-1} 的区域称为指纹区，其间吸收峰的数目较多，是由化学键的弯曲振动和部分单键的伸缩振动引起的，吸收峰的位置和强度随化合物而异，如同人彼此有不同的指纹一样，许多结构类似的化合物，在指纹区仍可找到它们之间的差异，因此指纹区对鉴定化合物起着非常重要的作用。如未知物的红外吸收光谱图的指纹区与标准样品相同，就可以断定它和标准样品是同一物（对映体除外）。

一些常见官能团和化学键的特征吸收频率，请参阅仪器分析教材及相关的手册。

按化学键的性质，可将红外区 4000～1300 cm^{-1} 的官能团区划分四个区，如表 14-1 所示。

表 14-1 红外区 4000～1300 cm^{-1} 的官能团区划分

波数/cm^{-1}	4000～2500	2500～2000	2000～1500	1500～1300
波区	X—H 区	三键区或累积双键区	双键区	C—H 弯曲振动区
产生吸收的基团	O—H C—H N—H 等	C≡C C≡N C═C═C 等	C═C C═O N═O	C—H(弯曲振动)

分析红外吸收光谱的顺序是先官能团区，后指纹区；先高频区，后低频区；先强峰，后弱峰。即先在官能团区找出最强峰的归属，然后再在指纹区找出相关峰。对许多官能团来说，往往不是存在一个而是一组彼此相关的峰，就是说，除了主证，还需有佐证，才能证实其存在。

目前已知的化合物的红外吸收光谱图已陆续汇集成册，给鉴定未知物带来了极大方便。若未知物和某已知物有完全相同的红外吸收光谱，则未知物的结构就确定了。

单核芳烃 C ═C 骨架振动吸收出现在 1500～1450 cm^{-1} 和 1600～

1580 cm^{-1}，这是鉴定有无芳环的重要标志。一般1600 cm^{-1}峰较弱，而1500 cm^{-1}峰较强，但苯环上的取代情况会使这两峰发生位移。若在2000～1700 cm^{-1}有锯齿状的倍频吸收峰，是确证单取代苯的重要旁证。羧酸中羰基C═O的振动吸收为1690 cm^{-1}，羧基的O—H缔合伸缩振动吸收为3200～2500 cm^{-1}区域的宽吸收峰。

本实验将通过测定苯甲酸、山梨酸、苯甲酸乙酯及未知物的红外吸收光谱，根据它们的红外吸收光谱特征鉴定未知物是苯甲酸、山梨酸还是苯甲酸乙酯。

三、实验用品

1. 仪器

红外光谱仪　压片装置(油压机，锭剂成型器，真空泵)　干燥器

玛瑙研钵　不锈钢刮刀　0.1 mm固定液体槽　红外灯　分析天平

烘箱　筛子(200目，250目)　滴管

图片:压片装置

2. 药品

KBr粉末(SP)　山梨酸(AR)　苯甲酸(AR)　苯甲酸乙酯(AR)

未知物(苯甲酸、山梨酸或苯甲酸乙酯)

图片:玛瑙研钵

四、操作步骤

1. 制备样品

(1) 固体样品(KBr压片法制备锭片)

将2～4 mg样品放在玛瑙研钵中，加200～400 mg干燥的KBr粉末(事先研细并通过200目筛孔，105～150 ℃烘箱中充分烘干，储存在干燥器中)，混合研磨均匀，使其粒度在2.5 μm(通过250目筛孔)以下，并置于红外灯下以防吸水。

用不锈钢刮刀移取200 mg混合粉末，放在锭剂成型器中，在266.6～666.6 Pa的真空下，加压(1.2×10^5 N)5 min左右，即可得到透明的锭片。

用此方法分别制得苯甲酸、山梨酸和未知物的锭片。

把锭片置于固体样品架子上，样品架插入红外光谱仪的样品窗口，关闭样品室，即可测定样品的红外吸收光谱。

(2) 液体样品(液膜法制样)

液体样品可直接注入吸收池进行测定。吸收池的厚度为0.01～1 mm，吸收池由对红外光透明的KBr窗片及间隔片组成。先装好液体样品架，在可拆池两窗片之间，滴上1～2滴苯甲酸乙酯，使之形成一液膜(故称液膜法)。液膜厚度可借助于池架上的固紧螺丝作微小调节(尤其是黏稠性的液体样品)。将样

品架置于样品室样品窗口，关闭样品室，即可测定样品的红外吸收光谱。

2. 分别记录苯甲酸、苯甲酸乙酯、山梨酸和未知物的红外吸收光谱图。

五、数据处理

1. 解析谱图

比较苯甲酸、山梨酸、苯甲酸乙酯三张红外吸收光谱图，解析谱图，指出主要吸收峰的归属。

2. 确定结构

将未知物的红外吸收光谱图与苯甲酸、山梨酸及苯甲酸乙酯的红外吸收光谱图进行比较，确定未知物的结构。

思考题

1. 测试红外吸收光谱时，固体样品有哪几种制样方法？
2. 样品及所用器具不干燥会对实验结果产生什么影响？

14-3 实验七十八 ^{1}H 核磁共振波谱法测定乙苯、乙醇、苯甲酸乙酯和未知物

一、目的要求

1. 掌握核磁共振波谱仪的工作原理，了解核磁共振波谱仪的结构及应用范围，了解核磁共振波谱的三个主要特征：化学位移、吸收峰和自旋-自旋偶合。

2. 熟悉不同化学环境中的质子与化学位移的关系，能解析一般的 ^{1}H NMR谱。

3. 掌握利用核磁共振波谱法进行定性鉴定的方法。

二、实验原理

氢原子核（质子）是带正电荷的自旋粒子，其自旋量子数 $I=\frac{1}{2}$，在自旋运动时产生核磁矩 μ，如果将其放入磁感应强度为 B_0（单位为 T）的外磁场中，由于磁矩与外磁场的相互作用，根据量子力学原理，核磁矩相对于外磁场将有两种不同取向：

一是与外磁场方向平行（磁量子数 $m=+1/2$），能量较低，称为低能级，

一是与外磁场方向相反（磁量子数 $m=-1/2$），能量较高，称为高能级。

两个能级之差为 ΔE，

$$\Delta E = \gamma \frac{h}{2\pi} B_0$$

式中：γ——磁旋比（单位为 $rad \cdot s^{-1} \cdot T^{-1}$），^{1}H 核的 γ 值为 $2.675\ 3 \times 10^8$ rad（弧度）$\cdot s^{-1} \cdot T^{-1}$；

h——普朗克常量。

ΔE 与磁感应强度（B_0）成正比。若质子受到一定频率的电磁波辐射，辐射所提供的能量恰好等于质子两种取向的能量差（ΔE），即 $\Delta E = h\nu$ 或 $\nu = \gamma B_0/(2\pi)$ 时，质子就吸收电磁波辐射的能量，从低能级跃至高能级，这种现象就称为核磁共振。

质子的核磁共振频率不仅决定于外加磁场和核磁矩，同时还要受到质子在化合物中所处的化学环境的影响。即不同化学环境中的质子，其化学位移不同，因此可以利用核磁共振波谱对化合物进行定性鉴定。

表 14-2 是一些常见基团中质子的化学位移。

表 14-2 一些常见基团中质子的化学位移

质子的类型	δ	质子的类型	δ
$RC\mathbf{H}_3$	0.9	$RO\mathbf{H}$	1～5（温度、溶剂、浓度改变时影响很大）
$R_2C\mathbf{H}_2$	1.3	$RCH_2O\mathbf{H}$	3.4～4
$R_3C\mathbf{H}$	1.5	$R—OC\mathbf{H}_3$	3.5～4
$>C{=}C\mathbf{H}_2$	4.5～5.3	$R—C(=O)—\mathbf{H}$	9～10
$—C{\equiv}C\mathbf{H}$	2～3	$\mathbf{H}C(R)(R)—COOH$	2
$R_2C{=}C\mathbf{H}(R)$	5.3	$R_2CHCOO\mathbf{H}$	10～12
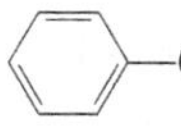—$C\mathbf{H}_3$	2.3	$R—C(=O)—O—C\mathbf{H}_3$	3.7～4
—$\mathbf{H}$	7.27	$\equiv C—C(=O)—C\mathbf{H}_3$（$\mathbf{H}_3C$）	2～3
$RC\mathbf{H}_2F$	4	$RN\mathbf{H}_2$	1～5（峰不尖锐，时常出现一个“馒头形”的峰）
$RC\mathbf{H}_2Cl$	3～4		
$RC\mathbf{H}_2Br$	3.5		
$RC\mathbf{H}_2I$	3.2		

核磁共振波谱的解析，一般来说，首先要根据谱中所出现的信号数目确定分子中含有几种类型的质子，其次要根据谱图中各类质子的化学位移 δ 值

判断质子的类型，在 $\delta=7$ 附近的低场出现吸收峰通常表明苯环质子的存在。烯键、醛基及羟基上的氢通常都在特定的位置出现吸收。通过谱峰强度，可以确定各类质子数目，最后观察和分析各组峰的裂分情况，通常根据偶合常数 J 和峰形确定彼此偶合的质子。在分析了上述信息之后，通常可以写出符合所有这些数据的一个或几个结构式，结合有关的物理常数、化学性质及红外、紫外、质谱的数据才能予以判定。

核磁共振波谱仪常用于药物、食品、高分子化合物、一般有机化合物、染料等的结构分析。

测定有机化合物的核磁共振波谱所用的样品必须是纯品，溶解在氘代溶剂中，将样品配制成溶液。常用的溶剂有 $CDCl_3$（氘代氯仿），C_2D_5OD，C_6D_6，CD_3SOCD_3，CF_3COOD，CD_3COCD_3 及 D_2O（重水）。最常用的标准物是四甲基硅烷(TMS)，它在样品溶液中的含量为 1%～4%。

本实验通过测定乙苯、乙醇、苯甲酸乙酯和未知物的 ^1H NMR，分析它们的核磁共振波谱图的形状、谱峰组数、化学位移偏离常数及谱峰强度，从而定性分析未知物为乙苯、乙醇还是苯甲酸乙酯。

三、实验用品

1. 仪器

BRUKER AVANCE Ⅲ 400 MHz 核磁共振波谱仪　样品管（ϕ 5mm）

2. 药品

无水乙醇(AR)　乙苯(AR)　苯甲酸乙酯(AR)　$CDCl_3$(AR)

图片：核磁共振波谱仪

四、操作步骤

1. 测定乙苯的核磁共振波谱

(1) 在 ϕ 5 mm 样品管中，加 0.1 mL 乙苯，加 0.5 mL $CDCl_3$，摇匀。

(2) 测定乙苯的核磁共振波谱，经傅里叶变换，调相位，基线校正后，进行积分和标峰。

2. 测定乙醇、苯甲酸乙酯及未知物的核磁共振波谱。

取乙醇、苯甲酸乙酯及未知物溶液各 0.1mL，同上操作。

五、数据处理

1. 解析谱图

解析乙醇、乙苯和苯甲酸乙酯的核磁共振波谱图，指出各吸收峰的归属。

2. 确定结构

由未知样品的核磁共振波谱解释各组峰的归属，确定未知物的结构。

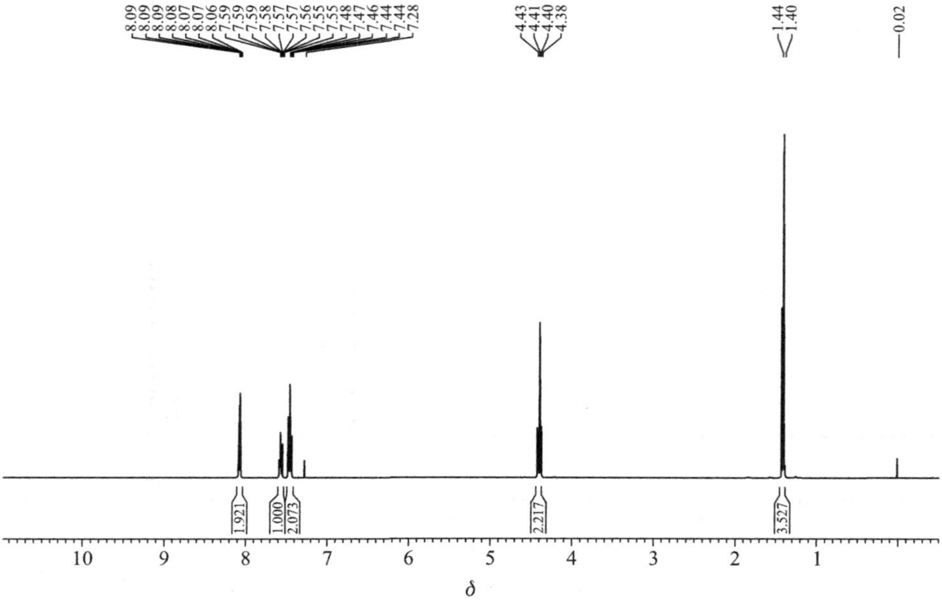

图 14-1 苯甲酸乙酯的^{1}H NMR 谱

苯甲酸乙酯、乙苯、乙醇的 $CDCl_3$ 溶液的标准核磁共振波谱如图 14-1、图 14-2、图 14-3 所示。

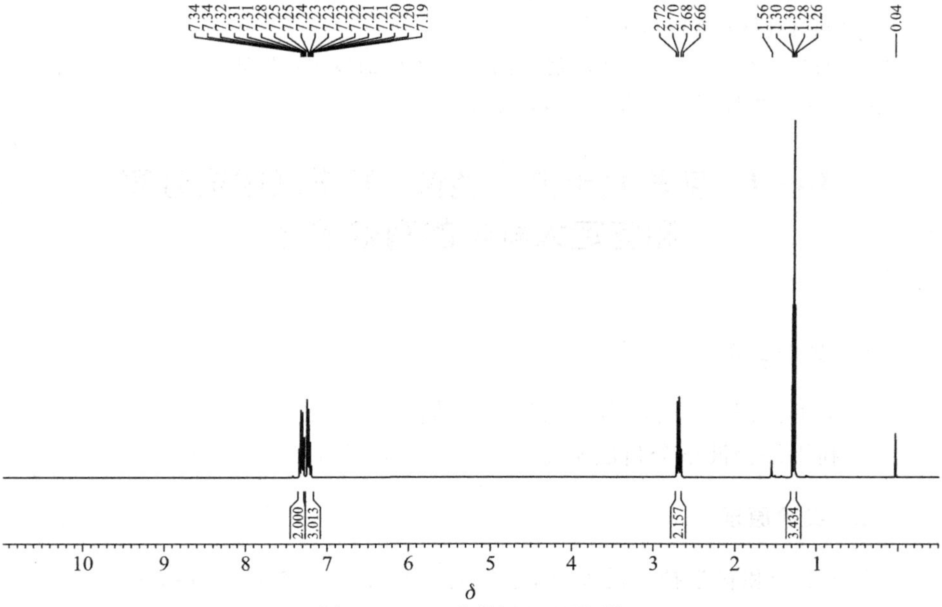

图 14-2 乙苯的^{1}H NMR 谱

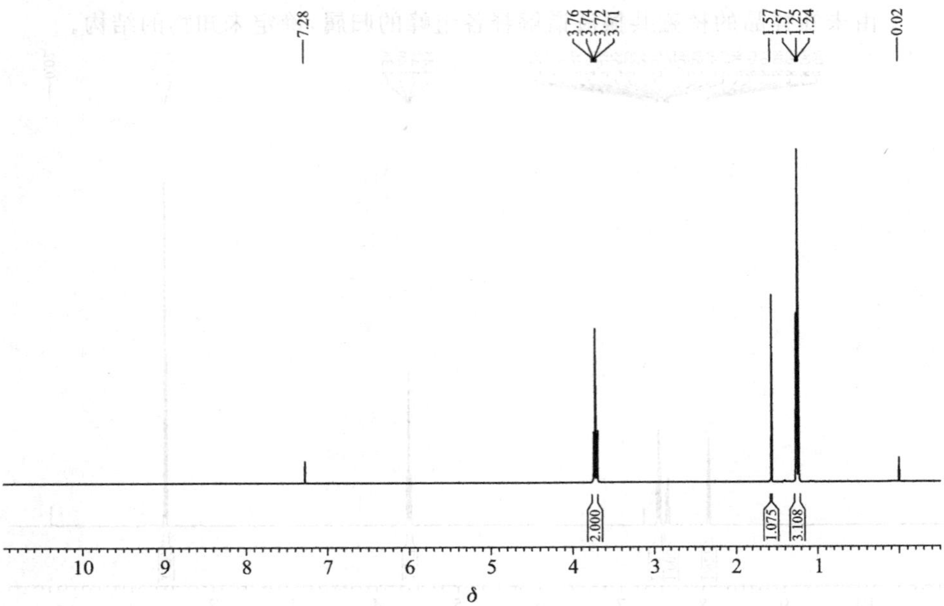

图 14-3 乙醇的[1] H NMR 谱

思考题

1. 如何选择核磁溶剂和标准物？

2. 若分别以 CCl_4 与 D_2O 作溶剂，测定无水乙醇的核磁共振波谱，所得谱图有何区别？请解释之。进行比较，实际证明两者相同。

14-4 实验七十九 色谱-质谱联用法分离和鉴定大蒜中的有效成分

一、目的要求

1. 了解色谱-质谱联用法在分离和结构分析方面的应用。

2. 利用综合波谱分析法确定大蒜油中有效成分的化学结构。

二、实验原理

由于生产和科学技术的发展，不仅对分析化学在准确、灵敏、专一、快速、简便等方面提出更高要求，而且要求分析化学能提供更多、更复杂的信息，因而采用一种分析技术，已不能解决复杂的分析问题，而需要多种分析手段联用。色谱与质谱技术的联用，可在色谱高效分离基础上提供丰富的分子结构信息，这对复杂样品的分离鉴定，是一种很有价值的分析手段。色谱与质谱技术的有机结合，将定性分析和定量分析融为一体，是有效、经济合理的联用分析技术。一般来说，凡是能够用色谱仪分析的样品，大部分均能用色谱-质谱联用仪分析。因此，色谱-质谱联用仪在有机化学、生物化学、化工、医药、环保、生命科学等方面得到了广泛应用。

气相色谱分析和质谱分析的灵敏度都很高，分析样品都要求汽化成蒸气状态，因而气相色谱-质谱联用较为合适。1957 年 Holmes J C 最先实现了气相色谱与质谱联用(GC-MS)，目前 GC-MS 已得到广泛应用和普及(参阅19-17质谱仪)。

对于难挥发、高极性、热不稳定的大分子有机化合物，使用 GC-MS 有困难。液相色谱的应用不受沸点的限制，并能对热稳定性差的样品进行分离、分析，因此，液相色谱与有机质谱的联用更有意义。20 世纪 80 年代以后高效液相色谱-质谱联用(HPLC-MS)技术获得快速发展。

图 14-4 是色谱-质谱联用示意图。

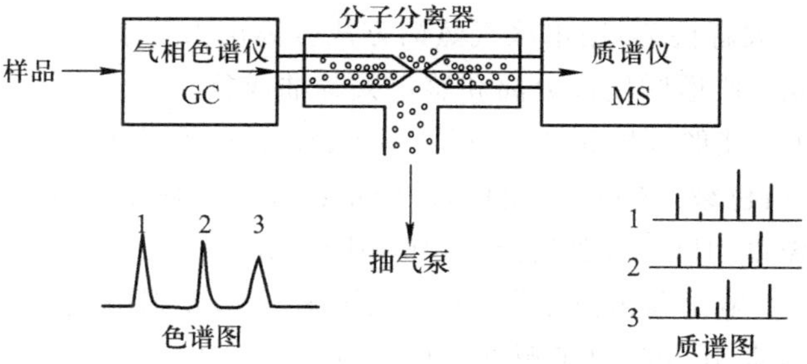

图 14-4 色谱-质谱联用示意图

色谱-质谱联用分析在定性鉴定、定量分析、结构分析等方面都有广泛的应用。如石油馏分是一种多组分和宽沸程的混合物，使用高效能的毛细管色谱-质谱联用分析，可分离和定性鉴定出 240 多个单体烃的组成。对于这种复杂的组分，单纯用色谱分析难以得出正确的结果。如采用色谱-质谱联用分析，就能快速准确地得出结论。本实验采用色谱-质谱联用分析技术来分析大蒜中的有效成分。

大蒜用作药物已有悠久的历史，国内外对大蒜的有效成分曾进行过不少研究。Stoll 等认为大蒜的有效成分是大蒜辣素，其结构为

$$CH_2{=}CH{-}CH_2{-}\underset{\displaystyle O}{\underset{\downarrow}{S}}{-}S{-}CH_2{-}CH{=}CH_2$$

化学名称为烯丙基硫代亚磺酸烯丙酯。

用水蒸气蒸馏法从我国大蒜中提取一种挥发油(称大蒜油),经抑制细菌试验证明其中包含大蒜的抑菌有效成分。将大蒜油用色谱-质谱联用方法分离和鉴定其中的有效成分。其中含量最大,抗菌能力最强的成分称为大蒜新素[1]。用色谱-质谱联用技术及波谱综合分析方法可确定大蒜新素的化学结构[2]。

三、实验用品

1. 仪器

色谱-质谱联用仪　水蒸气蒸馏装置　核磁共振波谱仪

元素分析仪　制备色谱仪　红外光谱仪　研钵

2. 药品

$CDCl_3$(AR)　$(CH_3)_4Si$(TMS)　位移试剂 $En(FOD)_3$

3. 其他

大蒜

四、操作步骤

1. 将剥皮大蒜捣碎,用水蒸气蒸馏方法分离出大蒜油。

2. 用色谱-质谱联用仪分离和鉴定大蒜油成分。

色谱条件　玻璃管填充柱:内径 4 mm、长 2 m;固定相:12%聚新戊二醇 101 酸洗硅烷白色载体(60～80 目);进样量:0.5 μL;柱温:110 ℃;汽化温度:110 ℃;分离温度:120 ℃;氦气流量:16 mL·min^{-1}。

质谱条件　电子轰击离子源,电子能量 80 eV,发射电流 270 μA,加速电压 820 V,分辨本领 600,离子源真空度 6.0×10^{-4} Pa,离子源温度 200 ℃,扫描速度 50 质量数·s^{-1}。

在大蒜油的总离子流色谱图(图 14-5)上有 5 个峰,每一个色谱峰按其质谱鉴定,数据和结果列于表 14-3。

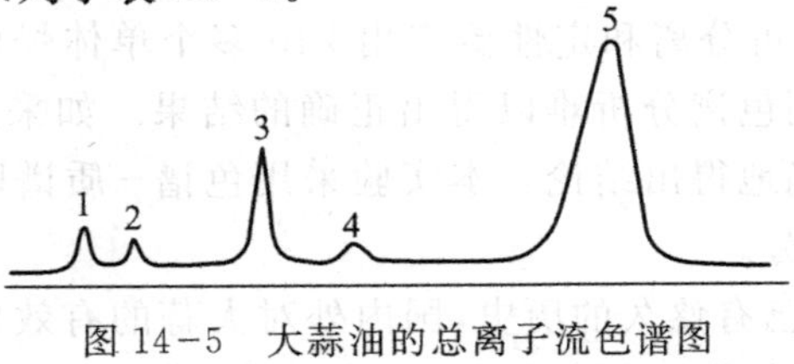

图 14-5　大蒜油的总离子流色谱图

1 - $CH_2=CHCH_2SCH_2CH=CH_2$; 2 - $CH_3SSCH_2CH=CH_2$;
3 - $CH_2=CHCH_2SSCH_2CH=CH_2$; 4 - $CH_3SSSCH_2CH=CH_2$;
5 - $CH_2=CHCH_2SSSCH_2CH=CH_2$

表 14-3 大蒜油的质谱数据和结果

峰号	化合物名称	化学结构式	相对分子质量	最强 δ 峰(质荷比)
1	二烯丙基硫醚	$CH_2=CHCH_2SCH_2CH=CH_2$	114	73 (100.0) 45 (85.0) 41 (67.1) 39 (61.7) 72 (51.8) 99 (33.4) 114 (27.7) 71 (24.0)
2	甲基烯丙基二硫醚	$CH_3SSCH_2CH=CH_2$	120	41 (100.0) 39 (18.9) 120 (14.9) 45 (13.3) 73 (9.3) 47 (5.3) 79 (3.5) 64 (3.4)
3	二烯丙基二硫醚	$CH_2=CHCH_2SSCH_2CH=CH_2$	146	41 (100.0) 39 (52.3) 81 (37.3) 45 (36.8) 73 (22.9) 85 (15.9) 113 (14.0) 79 (10.5)
4	甲基烯丙基三硫醚	$CH_3SSSCH_2CH=CH_2$	152	41 (100.0) 39 (51.6) 45 (45.8) 73 (44.2) 87 (27.9) 47 (23.9) 64 (11.4) 88 (6.2)
5	二烯丙基三硫醚	$CH_2=CHCH_2SSSCH_2CH=CH_2$	178	41 (100.0) 39 (40.3) 45 (22.0) 73 (17.1) 81 (12.1) 64 (9.2) 113 (8.1) 72 (7.7)

从元素分析知道这些化合物含有 S，不含 O 和 N。在质谱图上，同位素丰度也很容易识别它们是含硫化合物。根据化合物质谱碎裂规律初步定出上述 5 种成分的结构。

3. 提纯和确证大蒜新素

为了确证大蒜新素的化学结构，需要获得纯品。首先将大蒜油在 13.3 Pa 下减压蒸馏，收集 87～88 ℃的馏分，然后在制备色谱仪上把它进一步提纯，获得纯度为 99%以上的大蒜新素，然后进行元素分析、质谱分析、核磁共振波谱分析和红外吸收光谱分析，所得结果如下：

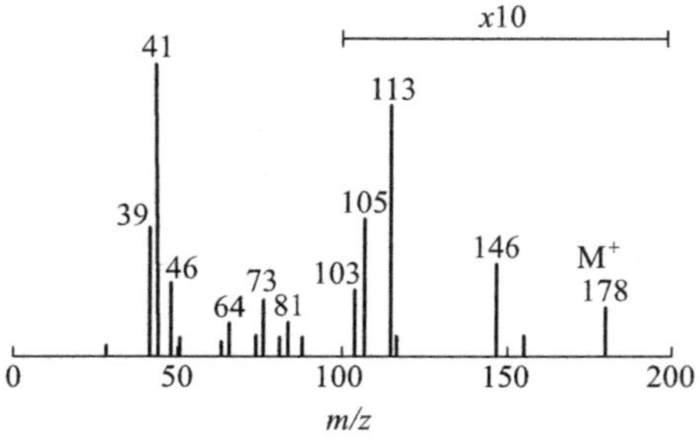

图 14-6 大蒜新素质谱图

元素分析 C：40.66%；H：5.77%；S：52.42%；不含 N 和 O；

C∶H∶S=6∶10∶3;实验式 $C_6H_{10}S_3$。

质谱分析 条件同前,结果如图 14-6。

核磁共振波谱分析($CDCl_3$,TMS)结果:

δ 3.48(d,4H) δ 5.22(m,4H) δ 5.82(m,2H)

红外吸收光谱分析(液膜法):

3100 cm^{-1},930 cm^{-1},1000 cm^{-1}有强吸收

五、数据处理

1. 解释质谱图的主要碎片,确定相对分子质量。
2. 解析红外吸收光谱图和核磁共振波谱图主要吸收峰的归属。

注释

[1] 我国大蒜中的有效成分大蒜新素与 Stoll 等人所提到的大蒜辣素在结构上是不同的,性质也有较大差别。

[2] 为了验证大蒜新素的结构,可以用合成方法制得大蒜新素与天然大蒜新素进行比较。

第十五章

电化学与电化学仪器分析

概　述

电化学主要是研究化学能与电能之间相互转化及其有关规律的科学。从生产实践到自然科学的各个领域几乎到处都存在电化学问题。随着电化学理论及科学技术的发展，电化学不断地与其他学科相互交叉、渗透，产生了土壤电化学、环境电化学、生物电化学、食品电化学等新领域，促进了农林、生物、食品、环境等学科的发展。

以物质的电化学性质（即电解质溶液构成电化学电池时，其化学组成和浓度随电势、电流、电导或电量等电学特性而变化的性质）为基础建立的一类仪器分析方法，称为电化学仪器分析法。通常，电化学仪器分析的具体方法如下：

(1) 电势分析法　通过测量指示电极和参比电极与试液构成的工作电池的电动势来求得物质含量的方法。如果采用离子选择性电极作为指示电极，特称为离子选择性电极分析法。电势分析法可分为直接电势法和电势滴定法。

(2) 电导分析法　通过测量化学电池的电导（率）来求得物质含量的方法，有直接电导法和电导滴定法之分。

(3) 电解分析法　以电子为“沉淀剂”，将待测组分从溶液中电解沉积在已知质量的电极上，用重（质）量法（也可用滴定法）求得待测组分含量的方法。

(4) 库仑分析法　根据法拉第（Faraday）电解定律，以测量通过电解池的电量来确定待测组分含量的方法。

(5) 伏安法和极谱法　以测量电解过程中的电流－电压曲线来确定试液中待测组分含量的方法称为伏安法。将电解富集和溶出测定相结合的伏安法称为溶出伏安法；如果用滴汞电极或表面能够周期性更新的液体电极作工作电极，这种伏安法称为极谱法。

电化学仪器分析法是一类经典的仪器分析技术，具有准确、灵敏、快速、操作简便、成本低廉、易于实现自动化等特点，已广泛应用于环境科学、卫生检验、矿物分析、食品科学、饲料分析、农、林、水产科学等领域，用来分析多种多样、形形色色样品中的待测元素和化合物。

通过本章的实验，可使我们了解和掌握电化学仪及电化学仪器分析法的基本原理，学会电导（率）仪、酸度计、极谱仪、库仑仪等分析仪器的操作技术，为今后的科研工作和进一步学习、深造打下良好的基础。

15-1 实验八十 电导法测定乙酸的解离度和解离平衡常数

一、目的要求

1. 了解电导、电导率、电导池常数、摩尔电导率、无限稀释摩尔电导率等基本概念。

2. 掌握电导法测定乙酸解离度和解离平衡常数的原理和方法。

3. 掌握电导率仪的使用方法。

二、实验原理

HAc 为弱电解质，在水溶液中达到解离平衡时，其解离平衡常数 $K_a^{\ominus}$ 与解离度 α 和分析浓度 c 之间有如下关系：

$$\mathrm{HAc} \rightleftharpoons \mathrm{H^+} + \mathrm{Ac^-}$$

起始浓度	c	0	0
平衡浓度	$c-c\alpha$	$c\alpha$	$c\alpha$

$$K_a^{\ominus}=\frac{[c(\mathrm{H^+})/c^{\ominus}][c(\mathrm{Ac^-})/c^{\ominus}]}{c(\mathrm{HAc})/c^{\ominus}}=\frac{(c/c^{\ominus})^2\alpha^2}{(c/c^{\ominus})(1-\alpha)}=\frac{(c/c^{\ominus})\alpha^2}{1-\alpha} \qquad (15-1)$$

HAc 的解离度可以通过测定溶液的电导率来求得，进而可求出 HAc 的解离平衡常数。

电解质溶液具有导电性，其导电能力可以用电导（G）来衡量。电导定义为电阻（R）的倒数，单位为 S（西门子）。电导池是用来测量溶液电导值的专用设备，它由两个电极组成。在电导池中，l 表示两电极间的距离，A 表示电极的面积。对于一定的电导池而言，l/A 为一常数，称为电导池常数，以 K_{cell} 表示。

根据欧姆定律有

$$G=\frac{1}{R}=\kappa\,\frac{A}{l}=\kappa\,\frac{1}{K_{\mathrm{cell}}} \qquad (15-2)$$

式中：κ——电导率或比电导（$\mathrm{S\cdot m^{-1}}$）。电导率是指两个相距 1 cm，面积为

1 cm^2的平行电极间电解质溶液的电导。

电导池常数 K_{cell} 通常采用测量已知精确电导率(查有关手册)溶液的电导 G,然后由式(15-2)计算得到。

为了比较不同电解质溶液的导电能力,引入了摩尔电导率 Λ_m 的概念。摩尔电导率是指两个相距 1 cm 的平行电极间放置含有 1 mol 电解质溶液所具有的电导。我国国家标准规定摩尔电导率 Λ_m($S\cdot m^2\cdot mol^{-1}$)为:电导率 κ 除以物质的量浓度 c_B。

$$\Lambda_m=\frac{\kappa}{c_B} \tag{15-3}$$

对于弱电解质,其电导除与电解质的量有关外,还与电解质的解离度有关。当溶液无限稀释时,弱电解质的解离度达到 100%,离子间的作用几乎为零,Λ_m 达到极大值。此值称为无限稀释(或极限)摩尔电导率(Λ_m^∞)。根据离子独立运动定律,极限摩尔电导率(Λ_m^∞)等于各离子的极限摩尔电导率之和,即

$$\Lambda_m^\infty=\upsilon_+\Lambda_{m,+}^\infty+\upsilon_-\Lambda_{m,-}^\infty \tag{15-4}$$

式中:υ_+,υ_-——正、负离子的个数。

各种离子在一定温度和溶剂中 Λ_m^∞ 是个常数。298 K 时无限稀释水溶液中一些离子的摩尔电导率(Λ_m^∞)可由表 15-1 查得。

表 15-1 298 K 时无限稀释水溶液中一些离子的摩尔电导率

阳离子	$\Lambda_{m,+}^\infty/(10^{-4}\ S\cdot m^2\cdot mol^{-1})$	阴离子	$\Lambda_{m,-}^\infty/(10^{-4}\ S\cdot m^2\cdot mol^{-1})$
H^+	349.82	OH^-	198.0
Li^+	38.69	Cl^-	76.34
Na^+	50.11	Br^-	78.4
K^+	73.52	I^-	76.8
Ag^+	61.92	NO_3^-	71.44
$1/2Ca^{2+}$	59.50	CH_3COO^-	40.9
$1/2Ba^{2+}$	63.64	ClO_4^-	68.0
NH_4^+	73.4	$1/2SO_4^{2-}$	79.8

对于弱电解质来说,其解离度 α 随溶液的稀释而增大,当溶液无限稀释时,弱电解质的 α 趋于 1,在一定温度下,溶液的 Λ_m 与离子浓度 c 成反比,因

而与解离度 α 成正比，所以弱电解质的解离度应等于溶液在浓度 c 时的摩尔电导率 Λ_m 与溶液在无限稀释时的摩尔电导率 Λ_m^{∞} 之比：

$$\alpha=\frac{\Lambda_m}{\Lambda_m^{\infty}} \tag{15-5}$$

将式(15-5)代入式(15-1)，得

$$K_a^{\ominus}=\frac{(c/c^{\ominus})\Lambda_m^2}{\Lambda_m^{\infty}(\Lambda_m^{\infty}-\Lambda_m)} \tag{15-6}$$

本实验首先在 25 ℃条件下，用电导率仪测定不同浓度下 HAc 溶液的电导率，然后利用式(15-3)，式(15-4)和式(15-5)计算出不同浓度下 HAc 溶液的解离度，再利用式(15-6)计算 $K_a^{\ominus}$ 值。

三、实验用品

1. 仪器

DDS-11C 型电导率仪[1]　　2301-F 塑壳电导电极[2]

恒温水浴　　电动搅拌机　　具塞磨口锥形瓶(100 mL)　　洗瓶

2. 药品

0.025 mol·L^{-1} HAc 标准溶液　　0.05 mol·L^{-1} HAc 标准溶液

0.1 mol·L^{-1} HAc 标准溶液

四、操作步骤

1. 调节恒温水浴温度为 25 ℃，将电动搅拌机转速调为中挡。
2. 装好电导电极，按电导率仪的使用方法开启电导率仪。
3. 测定 HAc 溶液的电导率

测定不同浓度 HAc 溶液电导率时，应该严格按由稀至浓顺序依次进行。

用少量待测 HAc 溶液洗涤 100 mL 具塞磨口锥形瓶三次，然后在锥形瓶中加入待测 HAc 溶液(使液面超过电导电极的感应棒 1～2 cm)，盖紧塞子，将此锥形瓶置于 25 ℃恒温水浴中恒温。15 min 后，用少量待测 HAc 溶液洗涤电导电极，测定 HAc 溶液的电导率，重复测定三次。用同样方法测定另外两种浓度 HAc 溶液的电导率。

五、数据处理

1. 根据测得的 HAc 溶液电导率，利用式(15-3)计算 HAc 溶液的摩尔电导率 Λ_m。

2. 由表 15-1 查得 298 K 时无限稀释水溶液中 H^+ 和 Ac^- 的摩尔电导率，利用式(15-4)计算无限稀释时 HAc 的摩尔电导率 Λ_m^∞(HAc)。

3. 利用式 15-5 计算 HAc 溶液的解离度。

4. 利用式 15-6 计算 HAc 溶液的解离平衡常数。

将实验原始数据和处理结果填入下表：

测定温度：________℃

c(HAc)/(mol·L^{-1})	编号	κ/(S·m^{-1})		Λ_m/(S·m^2·mol^{-1})	α	$K_a^\ominus$ 平均值
		测定值	平均值	平均值	平均值	
0.0250	1					
	2					
	3					
0.0500	1					
	2					
	3					
0.1000	1					
	2					
	3					

注释

[1] 如果需要测定电导池常数 K_{cell}，其测定方法是：倾去电导池中的蒸馏水[3]，用少量 0.01000 mol·L^{-1} KCl 溶液洗涤电导电极，然后倒入 0.01000 mol·L^{-1} KCl 溶液，使液面超过电导电极的感应棒 1～2 cm，再将电导池置于 25 ℃恒温水浴中恒温 5～10 min，然后进行测定。重复三次，记录电导率值。从化学手册中可查得 25 ℃时 0.01000 mol·L^{-1} KCl 溶液的电导率为0.1410 S·m^{-1}，根据式(15-2)即可求得 K_{cell}。HAc 溶液的电导率测量完毕后，再次测定电导池常数 K_{cell}，验证实验过程中电导池常数 K_{cell}是否变化。

[2] 电极在不使用时，应将其浸泡在蒸馏水中。因为干燥电极的铂黑表面易吸附杂质，用干燥电极测溶液电导率时，表面不易完全浸润，引起小气泡，使表面积发生改变，影响测定结果。

[3] 由于蒸馏水的电导率远小于待测溶液的电导率，故本实验忽略了蒸馏水的电导率的影响。

思考题

1. 本实验为什么要用恒温水浴？

2. 测定溶液的电导率为什么不能用直流电？
3. 电导池常数的意义是什么？怎样校准？

15-2 实验八十一 电导法测定硫酸钡的溶解度和溶度积

一、目的要求

1. 加深对难溶盐溶解平衡的理解。
2. 掌握电导法测定硫酸钡溶解度和溶度积的原理和方法。
3. 掌握电导率仪的使用方法。

二、实验原理

$BaSO_4$ 在水溶液中存在如下沉淀溶解平衡：

$$BaSO_4(s) \rightleftharpoons Ba^{2+}(aq) + SO_4^{2-}(aq)$$

平衡时溶液为饱和溶液。$BaSO_4$ 的溶度积常数为

$$K_{sp}^{\ominus}(BaSO_4) = [c(Ba^{2+})/c^{\ominus}][c(SO_4^{2-})/c^{\ominus}]$$

式中：$c(Ba^{2+})$，$c(SO_4^{2-})$——分别为饱和溶液中 Ba^{2+}，SO_4^{2-} 的物质的量浓度（单位为 $mol \cdot L^{-1}$）。

难溶电解质的溶解度是指一定温度下，1 L 难溶电解质的饱和溶液中难溶电解质溶解的量，用 S 表示，其单位为 $mol \cdot L^{-1}$。

$BaSO_4$ 在水中溶解度极小，其饱和溶液的浓度很难用普通滴定法测定，借助电导法则能很方便地测定。先分别测定 $BaSO_4$ 饱和溶液的电导率 κ(溶液)和蒸馏水的电导率 κ(水)，两者之差即为 $BaSO_4$ 的电导率 $\kappa(BaSO_4)$，即

$$\kappa(BaSO_4) = \kappa(溶液) - \kappa(水) \tag{15-7}$$

考虑到 $BaSO_4$ 饱和溶液浓度很小，故可近似认为 $BaSO_4$ 饱和溶液的摩尔电导率 Λ_m 和无限稀释溶液的摩尔电导率 Λ_m^{∞} 相等，根据摩尔电导率公式 $\Lambda_m = \dfrac{\kappa}{c_B}$，溶解度和溶度积的定义可得

$$c(1/2BaSO_4) = \frac{\kappa(BaSO_4)}{\Lambda_m^{\infty}(1/2BaSO_4)} \tag{15-8}$$

$$S(BaSO_4) = c(BaSO_4) = 1/2\ c(1/2BaSO_4) \tag{15-9}$$

$$K_{sp}^{\ominus}(BaSO_4)=[c(Ba^{2+})/c^{\ominus}][c(SO_4^{2-})/c^{\ominus}]=[c(BaSO_4)/c^{\ominus}]^2 \tag{15-10}$$

本实验首先制备 $BaSO_4$ 饱和溶液，然后分别测定该饱和溶液和蒸馏水的电导率，利用式(15-7)计算 $BaSO_4$ 的电导率 $\kappa(BaSO_4)$，再利用式(15-8)、式(15-9)和式(15-10)计算 $BaSO_4$ 的溶解度 $S(BaSO_4)$ 和溶度积 $K_{sp}^{\ominus}(BaSO_4)$。

三、实验用品

1. 仪器

DDS-11C 型电导率仪[1]　2301-F 塑壳电导电极　恒温水浴锅(多孔)
分析天平　具塞磨口锥形瓶(100 mL)　漏斗　量筒(100 mL)
洗瓶　滴管

2. 药品

$BaSO_4$(AR)

四、操作步骤

1. 调节恒温水浴温度为 25 ℃。
2. 装好电导电极，按电导率仪的使用方法开启电导率仪。
3. $BaSO_4$ 饱和溶液的制备

称取 1g $BaSO_4$ 样品，放入干净的 100 mL 具塞磨口锥形瓶中，加入 50 mL 蒸馏水，剧烈振荡洗涤沉淀，静置后倾去上层清液。再用 50 mL 蒸馏水洗涤 $BaSO_4$。倾去上清液后加 30 mL 蒸馏水，摇匀过滤，用 90 mL 蒸馏水分三次冲洗 $BaSO_4$。将沉淀转入另一干净的具塞磨口锥形瓶中，加 50 mL 蒸馏水，振荡，将锥形瓶加塞后置于 25 ℃恒温水浴中，放置 15 min。取出锥形瓶，将溶液过滤至另一干净的具塞磨口锥形瓶中。将此锥形瓶放入 25 ℃恒温水浴中备用。

4. 蒸馏水电导率的测定

用蒸馏水洗涤具塞磨口锥形瓶三次，在锥形瓶中倒入蒸馏水(液面应超过电导电极的感应棒 1～2 cm)，将锥形瓶加塞后置于 25 ℃恒温水浴中恒温 15 min。然后用蒸馏水洗涤电导电极三次，测定蒸馏水的电导率。重复测定三次。

5. $BaSO_4$ 饱和溶液电导率的测定

用一洁净滴管吸取少量已制备好的 $BaSO_4$ 饱和溶液洗涤电导电极三次，测定已恒温 $BaSO_4$ 饱和溶液的电导率，重复测定三次。

6. 实验完毕，用蒸馏水洗净电导电极，将电导电极浸泡在蒸馏水中保存。

关闭恒温水浴和电导率仪的电源开关。

五、数据处理

1. 根据测得的蒸馏水和 $BaSO_4$ 饱和溶液的电导率，利用式(15－7)计算 $BaSO_4$ 的电导率 $\kappa(BaSO_4)$。

2. 由表 15－1 查得 298 K 时无限稀释水溶液中 $1/2Ba^{2+}$ 和 $1/2SO_4^{2-}$ 的摩尔电导率，利用式（15 － 4）计算无限稀释时 $1/2BaSO_4$ 的摩尔电导率 $\Lambda_m^{\infty}(1/2BaSO_4)$。

3. 利用式(15－8)计算 $c(1/2BaSO_4)$。

4. 利用式(15－9)计算 $BaSO_4$ 的溶解度 $S(BaSO_4)$。

5. 利用式(15－10)计算 $BaSO_4$ 的溶度积 $K_{sp}^{\ominus}(BaSO_4)$。

将实验原始数据和处理结果填入下表：

测定温度：________℃

编号	κ(水)/($S\cdot m^{-1}$)		κ(溶液)/($S\cdot m^{-1}$)		$\kappa(BaSO_4)$/($S\cdot m^{-1}$)	$BaSO_4$ 溶解度 $S(BaSO_4)$/($mol\cdot L^{-1}$)	$BaSO_4$ 溶度积 $K_{sp}^{\ominus}(BaSO_4)$
	测定值	平均值	测定值	平均值			
1							
2							
3							

查表得到 298 K 时 $\Lambda_m^{\infty}(1/2Ba^{2+})$＝__________ $S\cdot m^2\cdot mol^{-1}$

$\Lambda_m^{\infty}(1/2SO_4^{2-})$＝__________ $S\cdot m^2\cdot mol^{-1}$

$\Lambda_m^{\infty}(1/2BaSO_4)$＝__________ $S\cdot m^2\cdot mol^{-1}$

注释

[1] 如果需要测定电导池常数 K_{cell}，其测定方法参阅 15－1 注释[1]。

思考题

1. 为什么要在 25 ℃恒温水浴中制备 $BaSO_4$ 饱和溶液？

2. 将你测得的 $BaSO_4$ 溶度积值与文献查得的溶度积值进行比较，并分析产生误差的原因。

3. 请计算由于不考虑水的电导率而引入的误差值。

15-3 实验八十二 乙酸乙酯皂化反应级数和反应速率常数的测定

一、目的要求

1. 了解用电导法测定乙酸乙酯皂化反应级数和反应速率常数的原理。
2. 了解反应活化能的测定方法。
3. 了解二级反应的特点，学会用图解法求出二级反应的反应速率常数。
4. 掌握电导率仪的使用方法。

二、实验原理

乙酸乙酯皂化反应是一个典型的二级反应：

$$CH_3COOC_2H_5 + NaOH \longrightarrow CH_3COONa + C_2H_5OH$$

反应速率方程为 $$\frac{dc_x}{dt}=k(c_A-c_x)(c_B-c_x)$$

式中：c_A，c_B——分别为乙酸乙酯(A)与碱(B)的起始浓度；

c_x——时间 t 后乙酸乙酯和碱减少的浓度；

k——反应速率常数。

其定积分式： $$k=\frac{1}{t(c_A-c_B)}\ln\frac{c_B(c_A-c_x)}{c_A(c_B-c_x)}$$

设反应物乙酸乙酯与碱的起始浓度相同，即 $c_A=c_B$，则反应速率方程为

$$k=\frac{1}{t}\cdot\frac{c_x}{c_A(c_A-c_x)}$$

本实验采用电导法测定某温度下反应过程中任一时刻的浓度(c_A-c_x)。然后计算皂化反应速率常数 k。

实验中乙酸乙酯和乙醇不具有明显的导电性，它们的浓度变化不致影响电导率的数值。反应中 Na^+ 的浓度始终不变，它对溶液的电导率具有固定的贡献，而与电导率的变化无关。体系中只是 OH^- 和 CH_3COO^- 的浓度变化对电导率的影响较大，由于 OH^- 的迁移速率约是 CH_3COO^- 的五倍，所以溶液的电导率随着 OH^- 的消耗而逐渐降低。

溶液在时间 $t=0$，$t=t$，$t=\infty$ 时的电导率可分别以 κ_0（NaOH 浓度为 c_A 时的电导率），κ_t（NaOH 浓度为(c_A-c_x)与 CH_3COONa 浓度为 c_x 时的电导

率之和），κ_∞（CH_3COONa 浓度为 c_A 时的电导率）来表示。由于溶液的电导率与电解质的浓度成正比，所以

$$\kappa(NaOH)=\kappa_0\cdot\frac{c_A-c_x}{c_A},\kappa(CH_3COONa)=\kappa_\infty\cdot\frac{c_x}{c_A}$$

则

$$c_x\propto(\kappa_0-\kappa_t);c_A\propto(\kappa_0-\kappa_\infty);(c_A-c_x)\propto(\kappa_t-\kappa_\infty)$$

所以

$$k=\frac{1}{tc_A}\cdot\frac{\kappa_0-\kappa_t}{\kappa_t-\kappa_\infty}$$

由上式可以看出利用作图法$\left(以\frac{\kappa_0-\kappa_t}{\kappa_t-\kappa_\infty}对时间 t 作图\right)$或计算法都可以求出此反应的速率常数。如将上式写成如下形式：

$$\kappa_t=\frac{1}{kc_A}\cdot\frac{\kappa_0-\kappa_t}{t}+\kappa_\infty$$

以 κ_t 对$\frac{\kappa_0-\kappa_t}{t}$作图，可求得反应速率常数。反应物起始浓度相同的二级反应，其半衰期与起始浓度成反比，根据反应的半衰期公式

$$t_{1/2}=\frac{1}{kc_A}$$

由图中直线的斜率即可得到半衰期 $t_{1/2}$。

若由实验求得两个不同温度下的速率常数，则可利用公式：

$$\ln\frac{k'}{k}=\frac{E_a}{R}\cdot\left(\frac{1}{T}-\frac{1}{T'}\right)$$

计算出反应的活化能 E_a。

三、实验用品

1. 仪器

恒温水浴锅（多孔） 锥形瓶（150 mL） 烧杯（250 mL）

容量瓶（250 mL） DDS－11C 型电导率仪 秒表

移液管（25 mL） 2301－F 塑壳电导电极 洗瓶 洗耳球 大试管

2. 药品

0.01 $mol\cdot L^{-1}$ NaOH 溶液　　0.02 $mol\cdot L^{-1}$ NaOH 溶液

0.02 $mol\cdot L^{-1}$ 乙酸乙酯溶液　　0.01 $mol\cdot L^{-1}$ NaAc 溶液

3. 其他

电导水

四、操作步骤

1. 准确配制 250 mL 0.02 mol·L^{-1} NaOH 溶液和 250 mL 0.02 mol·L^{-1} 乙酸乙酯溶液。

2. 调节恒温水浴温度为 25 ℃，装好电导电极，按电导率仪的使用方法开启电导率仪。

3. 取适量 0.01 mol·L^{-1} NaOH 溶液加入 150 mL 干燥的锥形瓶(或大试管)中，插入用待测液润洗过的电导电极，溶液必须浸没电导电极的感应棒 1～2 cm。置于恒温水浴中恒温 15 min，待恒温后测其电导率，此值即为 κ_0。记录数据。

同上测定 0.01 mol·L^{-1} NaAc 溶液的电导率，即为 κ_∞。

4. 用移液管吸取 25 mL 0.02 mol·L^{-1} 乙酸乙酯溶液和 25 mL 0.02 mol·L^{-1} NaOH 溶液，分别加入两个 150 mL 干燥的锥形瓶中，置于恒温水浴中恒温15 min。然后将 NaOH 溶液迅速倒入盛有乙酸乙酯溶液的锥形瓶中，将两种溶液混合均匀并插入电极，同时开动秒表，作为反应的起始时间(或在已恒温的干燥的大试管中加入适量混合液，用剩余的溶液润洗电导电极并插入大试管中)。从计时开始，在第 5 min，10 min，15 min，20 min，25 min，30 min，40 min，50 min 和 60 min 各测一次电导率 κ_t。

5. 在 35 ℃下重复上述 3、4 步骤进行实验。

五、数据处理

数据记录

实验温度：________℃；κ_0：________ mS·m^{-1}；κ_∞ ________ mS·m^{-1}

t/min	κ_t/(mS·m^{-1})	$(\kappa_0-\kappa_t)$/(mS·m^{-1})	$\frac{\kappa_0-\kappa_t}{t}$/(mS·$m^{-1}$·$min^{-1}$)	$(\kappa_t-\kappa_\infty)$/(mS·m^{-1})	$\frac{\kappa_0-\kappa_t}{\kappa_t-\kappa_\infty}$
5					
10					
15					
20					
25					
30					
40					
50					
60					

1. 以$\dfrac{\kappa_0-\kappa_t}{\kappa_t-\kappa_\infty}$对 t 作图，得一直线，证明该反应为二级反应。由直线的斜率计算出 25 ℃时的反应速率常数 k。

2. 以 κ_t 对$\dfrac{\kappa_0-\kappa_t}{t}$作图，得一直线，由图中的截距得到 25 ℃时的 κ_∞。

3. 求此反应在 25 ℃和 35 ℃的半衰期值。

4. 按上述方法计算 35 ℃时的反应速率常数 k'及 κ_∞，计算此反应的活化能。

5. 将测定的 25 ℃和 35 ℃时的 κ_∞，与作图法所得到的 κ_∞进行比较。

思考题

1. 测定时为什么要使 NaOH 溶液和乙酸乙酯溶液浓度相同？
2. 通过查询资料了解乙酸乙酯皂化反应速率常数测定的其他方法。
3. 为何本实验要在恒温下进行，而且乙酸乙酯和 NaOH 溶液在混合前还要预先恒温？

15-4 实验八十三 电导滴定法测定盐酸和乙酸溶液的浓度

一、目的要求

1. 掌握电导滴定法测定盐酸和乙酸溶液浓度的原理和方法。
2. 掌握电导率仪的使用方法和技术。

二、实验原理

在一定温度下，电解质溶液的电导率与溶液中的离子组成和浓度有关，而滴定过程中系统的离子组成和浓度都在不断变化，因此可以利用电导率的变化来指示反应终点。电导滴定法是利用滴定终点前后电导率的变化来确定终点的滴定分析方法。该方法的主要优点是可用于很稀溶液、有色或混浊溶液、没有合适指示剂体系的测定。电导滴定法不仅可用于酸碱反应，也可用于氧化还原反应、配位反应和沉淀反应。

本实验采用电导滴定法测定 HCl 溶液和 HAc 溶液的浓度。

用 NaOH 溶液滴定 HCl 溶液的反应为

$$H^+ + Cl^- + Na^+ + OH^- = Na^+ + Cl^- + H_2O$$

H^+ 和 OH^- 的电导率都很大，Na^+，Cl^- 及产物 H_2O 的电导率都很小。在滴定开始前由于 H^+ 浓度很大，所以溶液的电导率很大；随着 NaOH 的加入，溶液中的 H^+ 不断与 OH^- 结合成电导率很小的 H_2O，因此在化学计量点前，溶液的电导率不断下降。当达到化学计量点时溶液具有纯 NaCl 的电导率，此时电导率为最低。当过量的 NaOH 加入后，溶液中 OH^- 浓度不断增大，因此溶液的电导率随 NaOH 的加入而增大。其电导滴定曲线见图 15-1 中 1 所示，由滴定曲线的转折点即可确定滴定终点。

用 NaOH 溶液滴定 HAc 溶液的反应式为

$$HAc + Na^+ + OH^- \longrightarrow Na^+ + Ac^- + H_2O$$

其电导滴定曲线如图 15-1 中 2 所示。HAc 的解离度不大，因而未滴定前 H^+ 和 Ac^- 的浓度较小，电导率很低；滴定刚开始时，电导率先略有下降，这是因为少量 NaOH 加入后 H^+ 与 OH^- 结合为电导率很小的 H_2O，生成的 Ac^- 产生同离子效应使得解离度减小。随着滴定的不断进行，非电导的 HAc 浓度逐渐减小，Na^+，Ac^- 浓度不断增大。故溶液的电导率由极小点不断增加至化学计量点，但增加的较为缓慢。化学计量点后 NaOH 过量，溶液中电导率很大的 OH^- 浓度不断增加，因此电导率迅速增加。由滴定曲线的转折点即可确定滴定终点[1]。

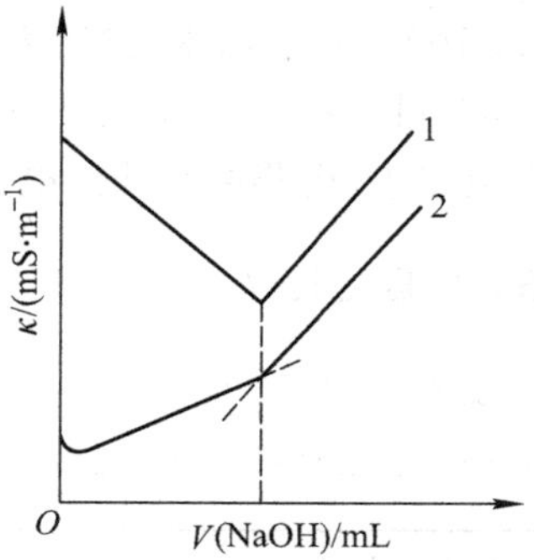

图 15-1 电导滴定曲线

1—NaOH 滴定 HCl；2—NaOH 滴定 HAc

三、实验用品

1. 仪器

DDS-11C 型电导率仪　2301-F 塑壳电导电极　烧杯(200 mL)

移液管(10 mL)　量筒(100 mL)　碱式滴定管(25 mL)

磁力搅拌器　搅拌磁子　洗瓶　洗耳球

2. 药品

0.1 $mol \cdot L^{-1}$ NaOH 标准溶液[2]　0.1 $mol \cdot L^{-1}$ HAc 溶液　0.1 $mol \cdot L^{-1}$ HCl 溶液

四、操作步骤

1. 装好电导电极，按电导率仪的使用方法开启电导率仪。

视频：电导滴定操作

2. 测定

(1) 用移液管吸取 10.00 mL 待测 HCl 溶液，放入干净的 200 mL 烧杯中，加入 100 mL 蒸馏水，放入搅拌磁子，中速充分搅拌后，将电导电极插入溶液中，溶液必须浸没电导电极的感应棒 1～2 cm，测此时溶液电导率，待读数稳定后记录数据。然后用滴定管加入 NaOH 标准溶液，每加 1.00 mL 充分搅拌后，测定并记录溶液的电导率，当溶液电导率由减小转为开始增大后，再测4～5个点即可停止。

(2) 用移液管吸取 10.00 mL 待测 HAc 溶液，放入干净的 200 mL 烧杯中，加入 100 mL 蒸馏水，测定方法同(1)，当溶液电导率由缓慢增加转为显著增加后，再测 4～5 个点即可停止。

实验完毕，用蒸馏水冲洗电极，将电极浸泡在蒸馏水中，收好搅拌磁子。

五、数据处理

1. 数据记录

NaOH 溶液滴定 HCl 溶液

$V(NaOH)/mL$																
$\kappa/(mS\cdot m^{-1})$																

NaOH 溶液滴定 HAc 溶液

$V(NaOH)/mL$																
$\kappa/(mS\cdot m^{-1})$																

2. 计算浓度

分别以 κ 对 $V(NaOH)$ 作图，求得滴定终点时所消耗 NaOH 标准溶液体积 $V_{终}$，计算 HCl 溶液和 HAc 溶液的物质的量浓度。

注释

[1] 以 NaOH 溶液滴定 HAc 溶液时，由于 Ac^- 水解的原因，滴定终点附近曲线会弯曲，使得转折并不十分显著，但滴定终点前后电导曲线走向会有明显的改变，因此可以通过滴定终点前后直线部分延线相交而求得滴定终点的位置。实际测得的电导率值常常由

于水的解离产生 H^+ 和 OH^- 而位于该点的上面。

[2] 为了避免滴定过程中由于滴定剂加入过多使得总体积变化过大而引起溶液电导率的改变，一般要求滴定剂的浓度比待测定溶液的浓度大 10 倍。

思考题

1. 电导滴定法有何优点？
2. 电导与电导率有什么不同？本实验可否采用测电导的方式进行滴定？

15-5 实验八十四 硫酸、磷酸混合酸的电势滴定

一、目的要求

1. 理解电势滴定的基本原理。
2. 学习和掌握用酸度计测定电势的实验方法和操作技术。
3. 运用 pH－V 曲线和(ΔpH/ΔV)－V 曲线与二阶微商内插法确定滴定终点。

二、实验原理

H_2SO_4 和 H_3PO_4 都为强酸，H_2SO_4 的 $pK_{a_2}^{\ominus}=1.99$，H_3PO_4 的 $pK_{a_1}^{\ominus}=2.12$，$pK_{a_2}^{\ominus}=7.20$，$pK_{a_3}^{\ominus}=12.36$。当用标准碱溶液滴定时，根据 $cK_a^{\ominus}\geqslant10^{-8}$ 可被准确滴定，$K_{a_n}^{\ominus}/K_{a_{(n+1)}}^{\ominus}\geqslant10^4$ 时，可分步滴定进行判断，H_2SO_4 中两个 H^+ 可被全部同时滴定，且产生一个 pH 突跃，而 H_3PO_4 中前两个 H^+ 可被准确滴定，出现两个突跃。因此在第一化学计量点反应为

$$H_2SO_4 + 2NaOH = Na_2SO_4 + 2H_2O$$
$$H_3PO_4 + NaOH = NaH_2PO_4 + H_2O$$

第二化学计量点反应为

$$NaH_2PO_4 + NaOH = Na_2HPO_4 + H_2O$$

所以根据滴定过程中的 pH 的变化情况，可以确定终点，再根据标准碱液的浓度、消耗的体积和试液的用量，即可求得各组分的含量。

用玻璃电极作指示电极，饱和甘汞电极作参比电极，同试液组成工作电池。

Ag | AgCl | HCl 溶液(0.1 mol·L^{-1}) | 玻璃膜 | H_2SO_4，H_3PO_4 试液 ¦¦ KCl(饱和) | Hg_2Cl_2 | Hg

在滴定过程中，随着滴定剂的加入，由于发生化学反应，待测离子浓度不断发生变化，指示电极的电势也相应地随之变化，通过测量工作电池的电动

势，了解溶液 pH 的变化来确定滴定终点。确定终点的方法有：pH−V 曲线法、$(\Delta pH/\Delta V)-V$ 曲线法求得终点消耗的 NaOH 标准溶液的体积，也可用二阶微商内插法求出 $\Delta^2 pH/\Delta V^2=0$ 时，相应的 NaOH 标准溶液的体积，确定滴定终点。

三、实验用品

1. 仪器

酸度计　磁力搅拌器　pH 复合电极　容量瓶(100 mL)　移液管(5 mL,10 mL)　碱式滴定管(50 mL)　烧杯(100 mL)　搅拌磁子　洗瓶　洗耳球

视频：酸度计的使用

2. 药品

1.000 mol·L^{-1} $H_2C_2O_4\cdot 2H_2O$　0.1 mol·L^{-1} NaOH 标准溶液

H_2SO_4，H_3PO_4 混合酸试液(两种酸浓度之和低于 0.5 mol·L^{-1})

标准缓冲溶液(pH＝6.86，pH＝4.00)

四、操作步骤

1. 仪器准备

实验装置见图 15−2，将酸度计接通电源，预热。安装好复合电极，防止烧杯底和搅拌磁子碰坏复合电极敏感玻璃膜。

2. 定位

将复合电极放入盛有标准缓冲溶液(pH＝6.86)的烧杯中给酸度计定位，然后用 pH＝4.00 的溶液进行斜率校正。

3. 标定 NaOH 溶液

(1) 用移液管吸取 5.00 mL 草酸标准溶液，放入 100 mL 烧杯中，用蒸馏水稀释至约30 mL，放入搅拌磁子。

(2) 将待标定的 NaOH 溶液装入碱式滴定管中，将液面调至 0.00 mL 处。

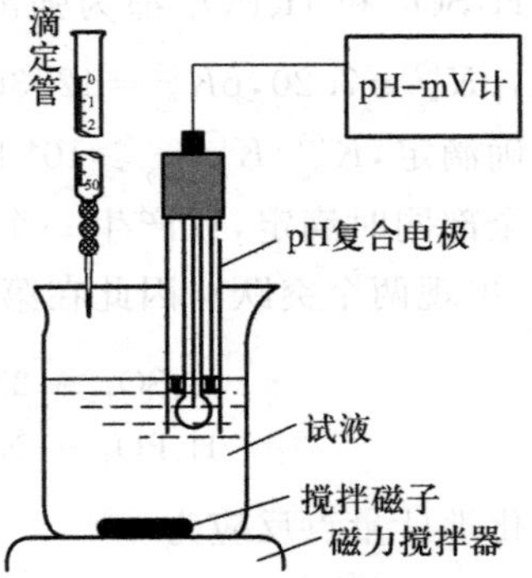

图 15−2　电势滴定装置

(3) 打开磁力搅拌器，调节至适当的搅拌速度，先进行粗测，即测量在加入 NaOH 溶液 0.00 mL，1.00 mL，2.00 mL，…，19.00 mL，20.00 mL 后各个点的溶液 pH，初步判断 pH 突跃时所需的 NaOH 溶液体积范围(ΔV_{ex})。

(4) 重复以上实验步骤(1)、(2)、(3)的操作，然后进行细测，即在测定的化学计量点附近取较小的等体积增量，增加测量点的密度，并在读取滴定管读数时，读准至小数点后第二位。如在粗测时 ΔV_{ex} 为 10～11 mL，则在细测

时以 0.10 mL 为体积增量，每增加 0.10 mL NaOH 溶液测量一次，即 10.00 mL，10.10 mL，10.20 mL，…，10.90 mL 和 11.00 mL 时各点的 pH。

4. 测定混合酸

用移液管吸取 10.00 mL 混合酸试液，放入 100 mL 容量瓶中，用蒸馏水稀释至刻度，摇匀。吸取 10.00 mL 稀释后的溶液，放入 100 mL 烧杯中，加蒸馏水至 60 mL，仿照标定 NaOH 溶液时的实验步骤，用标定后的 NaOH 标准溶液对混合酸进行粗测和细测。

五、数据处理

1. NaOH 标准溶液浓度的标定

(1) 数据记录

V(NaOH)/mL														
pH														

计算 $\Delta pH/\Delta V$ 和化学计量点附近的 $\Delta^2 pH/\Delta V^2$。

(2) 在坐标纸上(或用计算机作图，如图 15-3)作 pH-V 和($\Delta pH/\Delta V$)-V 曲线，找出终点体积 V_{ep}。

(3) 用内插法求出 $\Delta^2 pH/\Delta V^2=0$ 处的 NaOH 溶液的体积 V_{ep}，并与第二步结果比较。

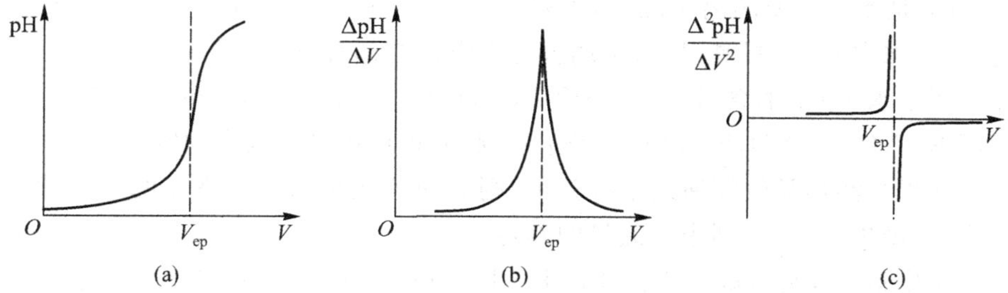

图 15-3 滴定曲线

(4) 根据(2)(3)所得的 V_{ep} 计算 NaOH 标准溶液的浓度。

2. 混合酸的测定

(1) 数据记录

仿照上述 NaOH 溶液浓度标定的数据处理方法，作图或计算求出终点体积 V_{ep_1} 和 V_{ep_2}。

(2) 计算原始溶液中 SO_3 和 P_2O_5 的含量，以 $g \cdot L^{-1}$ 表示。

思考题

1. 在用电势法测定溶液的 pH 时，为什么必须使用标准缓冲溶液？

2. 本实验所用的酸度计，读数是否应事先校正？为什么不能直接使用万用电表或伏特表测量工作电池的电动势进行电势分析？

3. 测定混合酸时出现两个突跃，请写出在两个突跃时溶液中的化学反应方程式。

4. 在标定 NaOH 溶液浓度和测定混合酸各组分含量时，为什么都要粗测和细测两遍呢？

5. 草酸是二元酸，在用它作基准物质标定 NaOH 溶液浓度时，为什么只出现一个突跃？

15-6 实验八十五 电势法测定自来水及维生素 B_1 中氯离子

一、目的要求

1. 掌握电势法沉淀滴定的原理及方法。
2. 学会用酸度计测量电动势的方法。

二、实验原理

Cl^-是水中主要阴离子之一，一般当 Cl^- 含量超过 250 $mg \cdot L^{-1}$ 时，就有一定咸味，水中 Cl^- 含量高时，对金属管道和农作物都有害处。

测定水中 Cl^-的含量，一般都用 $AgNO_3$ 标准溶液滴定，它的滴定终点，除了用 K_2CrO_4 和 $NH_4Fe(SO_4)_2$ 等指示剂外，也可用电势法来确定。

如果待测样品较浑浊或带有颜色，则靠颜色变化来确定终点的方法就有困难，如维生素 B_1 片剂中含氯量的测定。

维生素 B_1，又名盐酸硫胺（$C_{12}H_{17}ClN_4OS \cdot HCl$），分子中的氯在水溶液中可完全解离成 Cl^-，Cl^-通常以溴酚蓝作吸附指示剂，用 $AgNO_3$ 溶液滴定，但这方法不能用于维生素 B_1 片剂的测定，因为片剂中还有糊精、淀粉等填料存在，以致药片在水中生成悬浊液。而用电位滴定方法，就能克服这一困难。

用 $AgNO_3$ 溶液滴定氯离子时，发生下列反应：

$$Ag^+ + Cl^- \rightleftharpoons AgCl \downarrow$$

电势滴定时可选用对 Cl^-或 Ag^+有响应的电极作指示电极，本实验以 Ag 电极作指示电极，带 KNO_3 盐桥的饱和甘汞电极作参比电极，并与待测试液

组成电池，由于 Ag 电极的电势与 Ag^+ 浓度有关，在 25 ℃时为

$$\varphi(Ag^+/Ag)=\varphi^{\ominus\prime}(Ag^+/Ag)+0.059\,2\lg[c(Ag^+)/c^{\ominus}]$$

随着滴定的进行 Ag^+ 浓度逐渐改变，Ag 电极的电极电势亦随之变化，当滴定至终点附近时，Ag^+ 浓度发生突变，引起 Ag 电极的电极电势也随之发生突变，因而使得溶液的电动势将会有一个突变。

滴定终点可由 $E-V$ 曲线法、$\Delta E/\Delta V-V$（一阶微商曲线）法、$\Delta^2E/\Delta V^2-V$（二阶微商曲线）法，或二阶微商内插法确定滴定终点。

Br^-，I^-，$Fe(CNS)_6^{3-}$，CrO_4^{2-}，$Cr_2O_7^{2-}$ 等离子对本实验的测定有干扰。

三、实验用品

1. 仪器

酸度计　银电极　饱和甘汞电极(双盐桥)　磁力搅拌器　滴定管(25 mL)
吸量管(10 mL)　量筒(50 mL)　烧杯(100 mL)　容量瓶(1 L)
搅拌磁子　分析天平　洗瓶　洗耳球　玻璃棒

2. 药品

NaCl(GR)　　0.01 mol·L^{-1} $AgNO_3$ 溶液　　1∶1 $NH_3\cdot H_2O$
维生素 B_1 片剂

四、操作步骤

1. 0.020 00 mol·L^{-1} NaCl 标准溶液的配制

用直接法准确称取 1.168 9 g NaCl(预先在 400～450 ℃灼烧至无爆裂声响，放在干燥器内冷却到室温)，溶解在少量的蒸馏水中，然后定量转移到 1 L 容量瓶中，用蒸馏水稀释至刻度，摇匀。

2. $AgNO_3$ 溶液的标定

(1) 用吸量管吸取 10.00 mL 0.020 00 mol·L^{-1} NaCl 标准溶液，放入 100 mL 烧杯中，再加约 25 mL 蒸馏水，将此烧杯放在磁力搅拌器上，放入搅拌磁子，然后将清洗后的银电极和双盐桥饱和甘汞电极插入溶液。注意，勿使电极与搅拌磁子相碰，在滴定管内装入 $AgNO_3$ 溶液，调零。

(2) 开动搅拌器，溶液应稳定而缓慢地搅动，并测量电动势，记下滴定起始体积和毫伏读数，然后，由滴定管滴加一定体积的 $AgNO_3$ 溶液，待电势稳定后，读取滴定体积和电动势值，每次滴加的 $AgNO_3$ 体积，开始时可大些(如 1.00 mL)，但在接近化学计量点时应少些(如 0.10 mL)，但每次加入的量应相同，这样有利于滴定终点的计算，滴定至化学计量点后，还应继续滴定。

重复测定两次，电极、烧杯及搅拌磁子依次用氨水、蒸馏水淋洗。

3. 自来水中 Cl^- 含量的测定

用吸量管吸取 5～10 mL 水样（准确至 0.01 mL），放入 100 mL 烧杯中，加约 25 mL 蒸馏水，其余操作同 2(2)。

4. 维生素 B_1 片剂中总氯量的测定

在 100 mL 烧杯中，放入两片维生素 B_1（每片含维生素 B_1 约为 10 mg），加入约 40 mL 蒸馏水，待片剂均匀分散后，其余操作同 2(2)。

五、数据处理

1. 记录标定 $AgNO_3$ 溶液时得到的数据，作出电动势对 $AgNO_3$ 体积用量的滴定曲线，并用二阶微商内插法确定终点，计算 $AgNO_3$ 溶液的浓度。

2. 记录测定水样中 Cl^- 含量时得到的数据。用二阶微商内插法确定终点，计算水样中 Cl^- 的含量（$mg \cdot L^{-1}$）。

3. 记录测定维生素 B_1 时得到的数据，用二阶微商内插法确定终点，计算维生素 B_1 片剂的总氯含量。

设：$V(AgNO_3)$ 为滴定终点时 $AgNO_3$ 溶液的体积（mL），$c(AgNO_3)$ 为 $AgNO_3$ 溶液的浓度。氯的摩尔质量 $M(Cl)$ 为 35.5 $g \cdot mol^{-1}$，每片剂以含维生素 B_1 10 mg 计，每片剂维生素 B_1 中 Cl^- 的含量为

$$w=\frac{c(AgNO_3)V(AgNO_3)M(Cl)}{10\ mg\times 2}$$

思考题

1. 叙述双盐桥甘汞电极的结构特点及在本实验中的作用。
2. 滴定操作时应注意哪些问题？

15-7 实验八十六 离子选择性电极法测定水及牙膏中的游离氟

一、目的要求

1. 掌握氟离子选择性电极法测定氟离子的原理和方法。
2. 掌握酸度计的操作技术。
3. 了解总离子强度调节缓冲溶液的意义和作用。

二、实验原理

氟是自然界分布较广的元素，动、植物组织中都有微量氟存在，主要来源为饮水和食物。人体摄入适量的氟有利于牙齿的健康，但摄入过多有害，轻则造成斑釉牙，重则形成氟骨症，危害人体健康。

F^-在 $2.0\times10^{-5}\sim2.0\ g\cdot L^{-1}$浓度范围内，在维持测定体系的离子活度系数$\gamma$为定值时，饱和甘汞电极与氟离子选择性电极组成的电池的电动势符合 Nernst 方程：

$$E = K + s\ \lg[\gamma(F^-)c(F^-)/c^{\ominus}]=K' + s\ \lg[c(F^-)/c^{\ominus}]$$

$$s=-\frac{2.303\ RT}{F}$$

式中：s——氟电极的斜率，在温度一定时 s 为定值。

由上式可知 E 与 $\lg c(F^-)$在上述浓度范围内呈线性关系，可用比较法、标准曲线法等测定试液中的氟含量。

三、实验用品

1. 仪器

氟离子选择性电极　饱和甘汞电极　电极固定架　移液管(10 mL，25 mL，50 mL)　容量瓶(50 mL，100 mL)　塑料杯(50 mL)　磁力搅拌器　量筒(10 mL，100 mL)　聚乙烯塑料瓶(500 mL)　吸量管(1 mL，5 mL，10 mL)　酸度计　烧杯(150 mL)　分析天平　洗瓶　洗耳球　玻璃棒　托盘天平

2. 药品

$1\ mol\cdot L^{-1}$ HAc 溶液　$1\ mol\cdot L^{-1}$ NaOH 溶液　$1\ mol\cdot L^{-1}$ HCl 溶液　$0.1\ mol\cdot L^{-1}\ HNO_3$ 溶液

$3\ mol\cdot L^{-1}$ NaAc 溶液　称取204 g NaAc，溶于 300 mL 蒸馏水中，加入 $1\ mol\cdot L^{-1}$ HAc溶液。调节至用酸度计测得 pH＝7.0，用蒸馏水稀释至 500 mL，转入塑料瓶中备用。

$0.8\ mol\cdot L^{-1}$柠檬酸钠溶液　称取 118 g 柠檬酸钠溶于 300 mL 蒸馏水中，加14 mL高氯酸，用蒸馏水稀释至 500 mL，转入塑料瓶中备用。

总离子强度调节缓冲液(TISAB)　称取 60 g NaCl，59 g Na_3Cit(柠檬酸钠)，102 g NaAc 放入大烧杯中，再加入 14 mL HAc，800 mL 蒸馏水溶解，用 $1\ mol\cdot L^{-1}$ HAc 溶液或 $1\ mol\cdot L^{-1}$的 NaOH 溶液调节溶液 pH＝5.0～6.0，稀

释为 1 L，储存于塑料瓶中。

1.000×10^{-1} mol·L^{-1} F^-标准储备溶液　用直接法准确称取 4.199 g NaF（经 120 ℃烘干 2 h，冷却至室温）放入烧杯中，加入 50 mL 蒸馏水溶解，定量转移到1000 mL 容量瓶中，用蒸馏水稀释至刻度，摇匀。储存于塑料瓶中备用。

（本实验所用水均为不含氟的蒸馏水，试剂均为 GR 或 AR）。

3. 其他

牙膏（任一品牌含氟牙膏）

四、操作步骤

标准曲线法测定水及牙膏中氟含量。

1. 氟电极的准备[1]

测定前用蒸馏水清洗电极至空白电势为−300 mV 左右（氟电极电势约为−300 mV）。

2. 系列标准溶液的配制

在 100 mL 容量瓶中用移液管加入 10.00 mL 1.000×10^{-1} mol·L^{-1} F^-标准储备溶液，加入 10.00 mL TISAB 液，用蒸馏水稀释至刻度，摇匀即得 1.000×10^{-2} mol·L^{-1} F^-标准溶液。用逐级稀释法在四个 100 mL 容量瓶中配制 1.000×10^{-3} mol·L^{-1}，1.000×10^{-4} mol·L^{-1}，1.000×10^{-5} mol·L^{-1}，1.000×10^{-6} mol·L^{-1}的 F^-标准溶液。为保证实验条件一致，后四份标准溶液各加入 9.00 mL TISAB 液。

3. 标准溶液的测定

将上述配制的五种不同浓度的 F^-标准溶液，由低浓度到高浓度依次转入 50 mL 塑料杯中，插入氟电极和饱和甘汞电极，在磁力搅拌器搅拌 4 min[2] 后，停止搅拌 0.5 min，开始读取电动势。

4. 水样的测定

用移液管吸取 50.00 mL 水样，放入 100 mL 容量瓶中，加入 10.00 mL TISAB 液，用蒸馏水稀释至刻度，摇匀。在与标准溶液相同条件下测定电动势。

5. 用差减法准确称取 0.5 g（准确至 0.1 mg）牙膏样品，放入 150 mL 烧杯中，用 30 mL 0.1 mol·L^{-1} HNO_3 溶液溶解，然后滴加 1 mol·L^{-1} NaOH 溶液，调节 pH＝5～6，定量转移到 100 mL 容量瓶中，用蒸馏水稀释至刻度，摇匀。用移液管吸取 50.00 mL 上述样品溶液，放入 100 mL 容量瓶中，加入 10.00 mL TISAB 液，用蒸馏水稀释至刻度，摇匀备用。

五、数据处理

1. 将 F^- 系列标准溶液及待测水样所得的电动势 E 列表。

2. 以测得的标准溶液的电动势为纵坐标，以 $\lg c(F^-)$ 为横坐标，绘制标准曲线。

3. 计算氟的含量。从标准曲线上查出 E_x 对应的 F^- 的浓度 c_x，从而计算出样品中氟的含量。

(1) 水样中氟的质量浓度计算公式

$$\rho(\mu g \cdot mL^{-1}) = c_x \times \frac{100.0}{50.00} \times M(F) \times 1000$$

式中：c_x——测定水样时从标准曲线上查得的氟的浓度($mol \cdot L^{-1}$)；

50.00——所取水样体积(mL)。

(2) 牙膏样品氟的含量计算公式

$$\omega(mg \cdot g^{-1}) = \frac{c_x \times \frac{100.0}{50.00} \times 0.1 \times M(F) \times 1000}{m}$$

式中：c_x——测定牙膏样品时从标准曲线上查得的氟的浓度($mol \cdot L^{-1}$)；

m——所称取的牙膏样品的质量(g)。

注释

[1] 氟电极在每次使用前应在蒸馏水中浸泡数小时并洗至 -300 mV 以下，测定时最好做空白测定，以校正因试剂、TISAB 和所用蒸馏水引入的误差。电极长期不用，可装盒保存，切勿长时间浸泡在高浓度的溶液或蒸馏水中，以免损坏。

新电极初次使用应先测其响应极限，估计样品的最低检出量，做到胸中有数。电极长期使用后，会发生钝化现象，可用牙膏或金相纸擦拭以将其表面活化。

[2] 氟电极的响应时间一般为 4 min，在稳定状态下读取数值，氟含量较低时，平衡时间较长。

思考题

1. 加入“TISAB”的作用有哪些？

2. 为什么测定样品溶液前要用两个标准溶液标定仪器？

3. 饮用水和食品中氟含量为多少，对人们的健康有何影响？试归纳说明环境中氟污染的来源。

15-8 实验八十七 原电池电动势的测定

一、目的要求

1. 掌握电位差综合测试仪的测量原理和使用方法。

2. 学会用电位差综合测试仪测定 Cu-Zn 电池的电动势和 Cu,Zn 电极的电极电势。

3. 掌握用醌氢醌电极测定溶液 pH 的方法。

二、实验原理

将化学能转变为电能的装置称原电池。要精确测量原电池的电动势,不能使用伏特计,因为使用伏特计测量时,线路中有电流通过,而电池又存在内阻,所以测量的结果仅为电动势的一部分,即端电压。同时当电流通过电极时,还会引起极化作用,使电极电势发生变化,故无法用伏特计测定电极的电势。

要测得电池的电动势,必须要在电池反应接近热力学可逆条件下进行,即在没有电流通过的情况下,测定电池两极的电势差,这一方法称为对消法。电位差综合测试仪就是根据对消法的基本原理设计的。

电极电势的含义是金属电极与与之接触的溶液间的电势差,但对其绝对值至今还无法测定,在电化学中电极电势是以某一电极为标准而求出的标准值。通常将氢电极中的氢气压力为标准压力,溶液中 $a_{H^+}=1$ 时的电极电势规定为零,称为标准氢电极。将标准电极与待测电极组成电池,所得的电池电动势数值就作为待测电极的电势。由于使用氢电极很不方便,一般用另外一些电势较稳定的电极作为参比电极来代替氢电极,常用参比电极有甘汞电极、银-氯化银电极等,这些电极与标准电极比较而得到的电极电势已精确测出,手册中可以查到。

将待测电极与参比电极构成的原电池,如参比电极为正极,其电池的电动势为

$$E=\varphi_{参比}-\varphi_{待测}$$

$$\varphi_{待测}=\varphi_{参比}-E \qquad (15-11)$$

如参比电极为负极,其电池的电动势为

$$E=\varphi_{待测}-\varphi_{参比}$$

$$\varphi_{待测}=\varphi_{参比}+E \qquad (15-12)$$

通过测量电池的电动势，根据式(15-11)或式(15-12)即可求出该电极的电极电势。电动势法测定 pH 的原理是将一个电极电势只与氢离子活度有关的电极和一个参比电极(如饱和甘汞电极)插入待测溶液中构成电池，然后测定该电池的电动势 E，由于 E 只取决于待测溶液的 a_{H^+}，故可算出溶液的 pH。常用的氢离子指示电极有氢电极、醌氢醌电极、玻璃电极等。

在待测溶液中加入少量醌氢醌，醌氢醌溶于水后，生成等物质的量的醌(Q)和氢醌(H_2Q)，插入惰性电极(如 Pt 丝)即构成饱和的醌氢醌电极，其电极反应为

$$\underset{(Q)}{C_6H_4O_2} + 2H^+ + 2e^- \longrightarrow \underset{(H_2Q)}{C_6H_4(OH)_2}$$

电极电势为

$$\varphi_{Q/H_2Q} = \varphi^{\ominus}_{Q/H_2Q} - \frac{RT}{2F}\ln\frac{a_{H_2Q}}{a_Q \cdot a^2_{H^+}} \tag{15-13}$$

由于醌氢醌在水中溶解度很小，且解离度很小，由此可认为 $a_{H_2Q}=a_Q$。在 25 ℃时，$\varphi^{\ominus}_{Q/H_2Q}=0.6995\ V$，所以

$$\varphi_{Q/H_2Q}=0.6995-0.05916\text{pH} \tag{15-14}$$

将醌氢醌指示电极与饱和甘汞电极(作负极)构成电池，在 25 ℃时，饱和甘汞电极的电极电势为 0.2415 V，测电池的电动势为

$$E=\varphi_{Q/H_2Q}-\varphi_{饱和甘汞}=0.6995-0.05916\text{pH}-0.2415$$

所以

$$\text{pH}=\frac{0.6995-0.2415-E}{0.05196} \tag{15-15}$$

只要测出电池的电动势 E，就可以根据式(15-15)求出未知溶液的 pH。

三、实验用品

1. 仪器

电位差综合测试仪　铜电极　锌电极　铂电极　饱和甘汞电极
托盘天平　烧杯(50 mL，250 mL)　U 形管　量筒(100 mL)　洗耳球
洗瓶　恒温水浴锅

2. 药品

饱和 KCl 溶液　0.10 $mol \cdot L^{-1}$ $ZnSO_4$ 溶液　0.01 $mol \cdot L^{-1}$ $CuSO_4$ 溶液
0.10 $mol \cdot L^{-1}$ $CuSO_4$ 溶液　琼胶　醌氢醌粉末　pH 未知缓冲溶液(1，2，3)

四、操作步骤

1. 盐桥的制备

在 250 mL 烧杯中，分别加入 100 mL 饱和 KCl 溶液和 3 g 琼胶，水浴加热溶解，冷却后用洗耳球将其吸入干净的 U 形管中，充满为止（U 形管中间及两端不能留有气泡）。制备数根盐桥备用。

2. 电池电动势的测定

(1) 组合待测量的电池 如 Cu－Zn 原电池，把铜电极插入 $CuSO_4$ 溶液中，锌电极插入 $ZnSO_4$ 溶液中，用饱和 KCl 盐桥将两溶液连通。同法组成其他电池。

(2) 测定下列电池的电动势 按电位差综合测试仪的操作步骤（参阅 19－4“电势差计”），分别测定下列各电池的电动势：

Zn | $ZnSO_4$(0.10 mol·L^{-1}) ¦¦ $CuSO_4$(0.10 mol·L^{-1}) | Cu

Cu | $CuSO_4$(0.01 mol·L^{-1}) ¦¦ $CuSO_4$(0.10 mol·L^{-1}) | Cu

Hg | Hg_2Cl_2 | KCl(饱和) ¦¦ $CuSO_4$(0.10 mol·L^{-1}) | Cu

Zn | $ZnSO_4$(0.10 mol·L^{-1}) ¦¦ KCl(饱和) | Hg_2Cl_2 | Hg

Hg | Hg_2Cl_2 | KCl(饱和) ¦¦ 醌氢醌电极(pH 未知液)

把少量的醌氢醌粉末分别加入 3 个不同的 pH 未知液中，搅拌均匀后，插入铂电极，用饱和 KCl 盐桥将两溶液连通。

五、数据处理

1. 根据测定的电池电动势计算 Cu，Zn 电极电势及未知液的 pH。

实验温度：______℃

原电池		E/V	φ/V	pH
Cu-Zn 电池			—	—
Cu-$CuSO_4$ 浓差电池			—	—
Cu-饱和甘汞电池				—
饱和甘汞-Zn 电池				—
醌氢醌-饱和甘汞电池	1		—	
	2		—	
	3		—	

2. 根据有关公式计算 Cu-Zn 电池的理论 $E_{理}$，并与实验值 $E_{实}$ 进行比较。

思考题

1. 对消法的原理是什么？为什么不能用伏特计而要用电位差综合测试仪（电势差

计)测定电池电动势?

2. 选择盐桥液应注意哪些问题?

15-9 实验八十八 极谱法测定水样中的锌

一、目的要求

1. 学习和掌握示波极谱分析法测锌的基本原理。
2. 学习和掌握示波极谱仪的操作技术。
3. 学习和掌握汞的安全使用常识。

二、实验原理

在 $NH_4Cl-NH_3\cdot H_2O$ 介质中,Zn 在示波极谱仪上有较好的还原波,峰电位为-1.48 V。在 $10^{-7}\sim10^{-4}$ g·mL^{-1}浓度范围内,Zn 的含量与峰电流呈线性关系,与标准溶液在相同条件下比较,可测定样品中 Zn 的含量。

实验用 Na_2SO_3 来除 O_2,以消除 O_2 的还原波对测定的影响,用动物胶来抑制极谱的极大。

三、实验用品

1. 仪器

JP-2 型示波极谱仪　托盘天平　分析天平　量筒(10 mL,100 mL)
烧杯(50 mL,500 mL)　电热板　试剂瓶(500 mL)
容量瓶(20 mL,1000 mL)　吸量管(10 mL)　洗瓶　洗耳球

2. 药品

(1) 混合底液　称取 53 g NH_4Cl(AR),15 g 无水 Na_2SO_3(AR)溶于 200 mL $NH_3\cdot H_2O$ 中,加 10 mL 1%动物胶,用二次蒸馏水稀释到500 mL,摇匀后备用。

(2) Zn 标准储备溶液　用直接法准确称取 1.0000 g 金属 Zn(GR),加入 20 mL 1∶1 HCl 溶液溶解,定量转移到 1000 mL 容量瓶中,用二次蒸馏水稀释至刻度,摇匀备用。此溶液浓度为 1 mg·mL^{-1}。

(3) Zn 标准溶液　临用时用混合底液稀释 Zn 标准储备溶液至0.01 mg·L^{-1}。

四、操作步骤

1. 准备

(1) 将电极插头插入“电解池”插座，Pt 电极插头插入“辅助电极”插孔，Hg_2Cl_2 电极插头插入“参比电极”插孔。接通电源，将贮汞瓶升高。

(2) 选择“原点电势”值至 -1.2 V，极性开关转到“-”。

2. 测量

(1) 用吸量管吸取 10.00 mL 含 Zn 水样，放入 50 mL 烧杯中，Zn 含量在 0.1 $mg \cdot L^{-1}$ 以上时，加 10.00 mL 混合底液，混匀，将电极插入溶液，电极开关置于“双电极”或“三电极”处。若 Zn 含量低于 0.1 $mg \cdot L^{-1}$，可取 20～50 mL 水样加热浓缩至约 10 mL，然后再按以上操作稀释至 20 mL。

(2) 测量开关扳到“阴极化”，屏上调出的光点由左向右扫描，测还原波。导数开关置于常规“I_p”挡。从 -1.20 V 起始至 -1.70 V 范围内做 Zn 的极谱图，记录峰电流 I_p。峰高值（单位 μA）等于 I_p 与电流倍率的相应倍数之乘积。峰（波）电势读数（荧光屏横坐标）等于原点电势（-1.20 V）与波峰在示波管横坐标上对应读数（负值）之代数和。

(3) 用吸量管吸取 10.00 mL 0.01 $mg \cdot L^{-1}$ Zn 标准溶液，放入小电解池中，加 10.00 mL 混合底液，摇匀后，按上述操作条件做极谱图，记录峰高 I_s，与样品比较，求出原试液中 Zn 的含量。此法可测定人发、血液、尿液、粮食、饲料、矿样、植物体、试剂和水样中的微量 Zn。可进行多次平行测定，取平均值计算结果。

3. 结束

仪器使用完毕后，移开电解池，将电极开关转到“双电极”。然后冲洗电极，用滤纸拭干，让毛细管汞滴继续自由滴落几滴后，关闭电源。再把贮汞瓶缓缓降到预置高度，让毛细管静置在大气中保存。

五、数据处理

按下式计算试液中 Zn 的质量浓度 ρ_x：

$$\rho_x = \frac{I_{\bar{x}}}{I_{\bar{s}}}\rho_s$$

式中：ρ_s——Zn 标准溶液的质量浓度（$mg \cdot L^{-1}$）；

$I_{\bar{x}}$，$I_{\bar{s}}$——样品和标准溶液 3～5 次平行测定的平均峰高。

思考题

1. 示波极谱定量分析还有哪些方法，它们各有何特点？
2. 测量过程中，如果扫描线起点出现跳动、基线倾斜，应如何处理？

15-10 实验八十九 库仑滴定法测定维生素 C

一、目的要求

1. 学习和掌握库仑滴定法和永停终点法的原理。
2. 学习和掌握库仑滴定法的实验技术。

二、实验原理

库仑滴定法是建立在恒电流电解基础上的一种电化学分析方法，可用于常量或痕量物质的测定。通过电解时的电极反应定量产生的“滴定剂”与待测物质之间发生化学反应，根据法拉第定律由电解时通过溶液的电荷量计算待测物质的含量。在电解过程中应使电解电极上只进行生成滴定剂的反应，而且电解的电流效率是 100%。滴定时须选定适当的方法来指示终点，通常可以采用指示剂或电化学方法指示终点。

在弱酸性介质中，I^-极容易以 100%的电流效率在铂电极上氧化生成 I_2，电解生成的 I_2 滴定抗坏血酸以永停终点法指示滴定终点，这样便可进行抗坏血酸的测定。

在含有抗坏血酸的 KI 溶液中进行恒电流电解，阳极反应为

$$2I^- = I_2 + 2e^-$$

阳极产生的 I_2 将抗坏血酸（又名维生素 C，分子式 $C_6H_8O_6$）分子中的烯二醇结构定量氧化为二酮基：

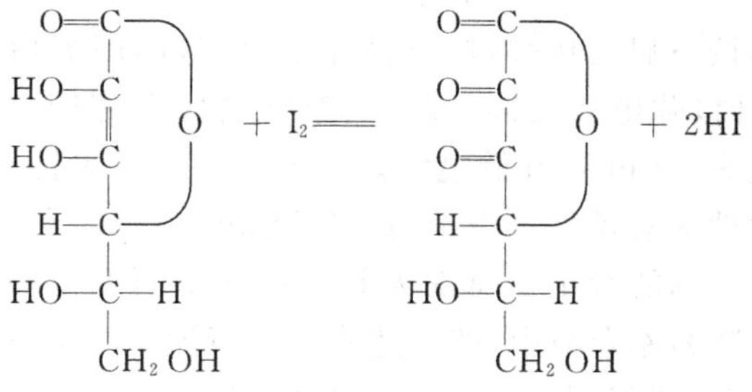

阴极反应为

$$2H^+ + 2e^- = H_2$$

根据法拉第定律可计算出抗坏血酸的量。

三、实验用品

1. 仪器

KLT-1 型通用库仑仪 磁力搅拌器 容量瓶(100 mL,500 mL)
吸量管(1 mL,5 mL) 研钵 分析天平 烧杯(50 mL)
量筒(10 mL) 搅拌磁子 洗瓶 洗耳球 玻璃棒

2. 药品

抗坏血酸(AR) 维生素 C 片剂 10% KI 冰乙酸(AR) 1∶1 HNO_3
0.1 $mol \cdot L^{-1}$ HCl 溶液 0.1 $mol \cdot L^{-1}$ NaCl 溶液

四、操作步骤

1. 电解液的配制 10%KI 溶液与冰乙酸按 3∶2 混合成电解液。

2. 样品溶液的配制 取数片维生素 C 片剂在研钵中研细,用直接法准确称取0.2000 g样品,放入 50 mL 烧杯中,用 5 mL 0.1 $mol \cdot L^{-1}$ HCl 溶液提取后,定量转移到 50 mL 容量瓶中,用 0.1 $mol \cdot L^{-1}$ NaCl 溶液洗涤烧杯,并稀释至刻度,振摇 5 min 后静置,备用。

3. 铂电极的预处理 将铂电极浸入热的 1∶1 HNO_3 溶液中(在通风橱中进行),取出,用蒸馏水冲洗干净。

4. 仪器预热,熟悉仪器操作 开启通用库仑仪电源前,所有按键处于释放状态,"工作、停止"开关置"停止",电解电流一般选择为 10 mA 挡。开启通用库仑仪电源,预热 10 min。

5. 预电解 进行预电解的目的是消除电解液中 I_2 的干扰。将 50 mL 电解液注入库仑池中,加入一定量的抗坏血酸溶液,连接好各电极接线,开动搅拌器,通用库仑仪的终点指示方式为"电流上升",极化电势钟表电势器预先调在 0.4 的位置,按下启动按键,按下极化电势按键,调节指示电极的极化电势为150 mV,松开极化电势按键,等表头指针稍稳定,按下电解按钮,指示灯灭,调节电解电流为 10 mA,开始电解。电解至终点时表针开始向右突变,红灯即亮,仪器读数即为总消耗的电荷量(单位:mC)。

6. 维生素 C 片剂的测定 每次吸取 1.00 mL 样品溶液注入含有预电解后的 50 mL 电解液的库仑池中,按上述步骤进行测定。平行测定三次。

7. 测定结束后,使仪器各按键处于起始状态,关闭电源,清洗电极和电解池。

五、数据处理

将测得的电荷量 Q 求平均值,由公式计算维生素 C 片剂维生素 C 的含量：

$$w(\text{维生素 C})=\frac{MQ}{nFm_{\text{样}}}$$

式中：M——维生素 C 的摩尔质量（176.12 g·mol^{-1}）；

F——法拉第常数（96485 C·mol^{-1}）；

n——电极反应中的电子转移数。

思考题

1. 不进行预电解对测定结果会产生什么影响？
2. 为什么要用新煮沸过的蒸馏水配制溶液？

第十六章

化学热力学、动力学及动力学仪器分析法

概　述

研究各种形式能量相互转换过程所遵循的规律的科学，称为热力学，将热力学方法应用在化学上，称为化学热力学。它只研究由大量分子、原子构成的宏观体系，只要知道体系的宏观性质（确定体系的始态和终态），就可以根据热力学数据对体系的能量变化进行计算（如化学反应的热效应、化学反应的方向和限度，以及化学平衡的计算等），得出有用的结论，用于指导实践，但是它不研究物质的微观结构，不研究体系的变化速率、过程、机理及个别质点的行为。化学动力学则主要研究化学反应速率及压力、温度、浓度、催化剂、介质等因素对化学反应速率的影响，因此研究化学动力学的目的在于了解和控制化学反应的过程和速率，为发展生产和科学技术服务。

测定化学反应速率，利用其数值以确定待测物的浓度或量的仪器分析方法，称为动力学仪器分析法。这种方法一般是利用慢的化学反应，其定量测定是在化学反应进行中体系达到化学平衡前进行的，是非平衡测定法（而滴定分析、重量分析、电势分析及分光光度分析等方法都是利用快的化学反应，其定量测定是在待测体系达到平衡后进行的，属于平衡测定法）。动力学分析法的优点是适用性强，分析速率快，选择性和灵敏度较高，设备简单，操作简便，并可分析密切相关的混合物（如有机化合物中的同系物及同分异构体，它们虽能进行同类型反应，但其反应速率不同，借此可以进行测定），由于该方法对“温度”这一因素较敏感，所以通常在一些仪器中安装了恒温装置。该方法的发展异常迅速，目前已在高纯物质，生物样品，环境样品，农、林、水样品测定等方面得到了应用。

本章共安排了十二个实验。

16-1 实验九十 恒温水浴的装配和性能测试

一、目的要求

1. 了解恒温水浴的构造及恒温原理，初步掌握其装配和调试的基本技术。

2. 绘制恒温水浴的灵敏度曲线（温度-时间曲线），学会分析恒温水浴的性能。

3. 掌握贝克曼温度计的调节及使用方法。

二、实验原理

在化学实验中所测得的许多数据，如折射率、黏度、蒸气压、表面张力、电导率、化学反应速率常数等都与温度有关，所以许多化学实验必须在恒温下进行。通常用恒温水浴来控制温度维持恒定。恒温水浴所以能维持恒温，主要是依靠恒温控制器来控制恒温水浴的热平衡。当恒温水浴因对外散热而使水温降低时，恒温控制器就使恒温水浴内的加热器工作；待加热到所需温度时，它会使加热器停止加热，这样就使浴温保持恒定。

恒温水浴一般由浴槽、加热器、搅拌器、温度计、感温元件、恒温控制器等部分组成（参阅 19-1“恒温水浴”）。

由于传质、传热都有一个速率，因此升温时，当接触温度计的水银触及钨丝时，实际上电热器附近的水温高于指定温度，降温时，也有滞后现象。所以恒温控制的温度是有一个波动范围的，而不是控制在某一固定不变的温度，并且恒温水浴内各处的温度也会因搅拌效果的优劣而不同。控制温度的波动范围越小，各处的温度越均匀，恒温水浴的灵敏度就越高。灵敏度是衡量恒温水浴性能的主要标志，它除与感温元件、恒温控制器有关外，还受搅拌器的效率、加热器的功率等因素的影响。

恒温水浴灵敏度的测定是指在指定温度下，观察温度的波动情况。用较灵敏的温度计，如贝克曼温度计，记录温度随时间的变化，最高温度为 t_1，最低温度为 t_2，恒温水浴的灵敏度 $t_e=\pm(t_1-t_2)/2$，灵敏度常以温度为纵坐标，以时间为横坐标，绘制成温度-时间曲线来表示。如图 16-1 中(a)表示恒温水浴灵敏度较高；(b)表示加热器功率太大；(c)表示加热器功率太小或散热太快。(b)，(c)灵敏度较低。

为了提高恒温水浴的灵敏度，在设计恒温水浴时要注意以下几点：

1. 恒温水浴的热容量要大些，传热介质的热容量越大越好。

2. 尽可能加快电热器与感温元件间的传热的速率。

3. 作调节温度用的加热器功率要小些。

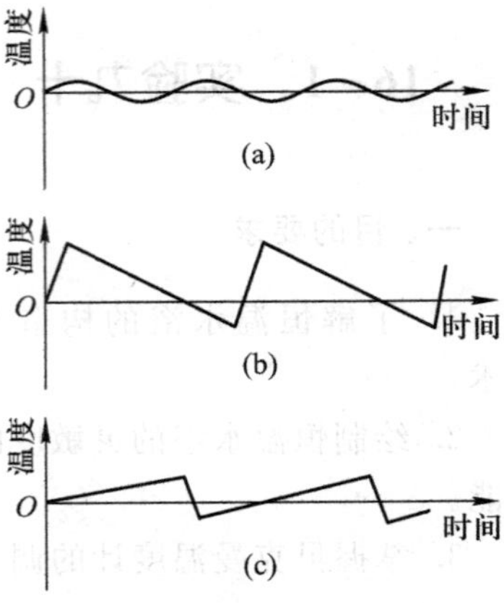

图 16-1 温度-时间曲线

三、实验用品

玻璃缸 贝克曼温度计 搅拌器 加热器 感温元件 恒温控制器 烧杯(250 mL,500 mL) 温度计(100 ℃,1/10 ℃) 秒表 电热板

四、操作步骤

1. 将蒸馏水注入浴槽至容器的 2/3 处，按图 19-1 将仪器安装好。

2. 打开恒温控制器，将温度调节器调至所需温度(30 ℃和 35 ℃)，回差为 0.1。

3. 调节贝克曼温度计：将贝克曼温度计的水银柱在上述温度时分别调到刻度 2.5 左右(调节方法见 19-2)，并安放到恒温水浴中。

视频：调节贝克曼温度计

4. 恒温水浴灵敏度的测定：待恒温水浴调到所需温度后，观察贝克曼温度计的读数，每隔 2 min 记录一次贝克曼温度计读数，连续测定约 60 min。

五、数据处理

1. 数据记录

时间/min	
30 ℃时贝克曼温度计读数 T/K	
35 ℃时贝克曼温度计读数 T/K	

2. 以时间为横坐标，温度为纵坐标，分别绘制 30 ℃和 35 ℃时的温度-时间曲线。

3. 讨论恒温水浴的灵敏度。

思考题

1. 对于提高恒温水浴的灵敏度，可从哪些方面进行改进？
2. 如果所需恒定的温度低于室温，如何装备恒温水浴？

16-2 实验九十一 酸碱反应热的测定

一、目的要求

1. 学习和掌握反应热的测定方法。
2. 测定 HAc 和 NaOH 的反应热，并求算 HAc 的解离热。
3. 学习和掌握贝克曼温度计的调节及使用方法。
4. 学会应用图解法（雷诺作图法）校正温度的改变值。

二、实验原理

在一定的温度和压力下，含有 1 mol H^+ 的强酸溶液与含有 1 mol OH^- 的强碱溶液完全反应时放出的热称为中和热，25 ℃时放热 57.06 $kJ\cdot mol^{-1}$。其热化学方程式可表示如下：

$$H^+(aq)+OH^-(aq) \rightleftharpoons H_2O(l) \qquad (16-1)$$

$$\Delta H_{m(中和)}=-57.06\ kJ\cdot mol^{-1}(25\ ℃)$$

式(16-1)可作为强酸与强碱中和反应的通式。

但对于弱酸、弱碱来说，反应的热效应就不等于$-57.06\ kJ\cdot mol^{-1}$，这是因为在中和作用的同时，还发生了弱电解质的解离过程，实际上此时的反应热是弱电解质的解离热和中和热的代数和。以 HCN 和 NaOH 的反应为例，其反应为

$$HCN(l) \rightleftharpoons H^+(aq)+CN^-(aq) \qquad \Delta H_{m(解离)}=x$$

$$\underline{H^+(aq)+OH^-(aq) \rightleftharpoons H_2O(l)} \qquad \Delta H_{m(中和)}=-57.06\ kJ\cdot mol^{-1}$$

总反应： $$HCN(l)+OH^-(aq) \rightleftharpoons H_2O(l)+CN^-(aq) \qquad (16-2)$$

反应热： $$\Delta H_{m(反应)}=-12.12\ kJ\cdot mol^{-1}$$

根据盖斯定律，

$$-57.06\ kJ\cdot mol^{-1}+x=-12.12\ kJ\cdot mol^{-1}$$

$$x=44.94\ kJ\cdot mol^{-1}，即\ \Delta H_{m(解离)}=44.94\ kJ\cdot mol^{-1}(25\ ℃)$$

所以，通过反应热的测定，可以求得弱酸或弱碱的解离热。

实验要在绝热良好的杜瓦瓶中进行，反应所产生的热量可以认为全部被溶液和热量计所吸收，从而导致体系温度变化，如果知道在测量条件下量热仪器的热容量，那么根据温度的变化，就可以计算反应的反应热。

$$Q_{反}=-\int_{T_1}^{T_2}C_{仪}\mathrm{d}T=-C_{仪}(T_2-T_1)=-C_{仪}\ \Delta T \tag{16-3}$$

式中：$C_{仪}$——量热仪器的热容量($\mathrm{J\cdot K^{-1}}$)；

T_2——反应后温度(K)；

T_1——反应前温度(K)；

ΔT——温差(K)。

量热仪器的热容量通常用化学标定法或电热标定法来标定。

(1) 化学标定法　使准确已知热效应 Q 的反应在热量计中进行，若测得其温度的改变值 ΔT，则有

$$C_{仪}=-\frac{Q}{\Delta T} \tag{16-4}$$

(2) 电热标定法　在电加热器中通过一定的电流 I，根据焦耳定律，电加热器所产生的热量 $Q_{电}$ 为

$$Q_{电}=IUt \tag{16-5}$$

式中：U——通电电压；

t——通电时间。

若测得此时温度的改变值 ΔT，则

$$C_{仪}=\frac{IUt}{\Delta T} \tag{16-6}$$

测量时，为准确测得 ΔT，不仅要精确地观察始态和终态温度，还必须对影响 ΔT 的因素进行校正，一般采用图解法对 ΔT 进行校正，其方法参阅注释[1]。

本实验采用第一种方法，即用强酸和强碱在热量计中反应，利用已知的中和热和测得的温差计算量热仪器的热容量。

三、实验用品

1. 仪器

贝克曼温度计　杜瓦瓶(500 mL)　温度计(100 ℃，1/10 ℃)

容量瓶(200 mL) 移液管(20 mL) 滴管 秒表

烧杯(250 mL,500 mL) 电热板 洗瓶 洗耳球 吹出管 搅拌棒

2. 药品

0.1 $mol\cdot L^{-1}$ HCl 标准溶液 0.1%酚酞

0.1 $mol\cdot L^{-1}$ HAc 标准溶液 1 $mol\cdot L^{-1}$ NaOH 标准溶液

凡士林

四、操作步骤

1. 量热仪器热容量的测定

(1) 用容量瓶取 400.0 mL HCl 标准溶液,放入干净的热量计中,缓慢搅拌溶液,用温度计(刻度为 0.1 ℃)准确测得反应前溶液的温度。

(2) 调节贝克曼温度计,使刻度在 1.0 左右。调节方法参看 19-2,找出 1/10 ℃温度计与贝克曼温度计的关系。

(3) 在干净的吹出管的毛细管口涂上凡士林,检查不漏液后在管内加入 40.00 mL NaOH 溶液。并按图 16-2 装配好热量计。

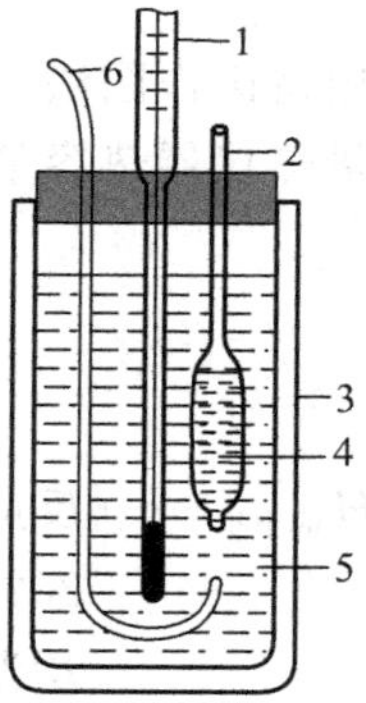

图 16-2 热量计装置图

1—贝克曼温度计;2—吹出管;3—杜瓦瓶;4—碱液;5—酸液;6—搅拌棒

(4) 待贝克曼温度计读数基本稳定,在保持一定搅拌速率条件下,每隔 30s 记录一次温度,经过 8 次读数以后,用洗耳球从吹出管口压气,使碱液冲破毛细管中的凡士林封口而进入热量计中,继续搅拌和观察读数变化,每 30s 记录一次温度。当温度达到最高点或变化缓慢并趋于稳定时,保持 30 s 记录一次温度,经过 8 次读数停止观察。

(5) 打开瓶盖,滴加酚酞,找出反应的计量关系。重复一次上述操作,取平均值。

2. 弱酸、强碱反应热的测定

用 400.0 mL HAc 标准溶液代替 HCl 溶液重复两次上述操作,取平均值。

五、数据处理

数据记录

室温:____________℃ 大气压:____________ Pa

反应前溶液的温度:__________℃

c(HCl)：__________ mol·L^{-1} c(HAc)：__________ mol·L^{-1}

测定量热仪器热容量，每 30 s 温度的读数。

时间/s	
温度/K	

测定弱酸、强碱反应热，每 30 s 温度的读数。

时间/s	
温度/K	

1. 用雷诺作图法对所测得的温度进行校正[1]。

2. 量热仪器热容量 $C_{仪}$ 的计算

$$C_{仪}=-\frac{\Delta H_{m(中和)}}{\frac{\Delta T}{n}}$$

式中：$\Delta H_{m(中和)}$——反应中和热(J·mol^{-1})，根据公式 $\Delta H_{m(中和)}=-57\,060+209\,(t-25)$计算，其中 t 表示反应温度。取反应前后的平均温度，反应后温度用反应前温度加上测量温差得到；

ΔT——反应的校正温差(K)；

n——强酸和强碱参加反应的物质的量(mol)。

3. HAc 和 NaOH 反应热的计算

$$\Delta H_{m(反应)}=-C_{仪}\frac{\Delta T'}{n'}$$

式中：$\Delta T'$——反应的校正温差(K)；

n'——弱酸和强碱参加反应的物质的量(mol)。

4. HAc 解离热的计算

$$\Delta H_{m(解离)}=\Delta H_{m(反应)}-\Delta H_{m(中和)}$$

注释

[1] 在精确的实验中，由于温度计和热量计的热滞后性，温度的变化需要一定的时间，而热量计虽然采取了一定措施，但体系与环境间的微小热交换还是难免的，尤其是反应期温差较大，这种影响更明显。校正方法是使用雷诺作图法，具体方法如下：

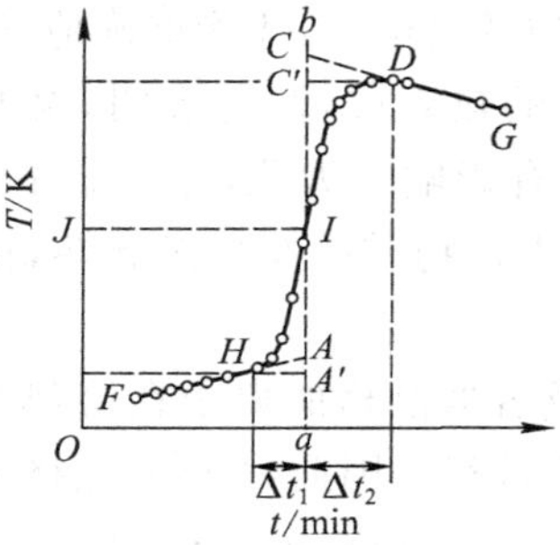

(a) 雷诺温度校正图

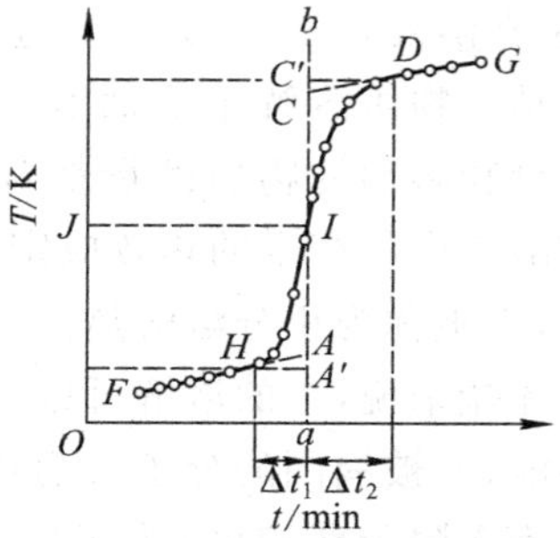

(b) 绝热良好情况下的雷诺校正图

图 16-3 温度校正图

先作温度-时间曲线，如图 16-3，图中 H 点相当于开始反应的温度，D 点为观察到反应的最高温度读数点，从相当于室温的 J 点作平行线与曲线交于 I 点，过 I 点作 JI 垂直线 ab，然后将 FH 线和 GD 线延长与 ab 线交于 A 和 C 两点，A 点和 C 点所示的温度之差，即为所求温度升高值 ΔT。图中 AA' 为开始反应到温度升至室温的一段时间 Δt_1 内，由环境辐射进来和搅拌引进的能量而造成温度的升高，必须扣除。CC' 为温度由室温升高到 D 点这段时间 Δt_2 内，热量计向环境辐射出能量而造成的温度的降低，因而要加上。所以 AC 两点的温差就是 ΔT。

有时热量计的绝热情况良好，散热小，而搅拌器的功率大，不断引进能量使反应后的最高点不出现[如图 16-3(b)]，这种情况下，ΔT 仍然可以按照上述方法校正。

思考题

1. 影响本实验结果的主要因素有哪些？
2. 在以上两个反应中，如何找出反应计量关系？

16-3 实验九十二 溶解热的测定

一、目的要求

1. 了解量热法测定无水硫酸铜的积分溶解热。
2. 掌握测定积分溶解热的基本原理和测量方法。
3. 掌握用雷诺图解法校正温度的改变值。

二、实验原理

在化学反应过程中，除燃烧热、生成热外，溶解热也是重要的热化学数据之一，特别是在溶液状态下，必须知道物质的溶解热，才能准确地算出反应热。

溶解热是一物质溶解于溶剂所产生的热效应，研究表明，温度、压力、溶质的物质的量和溶剂的物质的量都对它有影响。为此，在定温定压下 1 mol 物质溶解在溶剂中所产生的热效应定义为该物质的摩尔溶解热，由于是体系总的热效应，常被称为积分溶解热。

对于晶体盐来说，它的溶解可以看成占据晶格的离子在溶剂的作用下由晶格进入溶液，并被周围的分子溶剂化的过程。因此，1 mol 晶格离子溶于大量溶剂中成为无限稀释溶液（为了忽略离子间相互吸引作用）所测得的溶解热，由两部分组成，其一是晶体离子变为气体离子 C^{+}（气）$+A^{-}$（气），这是一个吸热过程，它的热量交换是晶格能（自由的气体离子结合生成 1 mol 晶体的生成热）。其二是气体离子溶入溶剂中产生离子的溶剂化热（1 mol 自由气体离子进入溶液所产生的能量变化），它为一放热过程。溶解热为上述两个过程的热量总和。

本实验测量热效应是在绝热热量计中进行。量热仪器热容量 $C_{仪}$（包括杜瓦瓶、水、搅拌器、电加热器和贝克曼温度计浸入水中的各个部分等）可通过已知溶解热的标准物质进行标定，由 $Q_{已知}=-C_{仪}\cdot\Delta T_1$，测出 ΔT_1 即可算出 $C_{仪}$，然后使待测热效应在量热系统中进行，测出它的温度改变值 ΔT_2，由 $-C_{仪}\cdot\Delta T_2=Q_{待测}$，即可计算出待测物质的热效应 $Q_{待测}$，这就是量热测定的基本过程和基本原理。

温度改变值的校正参阅 16－2 酸碱反应热的测定。

三、实验用品

1. 仪器

搅拌装置　杜瓦瓶（500 mL）　贝克曼温度计　放大镜

容量瓶（100 mL，250 mL）　小玻璃漏斗　温度计（100 ℃，1/10 ℃）　秒表

烧杯（250 mL，500 mL）　分析天平　电热板　洗瓶　洗耳球　玻璃棒

2. 药品

KCl（AR）　　　　无水 $CuSO_4$（AR）

3. 其他

橡胶管　　橡胶塞

四、操作步骤

1. 测定装置

溶解热测定装置如图 16－4。玻璃漏斗用来加入待测的溶质。不加溶质

时则取出漏斗并用橡胶塞塞严小孔。整个装置要洁净、干燥。

2. 量热仪器热容量的标定

本实验采用标准物质法通过已知质量的KCl在水中的溶解热来测定量热仪器热容量(不同温度下1 mol KCl溶于200 mL水中的积分溶解热见思考题后附表)。为此,先在干净的热量计中装入350 mL蒸馏水,将调好的贝克曼温度计插入热量计中,此时刻度应在2～3。保持一定的搅拌速度,至温度变化基本稳定后,用放大镜准确读出贝克曼温度计上的温度读数(准确至0.002 ℃),每分钟读一次,读数之前5 s,用套有橡胶管的玻璃棒轻敲温度计,以防止温度计的热惰性,连续读8次后,拔出盖上的橡胶塞,换上专用玻璃漏斗,立即将称好的6～7 g(准确至0.1 mg)KCl,经漏斗迅速在30 s内倒入热量计中,取下漏斗,重新塞上橡胶塞,搅拌,并继续按上述方法读数至温度不再下降,再读取8次温度即可停止,并用温度计测出热量计中的溶液温度。

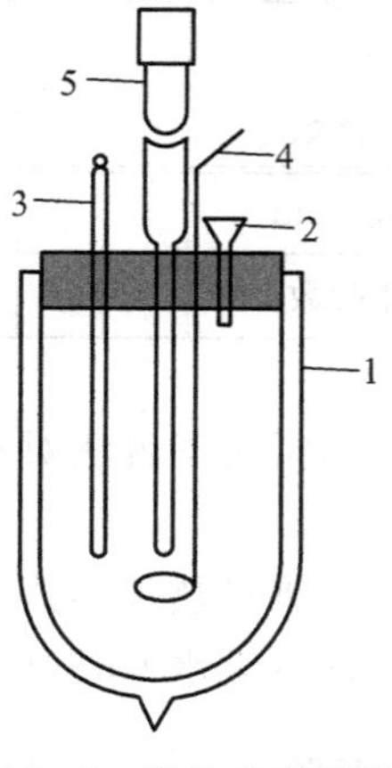

图16-4 溶解热测定装置

1—杜瓦瓶;2—玻璃漏斗;3—水银温度计;4—搅拌器;5—贝克曼温度计

3. $CuSO_4$溶解热的测定

用3～4 g(准确至0.1 mg)无水$CuSO_4$代替KCl重复上述操作。

五、数据处理

1. 数据记录于表16-1和表16-2中

室温:__________℃　　　　大气压:__________kPa

表16-1 KCl溶解过程中的时间-温度计读数表

时间/min															
温度计读数/℃															
时间/min															
温度计读数/℃															

表 16－2 $CuSO_4$ 溶解过程中的时间－温度计读数表

时间/min															
温度计读数/℃															
时间/min															
温度计读数/℃															

2. 用雷诺图解法对热交换、搅拌热等进行校正求得没有热交换时真实温差 ΔT。

3. 计算量热仪器热容量 $C_{仪}$。

4. 计算无水 $CuSO_4$ 在实验温度下的溶解热。

思考题

1. 利用有关的热数据求溶解热的理论依据是什么？
2. 实验中温差 ΔT 的影响因素主要有哪些？
3. 用雷诺图解法对温差 ΔT 进行校正的主要原理是什么？

附：不同温度下，1 mol KCl 溶于 200 mol 水中的溶解热

温度/℃	溶解热/($kJ\cdot mol^{-1}$)	温度/℃	溶解热/($kJ\cdot mol^{-1}$)	温度/℃	溶解热/($kJ\cdot mol^{-1}$)	温度/℃	溶解热/($kJ\cdot mol^{-1}$)
10	19.99	15	19.11	20	18.31	25	17.57
11	19.80	16	18.95	21	18.16	26	17.43
12	19.64	17	18.78	22	18.01	27	17.28
13	19.46	18	18.62	23	17.86	28	17.15
14	19.28	19	18.46	24	17.72	29	17.02

16－4 实验九十三 燃烧热的测定

一、目的要求

1. 了解氧弹式热量计[1]的原理、构造及使用方法。
2. 用氧弹式热量计测量萘的燃烧热。
3. 了解定压燃烧热与定容燃烧热的区别及相互关系。
4. 应用雷诺图解法校正温度的改变值。

二、实验原理

燃烧热是指定温度下 1 mol 物质完全燃烧生成指定的产物时的反应热。所谓“完全燃烧”是指 $C \rightarrow CO_2(g)$，$H \rightarrow H_2O(l)$，$S \rightarrow SO_2(g)$，Ag 等元素变为游离状态。

燃烧热可以在定容或定压条件下测定。在氧弹式热量计中测得的燃烧热为 Q_V，而一般热化学计算用的数据是 Q_p，两者之间的关系为

$$Q_p = Q_V + \Delta nRT$$

式中：Δn——反应前后生成物和反应物中气体的物质的量之差(mol)；

R——摩尔气体常数($J \cdot mol^{-1} \cdot K^{-1}$)；

T——反应时的热力学温度(K)。

测量热效应的仪器称作热量计。热量计的种类很多，一般测量燃烧热用氧弹式热量计。图 16-5 是氧弹式热量计的结构，图 16-6 是氧弹的结构[2]。

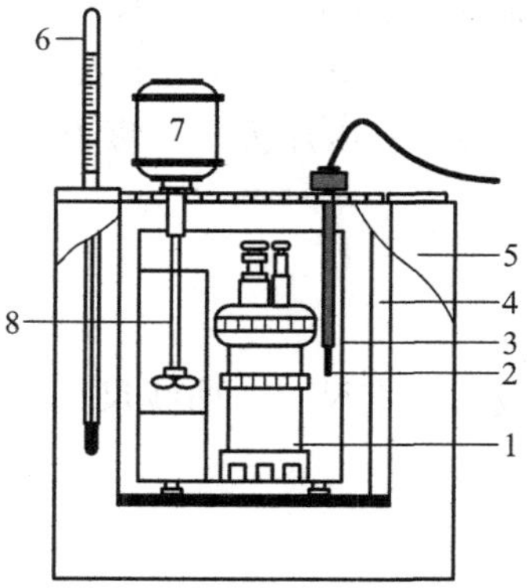

图 16-5 氧弹式热量计的结构

1—氧弹；2—感温元件；3—内筒；4—挡板；5—恒温水夹套；6—水夹套温度计；7—电动机；8—搅拌器

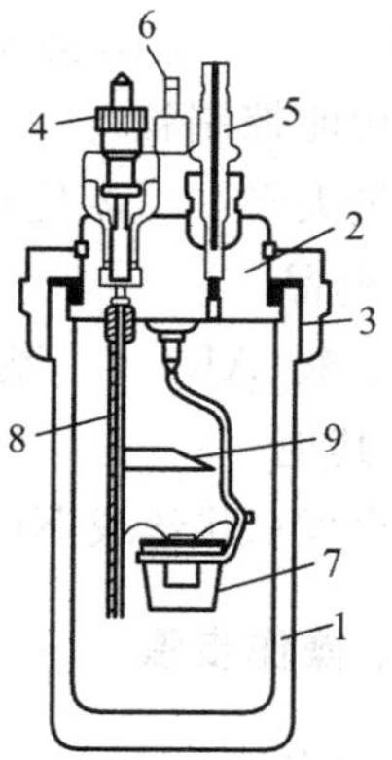

图 16-6 氧弹的结构

1—厚壁圆筒；2—弹盖；3—螺帽；4—氧气进气孔；5—排气孔；6—电极；7—燃烧皿；8—电极(也是进气管)；9—火焰挡板

实验中先把质量为 m(单位：g)的样品放入密闭氧弹中，并充入 O_2，然后将氧弹放入装有一定量水的内筒中点火，使样品完全燃烧，放出的热量传给水及内筒，使之温度上升，如果设体系(包括水、内筒及氧弹)的热容为常数 $C_{仪}$(单位为 $J \cdot K^{-1}$)，水的始末温度为 T_0 和 T_n，则物质的燃烧热可按下式计算：

$$m \cdot Q_V = C_{仪} \cdot (T_n - T_0) - m_{点火丝} \cdot Q_{点火丝}$$

式中：$m_{点火丝}$——点火丝的质量(g)；

$Q_{点火丝}$——点火丝的燃烧热($J \cdot g^{-1}$)。

该物质的摩尔燃烧热为

$$Q_{V,m} = M \cdot \frac{C_{仪} \cdot (T_n - T_0) - m_{点火丝} \cdot Q_{点火丝}}{m} \tag{16-7}$$

式中：m——样品的质量(g)；

M——该物质的摩尔质量($g \cdot mol^{-1}$)。

体系的热容可用已知燃烧热的物质测出，即在相同的量热体系中，先燃烧已知燃烧热的物质，测其始末温度。根据式(16-7)求出常数$C_{仪}$，再燃烧未知物质即可计算出其燃烧热，即定容摩尔燃烧热。

三、实验用品

1. 仪器

HR—15 氧弹式热量计　氧气钢瓶(附减压阀)　HR—15B 热量计　多功能控制箱　容量瓶(1 000 mL，2 000 mL)　万用电表　分析天平　托盘天平　温度计(100 ℃，1/10 ℃)　压片机　镊子　剪刀

2. 药品

苯甲酸(AR)　萘(AR)

3. 其他

点火丝(Ni 丝或 Ni—Cu 丝)　棉线　直尺　曲线尺　棉球

四、操作步骤

1. 准备

将热量计及其附件加以清洁整理，并了解仪器的用法。

测量外套水温　将 3 000 mL 以上的自来水的温度调到比外套水温低 1～2 ℃。

2. 样品准备

视频：样品准备

用托盘天平称取 0.8 g 左右的苯甲酸，准确称量约 12 cm 长的点火丝(准确至 0.1 mg)，将其中部弯成倒 U 形放在压片机钢模的底板内，并放在模子中，加入样品在压片机上压成片状(注意：压得过紧，样品不易燃烧，过松则易形成爆炸性燃烧，使样品燃烧不完全)，取出并轻轻去掉黏附在药片上的粉末，准确称量(准确至 0.1 mg)。如果点火丝不压在药片内，取 10 cm 长的棉

线绕在药片上，将点火丝穿入棉线。棉线燃烧放热，需准确称量，燃烧热的计算公式需做补充。

3. 充氧气

把氧弹的弹盖放在专用架上，将燃烧皿放入燃烧皿架上，将点火丝两端分别紧绕在氧弹的两个电极上(注意:点火丝不可与燃烧皿相碰)。小心将氧弹盖盖好并拧紧。用万用电表检查两电极是否通路，若通路，则充氧(参阅11-4钢瓶和氧气的使用)。开始先充入少量 O_2(0.5 MPa)，然后将放气阀门打开(单头氧弹直接充氧气)，借以赶走弹中空气，最后关紧放气阀门，充气至1.0 MPa。充气后，再检查两电极是否通路和氧弹是否漏气。

4. 燃烧与测量温度

将氧弹放入内筒，用容量瓶量取3000 mL已调节到低于外套水温 1 ℃的自来水，倒入内筒中，水面应盖过氧弹，装好搅拌电动机，盖上盖子，将测温探头插入内筒水中。

把控制箱(图 16-7)上的电极插头插在氧弹两电极上，将测温探头插头插入控制箱后面的插口，打开电源开关。仪器自动显示内筒水温，按“搅拌”键，搅拌电动机开始运转，待 2～3 min 后，按“壹分”键，每隔 1 min 记录一次温度，连续记录 8 次水温(水温基本不变)。然后按“点火”键点火，同时按“半分”键，此时可观察到温度迅速上升，每 30 s 记录一次温度；当温度上升缓慢时，改为 1 min 记录一次温度；当温度升至最高点以后，再继续记录 10 次温度，停止实验。

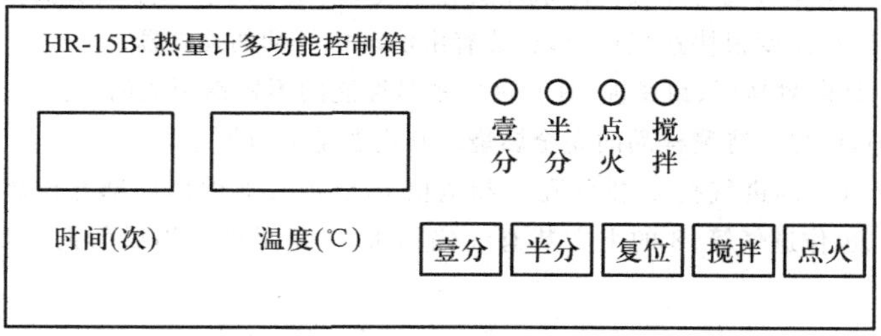

图 16-7 热量计多功能控制箱面板图

实验停止后，关掉电源，小心取出测温探头，拿出氧弹，打开氧弹排气孔，放出余气，最后旋下氧弹盖，检查样品燃烧情况。如氧弹中没有燃烧残渣，表示燃烧完全；如氧弹内有许多黑色残渣，表示燃烧不完全，实验失败，需重做。称量燃烧后剩余的点火丝，减去该质量。

最后用水冲洗氧弹、燃烧皿，擦干待用。重复测定，取平均值。

5. 测量未知样

用托盘天平称取两份 0.5 g 左右的萘，重复上述操作。

实验结束后，清洗氧弹、燃烧皿，擦干，清理压片机，倒出内筒中的水，擦干，将外筒中的水全部放出。

注意事项

(1) 样品不能压得过紧或过松。

(2) 注意判断点火是否成功，点火后温度没有变化，点火失败，关闭电源，取出氧弹，放出氧气，查找原因并排除。

五、数据处理

1. 采用雷诺作图法（见实验 16－2 中注释[1]），求燃烧前后 ΔT。

2. 计算热量计的热容 $C_{仪}$。

已知：苯甲酸的相对分子质量为 122.12，萘的相对分子质量为 128.2，苯甲酸在 25 ℃时的燃烧热为 3 228 kJ·mol^{-1}（或用试剂标示值）。点火丝（Ni 丝）的燃烧热为 3243 kJ·kg^{-1}。

3. 求出纯萘的燃烧热 Q_V 和 Q_p，要求相对误差不超过 3%。

注释

[1] 氧弹式热量计的主体是一个以空气层与外界隔离的绝热的内筒，也就是实验所研究的实际体系，其中氧弹是最重要的装置。内筒的下方有热绝缘垫片架起，上方有热绝缘胶木板覆盖，以减少对流与蒸发。体系外围有空气隔热层，以减少热辐射及控制环境温度恒定，为了使体系温度很快达到均匀，还装有由电动机带动的搅拌器。

[2] 氧弹是由耐高压、耐腐蚀、具有良好密封性能的不锈钢制成的。其中充以高压 O_2 或其他氧化剂，以保证待测样品的完全燃烧。其主要部分有厚壁圆筒 1、弹盖 2、螺帽 3，在弹盖上有灌入 O_2 的进气孔 4、排气孔 5 和电极 6，电极直通弹体内部并作燃烧皿 7 的支架，另一电极（也作进气管）8 的上方装有火焰挡板 9，以便将火焰反射向下，使弹体温度均匀。

思考题

1. 在本实验中，哪些是体系？哪些是环境？体系和环境之间有无热交换？
2. 开始加入内筒中的水的温度为什么要比环境温度低 1 ℃？否则有何影响？
3. 实验中哪些因素容易造成误差？

16－5 实验九十四 凝固点降低法测定摩尔质量和渗透压

一、目的要求

1. 掌握溶液凝固点的测定技术。

2. 学习和掌握用凝固点降低法测定萘的摩尔质量及计算萘溶液的渗透压的原理和方法。

二、实验原理

稀溶液具有依数性，稀溶液的渗透压和凝固点降低就是依数性的两种表现。根据溶液凝固点降低值可以测定溶质的摩尔质量并估算溶液的渗透压。

对于二组分稀溶液，其凝固点低于纯溶剂的凝固点，当溶剂的种类和数量确定后，凝固点降低值只与溶质粒子的数目有关，而与溶质的本性无关。

如果溶质在溶液中不发生缔合和分解，也不与固态纯溶剂生成固溶体。则根据热力学理论，可以导出稀溶液的凝固点降低值 ΔT_f 与溶质 B 的质量摩尔浓度(b_B)之间的关系为

$$\Delta T_f = T_f - T = K_f \times b_B \tag{16-8}$$

如果稀溶液由质量为 m_B 的溶质溶于质量为 m_A 的溶剂中而构成，则式(16－8)可写为

$$\Delta T_f = K_f \times \frac{1\,000\ \text{g}\cdot\text{kg}^{-1} m_B}{M \times m_A} \tag{16-9}$$

即

$$M = K_f \times \frac{10^3\ \text{g}\cdot\text{kg}^{-1} m_B}{\Delta T_f m_A} \tag{16-10}$$

式中：T_f——纯溶剂的凝固点(K)；

T——溶液的凝固点(K)；

K_f——溶剂的摩尔凝固点降低常数($\text{K}\cdot\text{kg}\cdot\text{mol}^{-1}$)；

M——溶质的摩尔质量($\text{g}\cdot\text{mol}^{-1}$)。

如果已知溶剂的 K_f 值，则可通过实验测出溶液的凝固点降低值 ΔT_f，利

用式(16－10)求出溶质的摩尔质量。

常见的溶剂 K_f 值见表 16－3。

根据溶液的凝固点降低值，还可以估算溶液的渗透压。如果溶液的渗透压 Π 以 kPa 表示，c 的单位：mol·L⁻¹，则

$$\Pi = cRT \quad 或 \quad \Pi = b_B \rho RT \tag{16-11}$$

将式(16－8)代入，则有

$$\Pi = \frac{\Delta T_f \rho RT}{K_f} \tag{16-12}$$

式中：R——摩尔气体常数，为 8.314 kPa·L·mol⁻¹·K⁻¹；

c——物质的量浓度(mol·L⁻¹)。

根据溶液的凝固点降低值 ΔT_f，利用式(16－12)即可算出溶液的渗透压 Π。

表 16－3　常用溶剂的 K_f 值

溶　剂	T_f/K	K_f/(K·kg·mol⁻¹)
水	273.15	1.86
苯	278.68	5.12
环己烷	279.69	20.2
乙酸	289.81	3.90
环己醇	298.35	39.3

凝固点降低的测定方法有多种，常用的是贝克曼法。

凝固点测定方法是将液体逐渐冷却，当液体温度达到并稍低于其凝固点时，结晶并不析出，这就是过冷现象。如果此时加以搅拌或加入晶种，则会很快出现晶体，并放出凝固热，使系统温度迅速回升。对于纯溶剂来说，在一定压力下，凝固点是固定不变的，因此只有当纯溶剂全部凝固后温度才会下降，故温度上升的最高点即为凝固点。对于溶液来说，凝固点不是一个恒定值，如将溶液缓慢冷却，其冷却曲线与纯溶剂的不同，如图 16－8。因此测量溶液凝固点时不能过冷很多，如过冷很多，则应测出冷却曲线，按图 16－8 中(b)所示的方法进行校正。

三、实验用品

1. 仪器

凝固点测定仪　　贝克曼温度计　　移液管(25 mL)

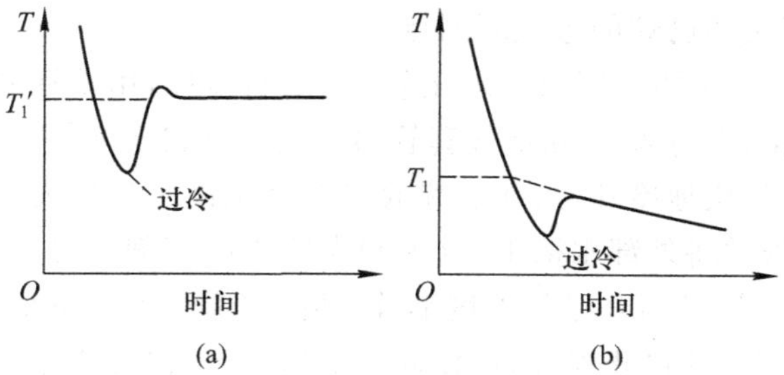

图 16-8　纯溶剂(a)和溶液(b)的冷却曲线

温度计(-10～100 ℃)　　放大镜　　烧杯(250 mL,500 mL)

分析天平　　电热板　　洗瓶　　洗耳球

2. 药品

环己烷(AR)　　萘(AR)

3. 其他

冰块

四、操作步骤

1. 调节贝克曼温度计

在环己烷的凝固点(6 ℃)时,使水银柱高度在刻度上部 4 ℃左右处。

2. 调节冷冻剂的温度

图 16-9 为凝固点测定仪。冷冻剂冰槽中装自来水和碎冰,使冷冻剂温度为 4～5 ℃,在实验过程中经常搅拌并不断补充碎冰,以保持在 4～4.5 ℃。

按图 16-9 装好凝固点测定仪。管 A、贝克曼温度计 D 及玻璃搅拌棒 E 均需洁净而干燥。

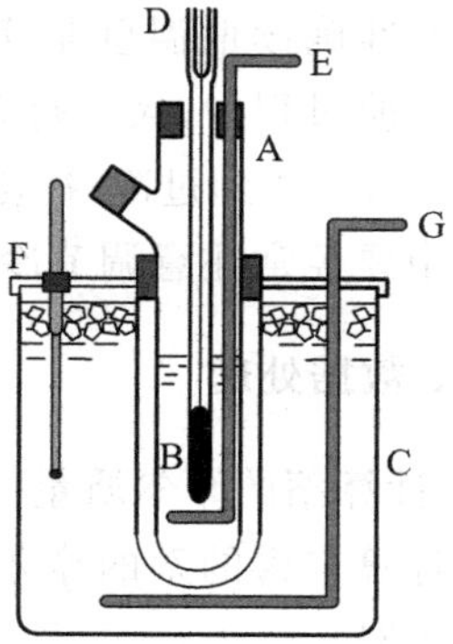

图 16-9　凝固点测定仪

A—盛溶液内管;B—空气套管;C—冰槽;D—贝克曼温度计;E—玻璃搅拌棒;F—冰槽内的温度计;G—冰槽搅拌棒

3. 测量环己烷的凝固点

(1) 测量环己烷的近似凝固点　用移液管吸取 25.00 mL 环己烷,加入管 A 中,塞上塞子,将管 A 直接插入冷却剂中,用冰槽搅拌棒 G 和玻璃搅拌棒 E 上下搅拌(注意不要碰到温度计),使环己烷逐渐冷却,同时观察贝克曼温度计上温度降低情况,当温度下降减慢几乎停顿时,此时管内若有固体析出(注意观察固体析出),则记录此温度读数，即是环己烷的近似凝固点。

(2) 测量环己烷的凝固点　取出管 A，不断搅拌，用手握管至微温，使管中固体完全熔化，再将管 A 和空气套管 B 同时放入冷冻剂中，用 G 和 E 迅速搅拌，使环己烷较快地冷却，当环己烷的温度降至高于近似凝固点 0.2 ℃时，迅速取出测定管并将外部水擦干，放入预先置于冷却剂中已冷却的空气套管 B 中。E 停止搅拌，此时环己烷温度继续下降，当温度低于近似凝固点 0.2 ℃时，用 E 迅速搅拌，G 停止搅拌，促使固体析出，此时温度先下降后迅速上升，直到读数稳定后，用放大镜读出最高温度并记录，即为环己烷的凝固点 T_f。

重复测定环己烷的凝固点三次，要求测得值的偏差不超过±0.005 ℃，取其平均值作为环己烷的凝固点。

4. 测定溶液的凝固点

取出管 A，在管中加入 0.10～0.12 g(准确至 0.000 2 g)事先已准确称量的萘(注意勿沾于管壁)，搅拌使其完全溶解，然后依上法先测定溶液的近似凝固点，再精确测定凝固点。重复三次，要求偏差不超过±0.005 ℃，取其平均值。

注意事项

(1) 使用贝克曼温度计要特别小心。温度计调好后，在整个测定过程中，温度计水银球中水银量要保持不变。

(2) 测量的准确性很大程度上取决于搅拌溶液的技术，在整个实验过程中应不断地搅拌，搅拌速率为:E 约每秒一次，G 约每分钟十几次。

(3) 准确读取温度是实验的关键，应用放大镜读准至小数点后第 3 位。在整个实验过程中，大约每 30 s 读取一次温度。

(4) 为了做到过冷，冷冻剂温度需调节至低于待测液凝固点 1～2 ℃。实验过程中要经常注意调节冷冻剂温度。

五、数据处理

1. 计算萘的摩尔质量

将计算求得的萘的摩尔质量与文献值比较，并求其相对误差，要求误差不超过±3%。

2. 计算该浓度下溶液的渗透压

思考题

1. 什么是过冷现象？怎样利用过冷现象来确定溶剂和溶液的凝固点？

2. 为什么凝固点测定仪的盛溶液内管 A、贝克曼温度计 D 及玻璃搅拌棒 E 不能带有水分?

3. 在降温过程中,若发现管中已有固体析出(即没有出现过冷现象),是否还会有温度回升现象?

16-6 实验九十五 液体饱和蒸气压的测定

一、目的要求

1. 掌握测定液体饱和蒸气压的实验原理和技术。
2. 学会用图解法求算所测温度范围内液体的平均摩尔汽化热。
3. 熟悉恒温水浴的结构及使用方法。

二、实验原理

在一定温度下,液体与其自身的蒸气达到气液平衡时蒸气的压力,称为该液体在该温度下的饱和蒸气压(简称蒸气压)。液体饱和蒸气压的大小与液体的种类和温度有关。蒸气压是温度的函数,温度升高蒸气压增大。当蒸气压等于外压时,液体开始沸腾,此时的温度称为该液体的沸点。外压为 101.325 kPa 时的沸点称为该液体的正常沸点。

液体饱和蒸气压 p 与热力学温度 T 的关系可用克劳修斯-克拉贝龙方程表示:

$$\frac{\mathrm{d}\ln p}{\mathrm{d}T}=\frac{\Delta_{\mathrm{vap}}H_{\mathrm{m}}}{RT^2} \tag{16-13}$$

式中:p——液体在温度 T 时的饱和蒸气压(Pa);

T——热力学温度(K);

$\Delta_{\mathrm{vap}}H_{\mathrm{m}}$——温度 T 时液体的摩尔汽化热($\mathrm{J\cdot mol^{-1}}$);

R——摩尔气体常数($8.314\ \mathrm{J\cdot mol^{-1}\cdot K^{-1}}$)。

当温度变化范围不大时,$\Delta_{\mathrm{vap}}H_{\mathrm{m}}$ 可看作常数,式(16-13)积分得

$$\ln p=-\frac{\Delta_{\mathrm{vap}}H_{\mathrm{m}}}{R}\cdot\frac{1}{T}+C \tag{16-14}$$

式中:C——积分常数。

从式(16-14)可知,以 $\ln p$ 对 $\frac{1}{T}$ 作图可得一条直线,直线的斜率为

$-\dfrac{\Delta_{vap}H_m}{R}$，根据斜率即可计算出实验中液体的平均摩尔汽化热。

测定液体饱和蒸气压一般有三种方法：静态法、动态法和饱和气流法，但以静态法准确性较高。本实验采用静态法，即将待测液体放在一个密闭的体系中，在不同温度下直接测量其饱和蒸气压，或在不同外压下，测定液体的沸点。

实验中使用平衡管玻璃仪器进行测量，装置如图（16－10）。平衡管由三个连通的玻璃管 a，b，c 组成，a 管内装入待测液体，b，c 管下部相通，也装有该待测液。实验时，a，c 管上部相连部分应充满纯的待测液体的蒸气，b，c 管的液面处于同一水平面时，则表示 a，c 管上面的蒸气压与 b 管液面上的外压相等。此时液体的温度即是体系的气液平衡温度（由恒温控制器读数得到），该压力即为该液体在此温度下的饱和蒸气压（由数字压力计读数得到）。

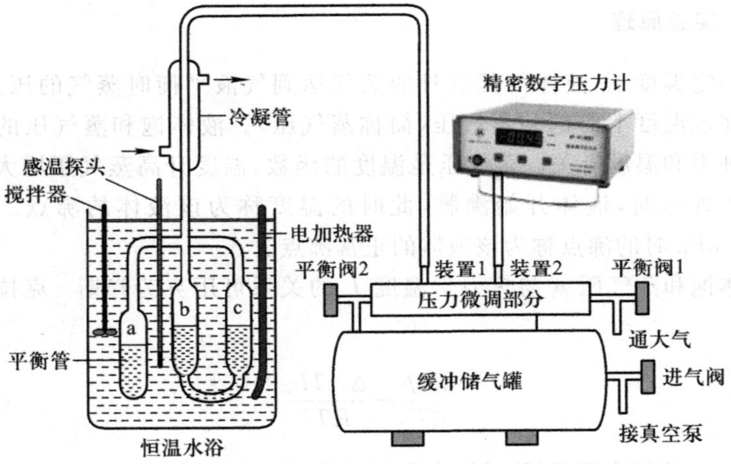

图 16－10　纯液体饱和蒸气压测定装置示意图

三、实验用品

1. 仪器

SYP－Ⅱ玻璃恒温水浴　DP－AF 精密数字压力计　带冷凝管的平衡管　缓冲储气罐　真空泵

2. 药品

无水乙醇（AR）

3. 其他

橡胶管

四、操作步骤

本实验有两种方法，可任选其一。

1. 不同外压下测定乙醇的沸点

(1) 装置仪器

按图 16-10 所示连接好装置。设置水浴温度为 80 ℃，回差 0.1，加热。

视频：设置水浴温度

真空泵用于降低系统的压力，缓冲储气罐起稳定和调节系统压力的作用，缓冲储气罐通过调节阀既可通大气也可通真空泵。平衡管上口和数字压力计用橡胶管分别与缓冲储气罐微调部分的两个接口连接，真空泵抽气嘴用橡胶管与缓冲储气罐进气阀处的接嘴连接。

平衡管装液体：将平衡管洗净烘干，从 b 管上口加入乙醇，使 a 管内液体高度约占 a 管总高度的 2/3，b，c 管内液体约占各自体积的 1/2。

(2) 检查仪器是否漏气

视频：检查仪器是否漏气

接通电源，关闭缓冲储气罐的进气阀、平衡阀 2 和平衡阀 1（系统与外界大气断开）。开动真空泵，打开进气阀，缓慢打开平衡阀 2（系统与缓冲储气罐相通），降低系统的压力，当系统压力降低 70 kPa 时，关闭进气阀，然后关闭真空泵。观察数字压力计的读数，若在 5 min 内无变化则表示无漏气现象；若有变化则说明系统漏气，应仔细检查各连接口处的密封性，直到不漏气为止。检查完毕，关闭平衡阀 2（系统与缓冲储气罐断开），缓慢打开平衡阀 1，使系统与外界大气相通。

(3) 除去 a，c 管内空气

将平衡管全部浸入水浴中，接通冷却水，开启水浴搅拌器。随着温度升高，平衡管内不断有气泡从 b 管中冒出，此为乙醇蒸气和 a，c 管内空气。当恒温水浴的温度达到 80 ℃时，停止加热，恒温 5 min，使 a，c 管内的空气被赶净，保证 a，c 管内的气体是纯的乙醇蒸气。若 a，c 管内存有部分空气，则 a，c 管内液面上的气相压力并非纯的乙醇蒸气压，而是乙醇和空气的压力之和。

(4) 大气压下乙醇沸点的测定

除去 a，c 管内的空气后，停止加热，不断降低水浴温度，当降低到一定程度时，气泡逐渐消失，c 管液面开始上升，同时 b 管液面下降。当 b，c 两管的液面达到同一水平面时，立即记录此时的温度 t_1 和大气压力。

重复(3)，(4)两步操作。记录温度 t_2，若两次测定的温度一致，压力计按"采零"键采零，迅速关闭平衡阀 1，并调节平衡阀 2，缓慢进行减压，防止空气倒灌，进行下面的实验。若测定温度不一致，则说明 a，c 管内空气没有赶净，必须重复上述操作直至赶净空气为止。

(5) 不同压力下乙醇沸点的测定

调节平衡阀 2,使系统缓慢减压,当系统压力比大气压降低 5～7 kPa 时,立即关闭平衡阀 2,液体将重新沸腾,又有气泡从平衡管冒出,继续降低水温。当温度降低到一定程度时 b,c 液面将处于同一水平面,记录此时的温度及数字压力计的读数 Δp(减压时显示负值)。

重复上述操作,每次使系统减压 5～7 kPa,直到水浴温度下降至 55℃左右,停止实验。并再次读取大气压力。

注意:实验中当 b,c 管液面处于同一水平面时应立即进行降压,以免空气从 b 管进入到 c 管中。实验时要求熟练掌握每步操作,动作要迅速,两名同学必须密切配合,分工协作。

2. 不同温度下测定乙醇的饱和蒸气压

(1) 装置仪器

仪器装置连接如图 16-10 所示。

(2) 检查漏气

将乙醇装入平衡管,检查系统是否漏气。

(3) 除去 a,c 管内空气

将平衡管浸入水浴中,接通冷却水,开启水浴搅拌器并进行加热,使其比室温高 2～3℃。压力计采零,关闭平衡阀 1,开启真空泵,打开进气阀。小心调节平衡阀 2,使系统与缓冲储气罐相通缓慢减压,当系统压力降低 95 kPa 时,关闭进气阀,然后关闭真空泵。当平衡管内乙醇沸腾时,平衡管内不断有气泡从 b 管冒出,维持几分钟,空气被赶净。

(4) 不同温度下压力的测定

除去 a,c 管内的空气后,缓慢调节平衡阀 1(可在此处接一个软橡胶管,用于调节空气的进入量),使系统与外界大气相通,缓慢地增大系统的压力,此时气泡逐渐消失,c 管液面开始上升,b 管液面下降。当 b,c 两管液面达到同一水平面时,记录此时的温度及数字压力计的读数。

再开启真空泵,在相同的温度下重新减压,通过平衡阀 1 增压后,记录平衡管 b,c 管液面达同一水平面时的压力和温度。若两次测定的压力和温度一致,证明空气被赶净,可进行下面的实验。

恒温水浴温度升高 4℃,调节平衡阀 1,使系统与外界大气相通,缓慢增压。当压力增大到一定程度时 b,c 液面将处于同一水平面,记录此时的温度及数字压力计的读数。

重复上述操作,每次使恒温水浴温度升高 4℃左右,直到水浴温度至 50℃左右,停止实验。

五、数据处理

1. 数据记录

室温：__________℃　　实验开始时大气压：__________ kPa

实验结束时大气压：__________ kPa　　大气压平均值：__________ kPa

编号	温度		数字压力计读数 Δp/kPa	饱和蒸气压/kPa	$\frac{1}{T}$/(10^{-3} K^{-1})	ln(p/kPa)
	t/℃	T/K		$p=\bar{p}_{大气}+\Delta p$		
1						
2						
3						
4						
5						
6						
7						
8						
9						

2. 以 $\ln p$ 对 $1/T$ 作图得一直线，由直线斜率求出乙醇在实验温度范围内的平均摩尔汽化热。

3. 在 $\ln p-1/T$ 图中，外推到压力为 101.325 kPa 时乙醇液体的沸点。

思考题

1. 本实验的装置中，缓冲储气罐的作用是什么？

2. 实验中为什么要赶净 a，c 管液面上的空气，若 a，c 管液面上有空气则对实验有何影响？实验中是如何赶净空气的？

3. 本实验的两种测定方法各自的优缺点是什么？试总结说明。

16－7 实验九十六 双液系的气液平衡相图

一、目的要求

1. 绘制环己烷－异丙醇双液系的沸点－组成图，并由图形确定其恒沸点及恒沸组成。

2. 学习和掌握阿贝折射仪的原理及使用方法。

二、实验原理

常温下，两种液态物质以任意比例相互溶解所组成的体系称为完全互溶双液系。在恒定压力下，表示溶液沸点与组成关系的相图称为沸点-组成图，即为 $t-x$ 相图。完全互溶双液系的 $t-x$ 图可分为三类：

(1) 理想双液系，溶液沸点介于两纯物质沸点之间如图 16-11(a)；

(2) 各组分对拉乌尔定律发生很大正偏差，溶液具有最低恒沸点如图 16-11(b)；

(3) 各组分对拉乌尔定律发生很大负偏差，溶液具有最高恒沸点如图 16-11(c)。

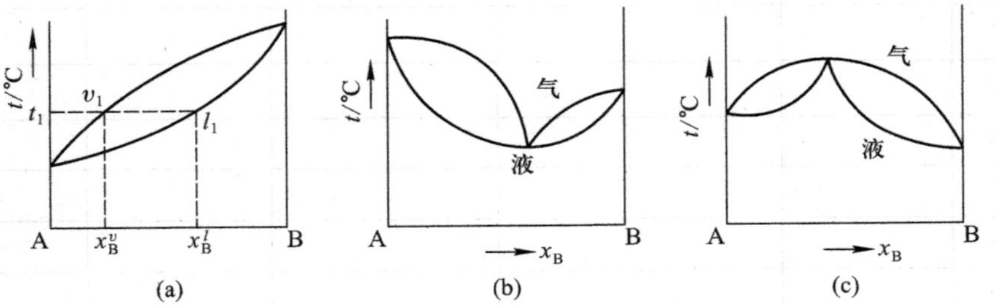

图 16-11 沸点-组成图

图中纵坐标代表溶液的沸点，横坐标代表溶液的组成。(2)，(3)两类溶液在最低或最高恒沸点时气液两相组成相同，此时进行简单的反复蒸馏只增加气相总量，而气液两相组成和溶液沸点均保持不变。此时的温度称为溶液的恒沸温度即恒沸点，相应的组成为恒沸组成。理论上，第(1)类二元混合物可用一般精馏法分离出两种纯物质，第(2)，(3)两类混合物只能分离出一种纯物质和恒沸混合物。

绘制双液系的 $t-x$ 图，需要同时测定气液平衡时溶液的沸点及气相组成、液相组成数据。例如，图 16-11(a)中，与沸点 t_1 对应的气相组成是气相线上 v_1 点对应的 x_B^v，液相组成是液相线上 l_1 点对应的 x_B^l。实验测定整个浓度范围内不同组成溶液的气液相平衡组成和沸点后，即可绘出 $t-x$ 图。

实验操作使用沸点测定仪如图 16-12 所示，它是一个带有两个支管的长颈圆底烧瓶。其中一个支管接有回流冷凝管，冷凝管底部有一球形小液槽，用来收集气相冷凝的样品。另一支管带有磨口塞，用于液相样品的吸取。烧瓶底部直接安装一根电热丝，通过恒流电源控制直接加热液体，以避免或减少溶液的过热和暴沸现象。测量温度计安装时应将水银球的一半浸没在液体中，另一半露在液面上，并置于电热丝之上，这样测得的温度即为气液两相的平衡温度。随着实验的进行，应随时调节温度计的位置。

用阿贝折射仪测定气液两相的组成时，先在恒定温度下测定一系列已知浓度溶液的折射率，绘制出折射率-组成图(即标准曲线)。然后测得未知浓度溶液的折射率，就可从曲线上查出相对应的组成。

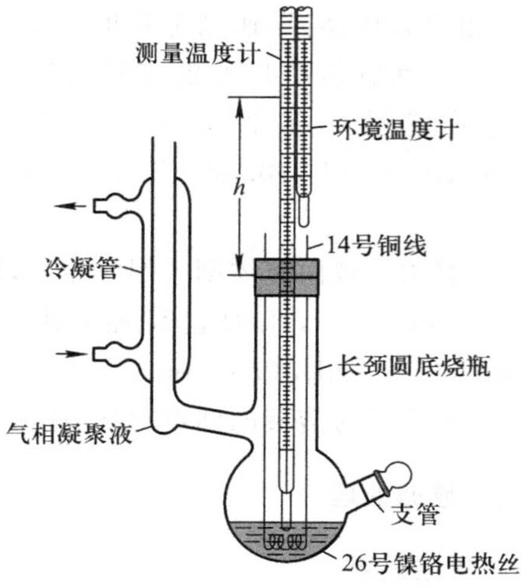

图 16-12 沸点测定仪

三、实验用品

1. 仪器

沸点测定仪　阿贝折射仪　调压器　超级恒温水浴　滴管(长、短)　吸量管(1 mL，5 mL，10 mL)　移液管(25 mL)　温度计(100 ℃，1/10 ℃)　洗瓶　洗耳球　玻璃仪器气流烘干器

动画：阿贝折射仪的使用

2. 药品

环己烷(AR)　异丙醇(AR)　丙酮(AR)

3. 其他

擦镜纸

四、操作步骤

1. 绘制标准曲线

在 25 ℃时，用阿贝折射仪分别测定纯环己烷和异丙醇及物质的量分数分别为 0.20，0.40，0.50，0.60，0.80 的异丙醇溶液的折射率。

2. 溶液沸点及气、液两相组成的测定

(1) 将洗净烘干的沸点测定仪按图 16-12 装好，由支管加入 25 mL 异丙醇，接通冷却水，接通电源，逐渐加大电流，使液体缓慢加热至沸腾。回流并观察温度计的变化，待温度稳定后再维持 3～5 min。记录温度计的读数和露茎温度及大气压，冷却后用干燥的长胶头滴管从冷凝管上端吸取小液槽中的气相冷凝样品，迅速测定其折射率，同时停止加热，冷却液相，然后用干燥的短胶头滴管从磨口塞的支管吸取圆底烧瓶中的液相样品测定其折射率。按上述操作步骤分别测定加入 1.00 mL，2.00 mL，3.00 mL，4.00 mL，5.00 mL，10.00 mL 环己烷时溶液的沸点及其气、液两相的折射率。

(2) 将沸点仪内液体倒入回收瓶中，用少量环己烷润洗沸点仪三次（或将其烘干）。再取 25 mL 环己烷加入沸点仪中，按(1)中步骤分别测定加入 0.00 mL，0.20 mL，0.50 mL，1.00 mL，2.00 mL，3.00 mL，4.00 mL，5.00 mL异丙醇时溶液的沸点及气、液两相的折射率。

五、数据处理

1. 数据记录

室温：__________℃　　大气压：__________ kPa

阿贝折射仪校正值：__________

(1) 标准曲线

$x_{异丙醇}$	0.00	0.20	0.40	0.50	0.60	0.80	1.00
n_D^{25}							

(2) 环己烷－异丙醇溶液沸点及气、液两相的平衡组成

样品	每次加入环己烷的量/mL	沸点/℃	液相		气相	
			n_D^{25}	$x_{异丙醇}$	n_D^{25}	$x_{异丙醇}$
25 mL 异丙醇	0.00					
	1.00					
	2.00					
	3.00					
	4.00					
	5.00					
	10.00					

续表

样品	每次加入异丙醇的量/mL	沸点/℃	液相		气相	
			n_D^{25}	$x_{异丙醇}$	n_D^{25}	$x_{异丙醇}$
25 mL 环己烷	0.00					
	0.20					
	0.50					
	1.00					
	2.00					
	3.00					
	4.00					
	5.00					

2. 将1中数据处理后绘制成标准曲线。

3. 利用标准曲线确定气、液两相组成。

4. 利用沸点及对应两相组成绘制 $t-x$ 图，并确定该体系的恒沸温度及恒沸组成。

思考题

1. 操作过程中加入不同体积的各组分时如发生了微小偏差，对相图的绘制有无影响？为什么？
2. 使用阿贝折射仪时要注意什么？
3. 如何判断气、液两相是否处于平衡？

16-8 实验九十七 二组分金属相图的绘制

一、目的要求

1. 学会用热分析法(步冷曲线法)测绘 Bi-Sn 二组分金属相图。
2. 了解固液相图的特点，进一步学习和巩固相律等有关知识。
3. 掌握热电偶测量温度的基本原理。
4. 掌握金属相图实验炉的使用方法。

二、实验原理

比较简单的二组分金属相图主要有三种：一种是液相完全互溶，凝固后固相也能完全互溶成固体混合物的系统，最典型的为 Cu-Ni 系统；另一种是液相完全互溶而固相完全不互溶的系统，最典型的是 Bi－Cd 系统；还有一种是液相完全互溶，而固相是部分互溶的系统，如 Pb－Sn 系统，本实验研究的 Bi－Sn系统就是这一种。在低共熔温度下：Bi 在固相 Sn 中最大溶解度为 21％(质量分数)。

热分析法是绘制相图的基本方法之一。它是利用金属及合金在加热和冷却过程中发生相变时，潜热的释放或吸收及热容的突变，来得到金属或合金中相转变温度的方法。

通常的做法是先将金属或合金全部熔化，然后让其在一定的环境中自然冷却，并在记录仪上自动画出(或人工画出)温度随时间变化的步冷曲线，如图 16－13 所示。

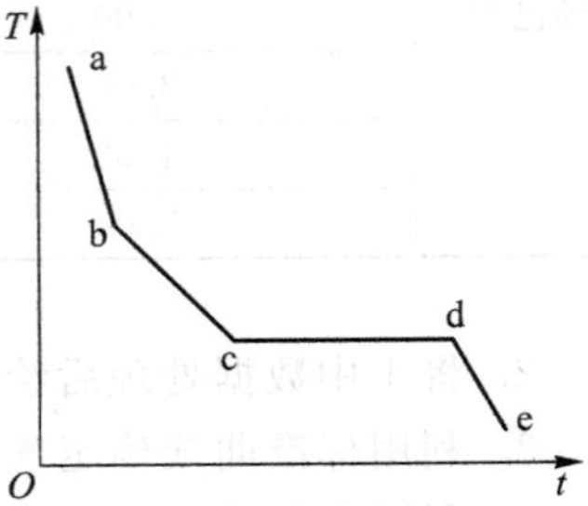

图 16－13 步冷曲线

当熔融的系统均匀冷却时，如果系统不发生相变，则系统的冷却温度随时间的变化是均匀的，冷却速率较快(如图 16－13 中 ab 线段)；如果在冷却过程中发生了相变，由于在相变过程中伴随着放热效应，所以系统的温度随时间变化的速率发生改变，系统的冷却速率减慢，步冷曲线上出现转折(如图 16－13 中 b 点)。当熔液继续冷却到某一点时(如图 16－13 中 c 点)，此时熔液系统以低共熔混合物的固体析出。在低共熔混合物全部凝固以前，系统温度保持不变。因此步冷曲线上出现水平线段(如图 16－13 中 cd 线段)；当熔液完全凝固后，温度才迅速下降(如图 16－13 中 de 线段)。由此可知，对组成一定的二组分低共熔混合物系统，可以根据它的步冷曲线得出有固体析出的温度和低共熔点温度。根据一系列组成不同的系统的步冷曲线的各转折点，即可画出二组分系统的相图(温度－组成图)。不同组成熔液的步冷曲线对应的相图如图 16－14 所示。用热分析法(步冷曲线法)绘制相图时，被测系统必须时时处于或接近相平衡状态，因此冷却速率要足够慢才能得到较好的结果。

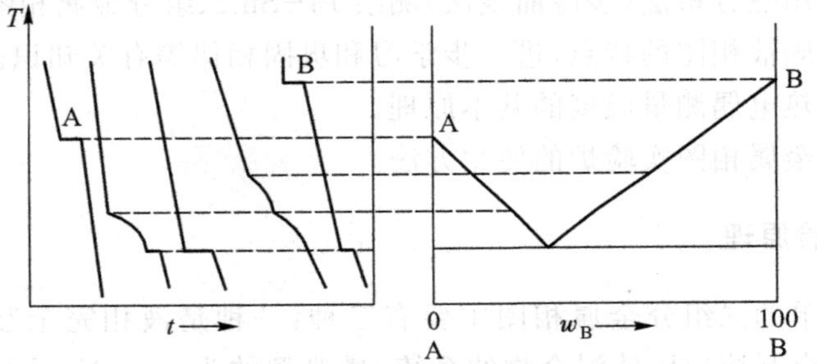

图 16－14 步冷曲线与相图

三、实验用品

1. 仪器

铂电阻 JXL-2 型金属相图实验炉 计算机控制器

硬质玻璃样品管 托盘天平 不锈钢套管 玻璃棒

2. 药品

纯锡(AR) 纯铋(AR) 石墨粉或液体石蜡

3. 其他

橡胶塞

四、操作步骤

1. 样品的配制

用托盘天平称取样品(准确至 0.1 g),配制铋含量(质量分数)为 10%、25%、57%、70%、90%的 Bi-Sn 混合物和纯锡、纯铋各 40 g,分别放入七个样品管中。样品上覆盖一层石墨粉或液体石蜡以防止金属氧化。

2. 仪器的安装与调试

按照图 16-15 所示连接好炉体电源线、控制器电源、铂电阻电源(引线中两根蓝线合并在一起接同一接线柱上)[1],插好计算机控制器,拨码开关设置为“000”。

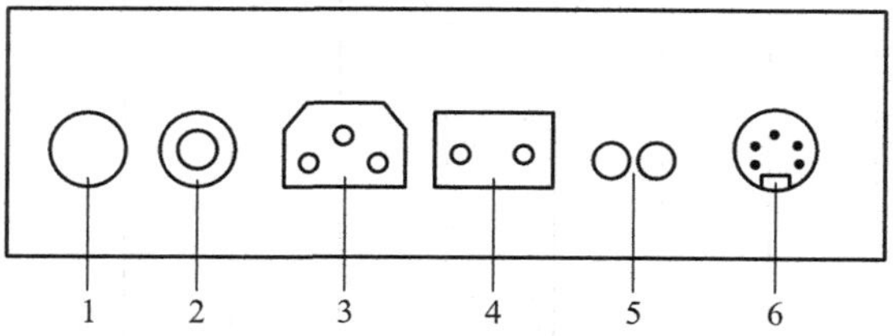

图 16-15 计算机控制金属相图实验炉接线示意图

1—接地线;2—保险丝;3—炉体电源插座;4—控制器插座;5—铂电阻插座;6—五芯插座

3. 测量样品的步冷曲线

(1) 将不锈钢套管插入样品管内,要注意插入深度。然后将样品管放入炉体内。向后掀起加热炉约 60°,看到炉底暗开关并将其拨到“OFF”的位置。

(2) 将铂电阻放在炉体外,接通电源 2 min,观察数码管温度示数是否和室温相吻合。如不吻合需要进行校正。

(3) 将铂电阻插入不锈钢套管中。设置拨码开关示数为 160 ℃,按下复位键,加热灯亮,转动炉体上黑色电位器,调节加热电压[2]。电压调节时可先调为较大，然后逐渐减小。当计算机控制器温度接近于 270 ℃时可调节加热电压为零。

(4) 当温度升到最高温度时(约 300 ℃)迅速拔出橡胶塞，用玻璃棒搅拌样品管内的样品。动作要轻，防止弄破样品管，然后重新塞上橡胶塞。也可以提起样品管左右倾斜摇晃几次。

(5) 待温度降到需要记录的温度值时(如 280 ℃)[3]，按四次定时键，数码管显示“60 s”，即 60 s 报时一次，记录时间和温度值。当温度降到平台以下，停止记录。拨码开关置于“000”位。取出铂电阻放在炉体外冷却[4]。

按照上述步骤，测定系列 Bi－Sn 混合物的温度－时间曲线。

五、数据处理

1. 数据记录

铋含量(质量分数)													
0%		10%		25%		57%		70%		90%		100%	
T/℃	t/min	T/℃	t/min	T/℃	t/min	T/℃	t/min	T/℃	t/min	T/℃	t/min	T/℃	t/min

以温度为纵坐标，时间为横坐标，作出各组分的步冷曲线。

2. 在步冷曲线上找出各组分的熔点温度，以温度为纵坐标，组成为横坐标，作出 Bi－Sn 二组分金属相图，并表示出各区域的相数、自由度和意义等。

注释

[1] 金属相图实验炉应放置在耐火的材料(瓷砖、防火板等)上,防止火灾事故。工作时,实验人员不能离开。炉底暗开关在“ON”位置时,由于炉子升温不受控制器控制,极易烧坏炉子,一定要注意。

[2] 测试时,如果发现温度超过 400 ℃还在上升,应立即抽出铂电阻放到炉体外冷却。随后抽出样品管冷却,排除故障后再通电。实验中所用铂电阻最高使用温度为 500 ℃,样品管的最高使用温度为 800 ℃。

[3] 在体系冷却过程中总组成不能发生变化,要防止挥发、氧化或熔入其他杂质等。

[4] 处于高温下的样品管和铂电阻不能放置在瓷砖或其他金属板上。不用时应用软布裹好放在木盒中保存。

思考题

1. 试用相律分析各步冷曲线上出现平台的原因。
2. 何谓步冷曲线法?用步冷曲线法测绘相图时,应注意哪些问题?
3. 为什么在不同组分融熔液的步冷曲线上,最低共熔点的水平线段长度不同?

16-9 实验九十八 分配系数及平衡常数的测定

一、目的要求

1. 测定碘在 CCl_4 和水中的分配系数。
2. 利用分配系数测定 I_2 和 I^- 反应的平衡常数。

二、实验原理

在一定温度和压力下,某溶质在互不相溶的两种溶剂中,达到分配平衡后,其浓度比为一定值,这个比值称为分配系数:

$$K = c_2 / c_1$$

式中:c_1——某溶质在溶剂 1 中的浓度($mol \cdot L^{-1}$);

c_2——某溶质在溶剂 2 中的浓度($mol \cdot L^{-1}$)。

当 I_2 溶于碘化物溶液中,会建立下列平衡关系:

$$I_2 + I^- \rightleftharpoons I_3^-$$

其标准平衡常数 $K_c^{\ominus}$ 为

$$K_c^{\ominus}=\frac{c(I_3^-)/c^{\ominus}}{c(I_2)/c^{\ominus}\cdot c(I^-)/c^{\ominus}} \tag{16-15}$$

为了计算平衡常数，应在不破坏其平衡状态的条件下测定各物质的平衡浓度。在本实验中，如采用碘量法以 $Na_2S_2O_3$ 标准溶液直接滴定溶液中的 I_2 是不行的，因为随着标准溶液的不断加入，I_2 的浓度不断减小，原来建立好的平衡被破坏，I_3^- 不断发生分解，直至 I_3^- 全部分解完为止。这样测得的 I_2 量实际上是 I_2 和 I_3^- 量之和。

为了测定平衡体系中各物质的平衡浓度，可以借助于分配定律来完成这一工作，即在原来的水溶液体系中，加入与水不相溶的 CCl_4，这样便会建立多相平衡。

KI 和 KI_3 不溶于 CCl_4 中，而 I_2 既可溶于水中，又可溶于 CCl_4 中，也就是说水相中的 I_2 不仅和 KI，KI_3 建立平衡，而且与 CCl_4 相中的 I_2 也建立了平衡。

$$\begin{array}{lcl} KI+I_2 \rightleftharpoons KI_3 & & (水相) \\ \quad\ \Updownarrow & & \\ \quad\ I_2 & & (CCl_4\ 相) \end{array}$$

在本实验中，先求出 I_2 在 CCl_4 和水中的分配系数 K（只需分别测定 I_2 在 CCl_4 和纯水中的浓度就可求出），然后将一定量已知浓度的 KI 溶液与含有 I_2 的 CCl_4 溶液在定温下摇动，待平衡后静置分层。在相同温度下，用碘量法测定 CCl_4 层中 I_2 的浓度，根据分配系数 K，即可算出水层中 I_2 的浓度 $c(I_2)$，然后吸取上层水溶液，用 $Na_2S_2O_3$ 标准溶液滴定其中碘的总量[1]［即 $c(I_2)+c(I_3^-)$］，由此可以计算出 $c(I_3^-)$：

$$c(I_2)+c(I_3^-)-c(I_2)=c(I_3^-)$$

由于在水层中 I_2 与水中 KI 化合生成 I_3^-（每减少 1 mol I^-，则生成 1 mol I_3^-），因此水层中 $c(I^-)+c(I_3^-)$ 与原来 KI 的浓度相同，所以只要将原来的 KI 浓度［$c(I^-)+c(I_3^-)$］减去 $c(I_3^-)$ 即得 $c(I^-)$。至此可按式（16－15）求得平衡常数 $K_c^{\ominus}$。

三、实验用品

1. 仪器

动画：碱式滴定管

恒温水浴锅（多孔）　移液管（50 mL）　吸量管（5 mL，10 mL）
量筒（10 mL）　锥形瓶（250 mL）　碱式滴定管（50 mL）　碘瓶（250 mL）
分析天平　洗瓶　洗耳球　玻璃仪器气流烘干器

2. 药品

0.01 mol·L^{-1} $Na_2S_2O_3$ 标准溶液　　1%淀粉　　CCl_4(AR)

0.1 mol·L^{-1} KI 标准溶液　　碘的 CCl_4 饱和溶液

四、操作步骤

1. 配制溶液

按下表所列数据，分别在三个碘瓶中，用移液管及吸量管准确配制溶液。

动画:排气泡

编号	1	2	3
$V(H_2O)$/mL	200	50	0
$V(KI)$/mL	0	50	100
$V(CCl_4)$/mL	0	5	0
$V(I_2$ 的 CCl_4 饱和溶液)/mL	25	20	25

动画:读数

2. 分析测定

(1) 将配制好的溶液置于 25 ℃恒温水浴中，每隔 10 min 将碘瓶取出振荡一次，取出时间不要超过 1 min，经过 40 min 后，按下表所列数据吸取样品进行分析。

动画:移液管的使用

(2) 分析水相中的 I_2 时，用 $Na_2S_2O_3$ 标准溶液直接滴定至淡黄色，然后加入 2 mL 淀粉指示剂，继续滴定至淡蓝色恰好消失为止。记录所消耗的 $Na_2S_2O_3$ 标准溶液的体积 $V(Na_2S_2O_3)$。

(3) 取 CCl_4 相样品时，用洗耳球使移液管鼓泡通过水相而进入 CCl_4 相，以免水相进入移液管中。将 CCl_4 相样品放入预先盛有 5～10 mL 蒸馏水的锥形瓶中，滴定过程中必须不断振荡，以使 CCl_4 相中的 I_2 全部进入到水相中，使 I_2 和 $Na_2S_2O_3$ 标准溶液充分反应，滴定至 CCl_4 相红色较淡时加入 2 mL 淀粉溶液，再滴定至水相蓝色消失，CCl_4 相不再显现红色为止。记录所消耗的 $Na_2S_2O_3$ 标准溶液的体积 $V(Na_2S_2O_3)$，注意废液应倒入回收瓶中。

五、数据处理

1. 数据记录

实验温度:____________℃　　大气压:____________kPa

$c(KI)$=____________mol·L^{-1}　$c(Na_2S_2O_3)$=____________mol·L^{-1}

编号			1	2	3
CCl_4 相	分析取样体积/mL		2.00	5.00	5.00
	$V(Na_2S_2O_3)$/mL	1			
		2			
		平均			
	$c/(mol\cdot L^{-1})$				
水相	分析取样体积/mL		50.00	10.00	10.00
	$V(Na_2S_2O_3)$/mL	1			
		2			
		平均			
	$c/(mol\cdot L^{-1})$				

2. 根据 1 号样品滴定结果，计算出碘在水相和 CCl_4 相中的分配系数。

3. 根据 2，3 号样品分别计算 I_2 与 I^- 的平衡常数。

注释

[1] 滴定时反应方程式：$2Na_2S_2O_3 + I_2 = 2NaI + Na_2S_4O_6$

思考题

1. 测定分配系数的意义是什么？
2. 测定分配系数和平衡常数为什么要严格控制温度？
3. 取各相样品时应注意什么问题？

16-10 实验九十九 甲基红的解离平衡常数的测定

一、目的要求

1. 测定甲基红的解离平衡常数。
2. 进一步掌握分光光度计和 pH 计的使用方法。

二、实验原理

甲基红的分子式为（对二甲氨基-邻羧基偶氮苯）：

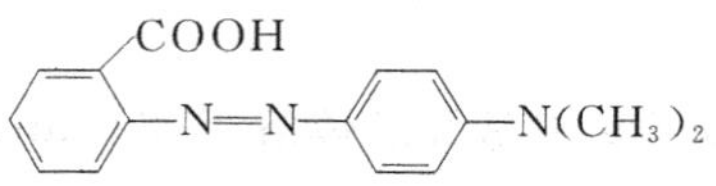

它是一种弱酸型的酸碱指示剂，具有酸（HMR）和碱（MR^-）两种形式，在溶液中部分解离，在碱性溶液中呈黄色，酸性溶液中呈红色。在酸性溶液中以两种形式存在：

$$HMR \rightleftharpoons H^+ + MR^-$$

解离平衡常数：

$$K_a^\ominus = \frac{c(H^+)/c^\ominus \cdot c(MR^-)/c^\ominus}{c(HMR)/c^\ominus}$$

$$pK_a^\ominus = pH - \lg[c(MR^-)/c(HMR)]$$

两者在可见光谱范围内具有强的吸收峰，溶液离子强度的变化对酸解离平衡常数的影响不大，而且在乙酸和乙酸钠缓冲体系中就能在 pH＝4～6 的范围内改变颜色，所以 $c(MR^-)/c(HMR)$ 的比值可以用分光光度法测定计算。

对一个化学反应平衡体系，由朗伯－比尔定律可得甲基红溶液中总的吸光度为

$$A_1 = \kappa_{1,HMR}\, c(HMR) b + \kappa_{1,MR^-}\, c(MR^-) b$$

$$A_2 = \kappa_{2,HMR}\, c(HMR) b + \kappa_{2,MR^-}\, c(MR^-) b$$

式中：

A_1, A_2——分别为在 HMR 和 MR^- 的最大吸收波长处所测得的总的吸光度；

$\kappa_{1,HMR}, \kappa_{1,MR^-}, \kappa_{2,HMR}, \kappa_{2,MR^-}$——分别为 HMR 和 MR^- 在波长 λ_1, λ_2 下的摩尔吸收系数；

b——吸收池厚度。

各物质的摩尔吸收系数值可以由作图法求得。配制 pH≈2 的各种浓度的甲基红酸性溶液，在波长 λ_1 分别测定各溶液的吸光度，然后对浓度作图，得到一条通过原点的直线，由直线的斜率可以计算 $\kappa_{1,HMR}$ 值。其余各摩尔吸收系数的求法相似。这样就可以计算 $c(MR^-)/c(HMR)$ 的相对量。再测出溶液的 pH，由 $pK_a^\ominus = pH - \lg[c(MR^-)/c(HMR)]$ 计算 $pK_a^\ominus$ 值。

三、实验用品

1. 仪器

可见分光光度计　pH 计　滴管　洗瓶　洗耳球　容量瓶（25 mL，100 mL）　移液管（10 mL，25 mL）　吸量管（5 mL，10 mL）　吸收池（1 cm）　烧杯（50 mL）　pH 复合电极

2. 药品

甲基红储备溶液　0.5 g 甲基红晶体溶于 300 mL 95%的乙醇中，用蒸馏水稀释至 500 mL。

甲基红标准溶液　取 8 mL 储备溶液加 50 mL 95%的乙醇，用蒸馏水稀释至 100 mL。

标准缓冲溶液（pH＝4.00，pH＝6.86）　0.04 $mol\cdot L^{-1}$ 乙酸钠溶液　0.01 $mol\cdot L^{-1}$ 乙酸钠溶液　0.02 $mol\cdot L^{-1}$ 乙酸溶液　0.1 $mol\cdot L^{-1}$ HCl 溶液　0.01 $mol\cdot L^{-1}$ HCl 溶液

四、操作步骤

1. 分光光度计的使用

了解分光光度计的结构、工作原理，掌握其使用方法。

2. 测定甲基红酸式（HMR）和碱式（MR^-）的最大吸收波长

测定下述两种甲基红总浓度相等的溶液的吸光度随波长的变化，找出最大吸收波长。

A 液：用移液管吸取 10.00 mL 甲基红标准溶液，放入 100 mL 容量瓶中，加入 10.00 mL 0.1 $mol\cdot L^{-1}$ HCl 溶液，用蒸馏水稀释至刻度，摇匀。溶液的 pH 大约为 2，甲基红以酸式 HMR 存在。

B 液：用移液管吸取 10.00 mL 甲基红标准溶液，放入 100 mL 容量瓶中，加入 25.00 mL 0.04 $mol\cdot L^{-1}$ 乙酸钠溶液，用蒸馏水稀释至刻度，摇匀。溶液的 pH 大约为 8，甲基红以碱式 MR^- 存在。

取 A 液和 B 液分别用 1 cm 吸收池，用蒸馏水作参比液（其余同），在 350～600 nm 每隔 10 nm 测定 A，B 液的吸光度。由吸光度对波长作图，找出最大吸收波长 λ_1，λ_2。

3. 检验 HMR 和 MR^- 是否符合朗伯－比尔定律，并测定它们在 λ_1，λ_2 下的摩尔吸收系数

在八个 25 mL 容量瓶中，吸取 A 液用 0.01 $mol\cdot L^{-1}$ HCl 溶液和吸取 B 液用 0.01 $mol\cdot L^{-1}$ 乙酸钠溶液配制一系列待测液，浓度分别为原浓度的 0.80，0.60，0.40，0.20 倍，在波长 λ_1，λ_2 下测定这些溶液及原液的吸光度。由吸光度对浓度作图，计算在 λ_1 下甲基红酸式（HMR）和碱式（MR^-）的摩尔吸收系数 $\kappa_{1,HMR}$，κ_{1,MR^-} 及在 λ_2 下的摩尔吸收系数 $\kappa_{2,HMR}$，κ_{2,MR^-}。

4. 计算不同 pH 下 HMR 和 MR^- 的相对量

在四个 100 mL 容量瓶中，分别加入 10.00 mL 甲基红标准溶液和 25.00 mL 0.04 $mol\cdot L^{-1}$ 乙酸钠溶液，再分别加入 50 mL，25 mL，10 mL，5 mL 的 0.02

$mol \cdot L^{-1}$乙酸溶液，用蒸馏水稀释至刻度制成一系列待测液。测定在 λ_1 和 λ_2 下各溶液的吸光度 A_1 和 A_2，用 pH 计测定各溶液的 pH(pH 计使用方法见仪器说明书或 9-2)。

因为在 λ_1 和 λ_2 下所测得的吸光度是 HMR 和 MR^-的吸光度的总和，所以溶液中 HMR 和 MR^-的相对量由两个关系式计算得到。从而计算出甲基红的解离平衡常数 $pK_a^\ominus$。

五、数据处理

恒温温度：________℃

记录实验数据，并计算出甲基红的解离平衡常数：

编号	$c(MR^-)/c(HMR)$	$\lg[c(MR^-)/c(HMR)]$	pH	$pK_a^\ominus$
1				
2				
3				
4				

思考题

1. 实验过程中，温度对测定结果有何影响？应采取哪些措施减少其影响？
2. 为什么要用相对浓度？
3. 在吸光度测定中，应怎样选用吸收池？

16-11 实验一〇〇 旋光法测定蔗糖转化反应的速率常数

一、目的要求

1. 进一步学习和了解旋光仪的结构和工作原理，掌握其使用方法。
2. 进一步学习和掌握物质的旋光度、比旋光度的概念。
3. 掌握用物质的旋光性间接测定反应速率的方法。

二、实验原理

旋光性是具有光学活性物质的一种特殊性质，当一束偏振光线通过旋光性物质时，它们可以把偏振光的振动面(即偏振光的振动方向所在的平面，这个平面与光的传播方向垂直)旋转一定角度，旋转的角度称为旋光度。以旋光仪零点为界，向右旋者称为右旋物质，旋光度取正值，向左旋者为左旋物质，旋光度取负值。

物质的旋光度取决于物质的本性和测定条件，如果待测物质为溶液，当入射光的波长和测定温度恒定时，其旋光度与溶液的浓度和光线经过溶液的厚度成正比。通常把偏振光通过厚度为 1 dm、质量浓度为 1 $g \cdot mL^{-1}$ 的旋光物质的溶液时的旋光度定义为该物质的比旋光度，以[α]表示，则

$$[\alpha]_\lambda^t = \frac{\alpha}{l\rho_B} \qquad (16-16)$$

式中：l——光线通过溶液的厚度，即旋光管的长度(dm)；

ρ_B——溶液的质量浓度即密度($g \cdot mL^{-1}$)；

α——旋光度；

t——测定时的温度(℃)；

λ——所用光源的波长(nm)。

由于在一定条件下，旋光度与浓度成正比，测定旋光度可以测定溶液的浓度，因此，利用旋光度可以测定反应的速率常数。

蔗糖的水解反应为

$$\underset{\text{蔗糖}}{C_{12}H_{22}O_{11}} + H_2O \xrightarrow{H^+} \underset{\text{葡萄糖}}{C_6H_{12}O_6} + \underset{\text{果糖}}{C_6H_{12}O_6}$$

这是一个二级反应。由于反应中的水是大量存在的，其量远大于蔗糖，水的浓度可看作常数，而且反应中 H^+ 是催化剂，其浓度也保持不变。因此上述反应可看作一级反应(准一级反应)，其速率方程可表示为

$$-\frac{dc}{dt} = kc \qquad (16-17)$$

式中：c——时间 t 时的反应物(蔗糖)浓度($mol \cdot L^{-1}$)；

k——反应速率常数。

积分可得

$$\ln c = -kt + \ln c_0 \qquad (16-18)$$

即

$$k = \frac{1}{t}\ln\frac{c_0}{c} \qquad (16-19)$$

式中：c_0——反应物（蔗糖）的起始浓度（$mol \cdot L^{-1}$）。

根据上式，只要测出不同反应时刻蔗糖的浓度，用 $\ln c$ 对 t 作图得到一条直线，就证明蔗糖水解反应为一级反应，并可从直线的斜率求得反应速率常数 k。

浓度的测定方法很多，本实验是把一定浓度的蔗糖溶液与一定浓度的 HCl 溶液等体积混合，并用旋光仪测定溶液的旋光度随时间的变化关系，来确定蔗糖的酸催化水解反应进程。

蔗糖具有右旋光性，$[\alpha]_D^{20}=66.55° \cdot cm^2 \cdot g^{-1}$，水解产生的葡萄糖也为右旋性，$[\alpha]_D^{20}=52.5° \cdot cm^2 \cdot g^{-1}$。而果糖为左旋性，$[\alpha]_D^{20}=-91.9° \cdot cm^2 \cdot g^{-1}$（上标 20 表示测定温度为 20 ℃，下标 D 表示所用光源为钠光源 D 线，其波长为 589.0 nm），由于果糖的左旋性比葡萄糖的右旋性大，所以随着反应的进行，右旋数值逐渐减小，最后变成左旋，因此蔗糖的水解反应又称为转化反应。

在相同测定条件下，物质的浓度与旋光度成正比。设 α_0，α_t，α_∞ 分别为反应开始时、t 时、反应终了时溶液的旋光度。蔗糖水解反应是可以进行到底的反应，即 $c_\infty=0$。$K_{蔗}$，$K_{葡}$，$K_{果}$ 分别为蔗糖、葡萄糖、果糖的旋光度与浓度之间的比例系数，则

$$\alpha_0=K_{蔗} \cdot c_0 \quad (t=0,\text{蔗糖尚未转化})$$

$$\alpha_t=K_{蔗}\, c+(K_{葡}+K_{果})(c_0-c)$$

$$\alpha_\infty=(K_{葡}+K_{果})c_0 \quad (t=\infty,\text{蔗糖已完成转化})$$

将上述三式合并，消去 K，则得

$$\frac{c_0}{c}=\frac{\alpha_0-\alpha_\infty}{\alpha_t-\alpha_\infty} \tag{16-20}$$

将上式代入式(16-19)得

$$k=\frac{1}{t}\ln\frac{\alpha_0-\alpha_\infty}{\alpha_t-\alpha_\infty} \tag{16-21}$$

整理后，得

$$\ln(\alpha_t-\alpha_\infty)=-kt+\ln(\alpha_0-\alpha_\infty) \tag{16-22}$$

若测出不同时刻的 α_t 及 α_∞，以 $\ln(\alpha_t-\alpha_\infty)$ 对 t 作图，从所得直线的斜率即可求出蔗糖水解反应的速率常数 k 值。

如果测出不同温度的 k 值，利用阿仑尼乌斯（Arrhenius）方程则可求出此

反应在该温度范围内的平均活化能 E_a。

$$\ln k = -\frac{E_a}{RT} + 常数$$

以 $\ln k$ 对 $\frac{1}{T}$ 作图，可得一直线，从直线斜率可求算反应活化能 E_a。

三、实验用品

1. 仪器

旋光仪　旋光管(2 dm)　恒温水浴锅(多孔)　烧杯(150 mL)

移液管(50 mL)　容量瓶(100 mL)　锥形瓶(250 mL)

具塞磨口锥形瓶(250 mL)　托盘天平　秒表　玻璃棒　洗瓶　洗耳球

玻璃仪器气流烘干器

图片：旋光仪

2. 药品

蔗糖(CP)　2.0 mol·L^{-1} HCl 溶液

视频：旋光管装液

四、操作步骤

1. 调节恒温水浴的温度为 30 ℃。

2. 蔗糖溶液的配制

用托盘天平称取 20 g 蔗糖，放入 150 mL 烧杯中，加约 30 mL 蒸馏水溶解后，在 100 mL 容量瓶中稀释至刻度，摇匀。得 ρ_B 为 0.20 g·mL^{-1} 的蔗糖溶液。

3. 旋光仪零点的校正(参阅 2-9-4 旋光度)

打开旋光仪的电源，洗净旋光管(即样品管，注意不要摔碎盖玻片)，装满蒸馏水，盖上盖玻片，旋紧螺旋帽。将旋光管两头盖玻片上的水擦拭干净，放入旋光仪中，调节目镜焦距使视野清晰，旋转刻度盘直到目镜视野中的三部分明暗度相同为止。读取刻度盘上的数值，重复三次，取平均值，即为旋光仪的零点 $\alpha_{零}$。

4. 测定蔗糖水解反应的速率常数

(1) α_t 的测定　用移液管吸取 50.00 mL 0.20 g·mL^{-1} 的蔗糖溶液放入干燥的锥形瓶 A 中，用另一支移液管吸取 50.00 mL 2.0 mol·L^{-1} 的 HCl 溶液放入另一干燥的锥形瓶 B 中，然后将 A，B 两个锥形瓶一起放入 30 ℃恒温水浴中恒温10 min。恒温后将 B 瓶内的 HCl 溶液倒入 A 瓶内，并在 HCl 溶液倒入一半时开始计时。迅速摇匀溶液，用少许此溶液洗涤旋光管 2～3 次，然后装满旋光管并尽快地将旋光管放入 30 ℃恒温水浴中。当反应进行 10 min 时，取出旋光管，擦干后测定旋光度。由于旋光度随时间而变化，故测定要迅速，测定后将旋光管继续放入 30 ℃恒温水浴中恒温。以后每隔 5～10 min 测定一次，至少测定十个数据（每次测定时朝旋光度减小的方向转动，以免影响准确测定）。

（2）α_∞的测定　蔗糖水解反应通常在 30 ℃时需要 48 h 左右才能进行到底，为了加速反应进度，可将锥形瓶内的剩余溶液转移到一具塞磨口锥形瓶内，放在另一 60～65 ℃恒温水浴中恒温 1h 左右（温度过高会引起其他副反应），使反应接近完成，取出冷却后装入旋光管中，再放入 30 ℃恒温水浴中恒温 10 min 后，测定旋光度即为 α_∞ 值。

实验结束后，洗净旋光管，装满蒸馏水。

五、数据处理

数据记录

室温：__________℃　　　　大气压：__________ kPa

t/min											
α_t											
$\ln(\alpha_t-\alpha_\infty)$											

将表中数据处理后以 $\ln(\alpha_t-\alpha_\infty)$为纵坐标，$t$ 为横坐标作图。从所得直线斜率求算出蔗糖水解反应的速率常数 k。并计算该反应的半衰期（即 $c=1/2c_0$时所用时间 t，用 $t_{1/2}$表示，$t_{1/2}=\ln2/k=0.693/k$）。也可将实验数据录入计算机，用 Excel 进行处理，由计算机绘出直线并给出斜率值。

$\alpha_\infty=$　　　　斜率=　　　　速率常数 $k=$　　　　$t_{1/2}=$

思考题

1. 为什么可以用蒸馏水来校正旋光仪的零点？

2. 在旋光度的测量中，为什么要对零点进行校正？它对旋光度的精确测量有什么影响？在本实验中，若不进行校正对结果是否有影响？

16-12 实验一〇一 动力学分析法测定乙醇脱氢酶(ADH)活力

一、目的要求

1. 学习和掌握乙醇脱氢酶活力的测定原理和方法。
2. 学习动力学分析法的基本操作。

二、实验原理

乙醇脱氢酶(ADH)在有β-烟酰胺腺嘌呤二核苷酸(氧化型式NAD^+)存在的弱碱性介质中,可催化乙醇的脱氢反应生成乙醛:

$$C_2H_5OH + NAD^+ \xrightarrow{ADH} CH_3CHO + NADH$$

产物还原型的β-烟酰胺腺嘌呤二核苷酸(NADH)在 340 nm 处有最大吸收(可用紫外-可见分光光度计测得其吸光度的增大情况),且这种变化速率与乙醇脱氢酶的活力在一定条件下有线性关系,当乙醇脱氢酶的用量固定时,即可通过测定其吸光度的变化速率(每分钟吸光度的增大值)来求得其在一定温度下的活力。

一个乙醇脱氢酶国际单位(IU)是指 25 ℃在规定条件下单位时间内(每分钟)还原 1 μmol NAD^+ 所需的酶量。

酶的活力是指 1 mg 酶制品所含的酶单位数,以 $IU \cdot mg^{-1}$ 表示,按下式进行计算[1]:

$$酶的活力 = \frac{\Delta A_{340} \times 3.10 \times 10^{-3} \times 10^6}{6.2 \times 10^3 \times m_{酶}} \quad (IU \cdot mg^{-1})$$

式中:ΔA_{340}——340 nm 处每分钟吸光度的稳定增大值($min^{-1} \cdot cm^{-1}$);

$m_{酶}$——所用酶溶液中所含酶的质量(mg);

6.2×10^3——NADH 的摩尔吸收系数 κ 值($L \cdot mol^{-1} \cdot cm^{-1}$);

3.10×10^{-3}——测定液的总体积(L);

10^6——将物质的量单位由 mol 换算为 μmol 的换算系数。

三、实验用品

1. 仪器

吸量管(1 mL,2 mL)　　秒表　　分析天平　　紫外-可见分光光度计

容量瓶(50 mL,100 mL) 量筒(100 mL,500 mL) 酸度计
石英吸收池(1 cm) pH 复合电极 玻璃棒 洗瓶 洗耳球

2. 药品

(1) $Na_4P_2O_7$ 缓冲液(pH=8.8) 用直接法准确称取 1.4270 g $Na_4P_2O_7 \cdot 10H_2O$(十水焦磷酸钠)溶于蒸馏水中,用 1 $mol \cdot L^{-1}$ NaOH 溶液将 pH 调至 8.8,并稀释至100 mL。

(2) 底物溶液 用吸量管吸取 12.12 mL 95%的乙醇(AR)溶于蒸馏水中,并稀释至 100 mL。

(3) 辅酶溶液 用直接法准确称取 0.8970 g $C_{21}H_{27}N_7O_{12}P_2 \cdot 3H_2O$($\beta$-烟酰胺腺嘌呤二核苷酸,$NAD^+$)溶于蒸馏水中,并稀释至 50 mL。

(4) 磷酸盐缓冲液(pH=7.5) 向 100 mL 0.1 $mol \cdot L^{-1}$ KH_2PO_4 溶液中不断加入 0.1 $mol \cdot L^{-1}$ Na_2HPO_4(或 K_2HPO_4)溶液,边加边搅拌,调节至用酸度计测得 pH 为 7.5 为止。

(5) 明胶缓冲液(pH=7.5) 称取 1.0 g 明胶在加热情况下溶于 800 mL 蒸馏水中,加 100 mL pH=7.5 的磷酸盐缓冲液,冷至室温后,用稀 H_3PO_4 溶液或 NaOH 稀溶液调节至用酸度计测得 pH 为 7.5,用蒸馏水稀释至 1000 mL。

(6) 酶溶液 将乙醇脱氢酶溶于磷酸盐缓冲液中,使浓度达到 1 $mg \cdot mL^{-1}$。在测定开始前,用 pH 为 7.5 的明胶缓冲液逐级稀释,浓度可控制为 0.05~0.25 $IU \cdot mL^{-1}$。

四、操作步骤

用吸量管在 1 cm 石英吸收池中分别加入 1.50 mL $Na_4P_2O_7$ 缓冲液、0.50 mL 底物溶液和 1.00 mL 辅酶溶液,混合,并控制温度为 25℃(也可控制为 30 ℃,37 ℃,但需要注明温度)加入 0.10 mL 酶溶液混合,同时按动秒表,每隔 1 min 读出在 $\lambda_{max}=340$ nm 时的溶液的吸光度值,连续测定、记录 4~5 min,直至每分钟吸光度的增大值达到稳定时为止。求出每分钟吸光度增加的最大值 ΔA_{340}。

五、数据处理

温度:__________℃ t:__________ min

ΔA_{340}:__________ $min^{-1} \cdot cm^{-1}$

酶的活力:__________ $IU \cdot mg^{-1}$

注释

[1] 例如：测定某乙醇脱氢酶样品。称取 25.0 mg 该样品，稀释为 250 mL，再按 1∶250稀释。0.10 mL 此稀释溶液中含该酶样为 4.0×10^{-5} mg。25 ℃时在 λ_{max} 为340 nm 处测定时，吸光度的增大值为 $0.097\ cm^{-1}\cdot min^{-1}$，则该酶的活力为

$$\frac{0.097\ cm^{-1}\cdot min^{-1}\times3.10\times10^{-3}\ L\times10^{6}\ \mu mol\cdot mol^{-1}}{6.2\times10^{3}\ L\cdot mol^{-1}\cdot cm^{-1}\times4.0\times10^{-5}\ mg}=1\,212.5\ IU\cdot mg^{-1}$$

即 25 ℃时，该酶的活力为 $1212.5\ IU\cdot mg^{-1}$。

思考题

1. 测定中使用 pH＝8.8 的 $Na_4P_2O_7$ 缓冲液的作用是什么？
2. 测定中为什么要控制一定的温度？

第十七章

表面化学与胶体化学及电泳仪器分析

概　述

表面化学与胶体化学主要是描述和解释表面与胶体的各种现象、性质和规律。表面与胶体在化学、化工、轻工、生物、医学、环境、材料、地质、土壤和日常生活中都有重要的作用和意义。例如，比表面积很大的多孔性固体具有很强的吸附能力，作吸附剂可广泛用于干燥、脱色、提纯等方面；表面活性物质广泛用作洗涤剂、乳化剂、润湿剂、起泡剂、浮选剂、增溶剂等；通过溶胶的电泳可以测定溶胶的电动电势，而电动电势对溶胶的稳定性起着重要的作用；高分子化合物的相对分子质量对其自身的性能影响很大，通过测定相对分子质量，可以了解并掌握高分子化合物的性能，使其能更好地得到应用。高效毛细管电泳分析是离子或荷电荷粒子以电场为驱动力，在毛细管中按其淌度或分配系数不同进行快速分离分析的一种电泳新技术。因此我们不但要掌握表面化学与胶体化学及电泳的基本理论知识，还要掌握表面化学与胶体化学及电泳分析的实验操作技术。

17-1　实验一〇二　溶液法测定固体比表面积

一、目的要求

1. 了解固体在溶液中的吸附作用和朗格缪尔(Langmuir)吸附理论。

2. 学习和掌握溶液法测定吸附量、饱和吸附量、吸附平衡常数、固体比表面积的基本原理和实验方法。

二、实验原理

活性炭是一种比表面积很大的多孔性固体，在溶液中有很强的吸附能力，吸附能力的大小用吸附量 Γ(单位为 $mol\cdot g^{-1}$)表示。

$$\Gamma=(c_0-c)V/m \tag{17-1}$$

式中：c_0——溶液原始浓度（$mol\cdot L^{-1}$）；

c——溶液平衡浓度（$mol\cdot L^{-1}$）；

V——溶液体积（L）；

m——吸附剂质量（g）。

因此吸附量 Γ 是指每克吸附剂吸附溶质的物质的量。恒定温度下，吸附量与溶质在溶液中的平衡浓度 c 有关，以 Γ 对 c 作图即为吸附等温线。

研究表明：在一定浓度范围内，活性炭在 HAc 溶液中对 HAc 的吸附是单分子层吸附，符合朗格缪尔吸附理论。朗格缪尔吸附理论的基本假定是固体表面是均匀的，吸附是单分子层吸附，即吸附剂一旦被吸附质覆盖就不能再吸附，因此吸附速率与空白表面积成正比，解吸速率与覆盖度成正比。设覆盖度为 θ，溶液中吸附质浓度为 c，由于存在下列平衡：

$$\text{吸附质分子（在溶液中）}\underset{\text{解吸}}{\overset{\text{吸附}}{\rightleftharpoons}}\text{吸附质分子（在固体表面上）}$$

显然，吸附速率 $v_{吸}=k_{吸}(1-\theta)c$

解吸速率 $v_{解}=k_{解}\theta$

吸附平衡时 $v_{吸}=v_{解}$

即 $k_{吸}(1-\theta)c=k_{解}\theta$

重排后得

$$\theta=k_{吸}c/(k_{解}+k_{吸}c)=K_{吸}c/(1+K_{吸}c) \tag{17-2}$$

式中：$K_{吸}=k_{吸}/k_{解}$，称为吸附平衡常数，其值决定于吸附剂和吸附质的本性及温度，$K_{吸}$ 越大，吸附剂对吸附质的吸附能力越强。若以 Γ 表示浓度为 c 时的平衡吸附量，Γ_{∞} 表示全部吸附位置被覆盖的单分子层吸附量即饱和吸附量，则

$$\theta=\Gamma/\Gamma_{\infty}$$

代入式（17-2）得

$$\Gamma=\Gamma_{\infty}\cdot K_{吸}c/(1+K_{吸}c)$$

重排后得

$$c/\Gamma=1/(K_{吸}\Gamma_{\infty})+1/\Gamma_{\infty}\cdot c \tag{17-3}$$

此式称为朗格缪尔吸附等温式，以 c/Γ 对 c 作图为一直线，从斜率可求得 Γ_{∞}，从截距再结合 Γ_{∞} 可求得 $K_{吸}$，将 Γ_{∞} 和 $K_{吸}$ 代入上式，便可计算任一平衡浓度时的吸附量。

饱和吸附量 Γ_{∞} 是指每克吸附剂饱和吸附吸附质的物质的量，若每个吸

附质分子在吸附剂表面上所覆盖的面积为 A，则吸附剂的比表面积 S_0 可按下式计算：

$$S_0 = \Gamma_{\infty} N_A A \qquad (17-4)$$

式中：N_A——阿伏伽德罗常数，$6.02 \times 10^{23}\ mol^{-1}$。

因此比表面积 S_0 的单位为 $m^2 \cdot g^{-1}$，一般直链脂肪酸分子的截面积为 $24.3 \times 10^{-20}\ m^2$，HAc 可取此值。

上述所得的比表面积数值，往往比实际数值小一些，原因一是忽略了吸附剂对溶剂的吸附；二是吸附剂表面上可能有些小孔脂肪酸分子不能钻进去，故这一方法测得的比表面积一般偏小。但这一方法操作简便，又不需要特殊仪器，还可以同时测定多个样品，因此溶液法被广泛应用，是了解和研究固体吸附剂性能的一种简便方法。

三、实验用品

1. 仪器

分析天平　恒温振荡器　碱式滴定管（50 mL）　烧杯（250 mL）　漏斗　具塞磨口锥形瓶（250 mL）　吸量管（5 mL，10 mL）　移液管（20 mL，50 mL）　称量瓶　锥形瓶（250 mL）　玻璃仪器气流烘干器　洗瓶　洗耳球　烘箱

2. 药品

$0.4\ mol \cdot L^{-1}$ HAc 溶液　$0.1\ mol \cdot L^{-1}$ NaOH 标准溶液　0.1%酚酞

3. 其他

滤纸　活性炭（经预处理[1]）　橡皮筋

四、操作步骤

1. $0.4\ mol \cdot L^{-1}$ HAc 溶液的标定

用酚酞作指示剂，用 $0.1\ mol \cdot L^{-1}$ NaOH 标准溶液标定 $0.4\ mol \cdot L^{-1}$ HAc 溶液的准确浓度。

2. 配制吸附溶液

在六个洁净干燥[2]并编号的具塞磨口锥形瓶中，分别加入准确称取的 1g（准确至0.1 mg）活性炭，按下表准确配制不同浓度的 HAc 溶液并计算出原始浓度 c_0[3]。

编号	1	2	3	4	5	6
m(活性炭)/g						
V(HAc)/ mL	5	10	20	40	70	100
V(蒸馏水)/mL	95	90	80	60	30	0
$V_{总}$/mL	100	100	100	100	100	100
$c_0/(mol\cdot L^{-1})$						
$c/(mol\cdot L^{-1})$						
$\Gamma/(mol\cdot g^{-1})$						

3. 溶液吸附

将各瓶用磨口塞塞好并用橡皮筋束紧，置于恒温振荡器中振荡 1 h，使吸附达到平衡(或将配制好的溶液放置一周，以达平衡，但应把瓶塞盖严，以防 HAc 挥发)，用干燥的漏斗过滤，滤液收集在干燥的锥形瓶中。

4. 标定 HAc 溶液的平衡浓度

1,2 号溶液取 40.00 mL，3，4 号溶液取 20.00 mL，5 号溶液取 10.00 mL，6 号溶液取5.00 mL，用酚酞作指示剂，用 0.1 $mol\cdot L^{-1}$ NaOH 标准溶液标定它们的平衡浓度 c 并列于上表。

五、数据处理

1. 计算吸附量

根据表中的数据，按式(17-1)计算活性炭在不同浓度 HAc 溶液中的吸附量 Γ 并列于上表。

2. 作吸附等温线

以 Γ 对 c 作图画出吸附等温线并论述吸附量与浓度的关系。

3. 求饱和吸附量和吸附平衡常数

根据式(17-3)以 c/Γ 对 c 作图画出直线，从斜率求出饱和吸附量 Γ_∞，从截距再结合 Γ_∞ 求出吸附平衡常数 $K_{吸}$。

4. 计算活性炭的比表面积

按式(17-4)计算出活性炭的比表面积 S_0。

注释

[1] 活性炭预处理方法：将活性炭浸在 2 $mol\cdot L^{-1}$ HCl 溶液中，水浴(40～50℃)加热

30 min，减压过滤并用蒸馏水洗至 pH=5～6，然后在 150℃的恒温干燥箱中烘 4～8 h，置于干燥器中备用。

[2] 为保证 HAc 溶液浓度的准确，在溶液转移中，容器必须干燥。

[3] 蒸馏水应不含 CO_2。

思考题

1. 吸附作用与哪些因素有关？固体吸附剂在稀溶液中对溶质分子的吸附与固体吸附剂在气相中对气体分子的吸附有何不同？

2. 本实验中产生误差的因素有哪些？

17-2 实验一〇三 溶液表面张力的测定

一、目的要求

1. 了解溶液表面张力与表面吸附的关系。
2. 掌握用吉布斯(Gibbs)吸附公式计算溶液吸附量的方法。
3. 掌握最大气泡压力法测定液体表面张力的原理和技术。

二、实验原理

1. 表面张力与表面吸附

液体中，液体表面的分子与液体内部分子相比处于力的不平衡状态。液体内部分子受到各方向的力相等，而液体表面分子受到指向液体内部的引力大于液体内部分子的作用，因此液体表面的分子比液体内部的分子有较高的势能。液体表面积缩小是个自发过程，是使体系总的自由能减小的过程。要增大液体的表面积必须对体系做功，若新增表面积 ΔA，对其做功 W'，则

$$W'=\sigma\Delta A \tag{17-5}$$

比例系数 σ 为液体的比表面积自由能，也称为表面张力(单位为 $N\cdot m^{-1}$)，其值与液体的成分、温度、溶质的浓度等因素有关。它表示液体表面积自动缩小趋势的大小。

当液体中加入某种溶质时，液体的表面张力会发生变化。若所加入的溶质能降低液体的表面张力，表面层中溶质的浓度就比溶液内部的大；反之，溶质使液体的表面张力增大时，它在表面层中的浓度就比溶液中的小。这种表面浓度与溶液内部浓度不同的现象称为溶液的表面吸附。在一定温度和压力下，吸附量与溶液的表面张力和浓度之间的关系可用吉布斯吸附公式描述：

$$\Gamma = -\frac{c}{RT}\left(\frac{d\sigma}{dc}\right)_T \tag{17-6}$$

式中：Γ——表面吸附量（$mol \cdot m^{-2}$）；

σ——表面张力（$N \cdot m^{-1}$）；

c——浓度（$mol \cdot m^{-3}$）；

T——热力学温度（K）；

R——摩尔气体常数（$8.314 J \cdot mol^{-1} \cdot K^{-1}$）。

当 $\left(\frac{d\sigma}{dc}\right)_T < 0$ 时，$\Gamma > 0$，称为正吸附；当 $\left(\frac{d\sigma}{dc}\right)_T > 0$ 时，$\Gamma < 0$，称为负吸附。本实验研究正吸附的情况。

若少量的溶质溶于溶剂后能使溶剂的表面张力显著降低，这类物质称为表面活性物质。表面活性物质的分子具有显著的两亲结构，由亲水性的极性基团和憎水性的非极性基团组成。

溶剂中加入少量表面活性物质时，溶质分子更多地分布于表面，分子的极性基团取向于溶液内部，非极性基团取向于气相；当浓度再增大到一定程度时，表面活性分子占据了所有表面形成单分子饱和吸附层（分子以垂直形式紧密地排列于表面层），如图 17-1。此时的吸附量称为饱和吸附量，用 Γ_∞ 表示。

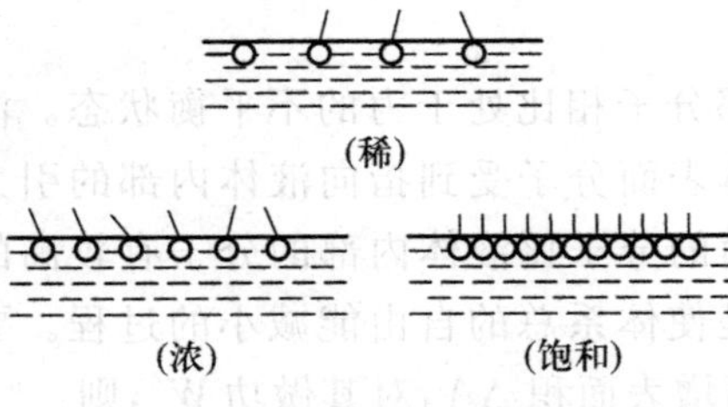

图 17-1 表面活性分子在水溶液表面排列情况示意图

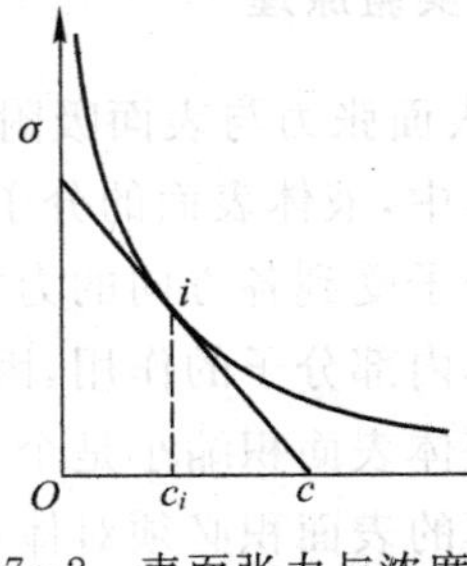

图 17-2 表面张力与浓度的关系

用表面张力对浓度作图，可得到 $\sigma - c$ 曲线，如图 17-2。在曲线上任选一点 i 作切线，可求得该点所对应的浓度 c_i 的斜率 $\left(\frac{d\sigma}{dc_i}\right)_T$，再用式（17-6）即可求得该浓度下的表面吸附量 Γ。

2. 饱和吸附与溶质分子的截面积

从图 17-2 可以看出，当浓度较小时，σ 随 c 的增大而迅速下降，但当浓度增大到一定程度时，σ 的下降便缓慢并趋于一定值，溶液达到最大饱和吸附状态。此时，溶液的吸附量与浓度的关系可用朗格缪尔吸附等温式（17-3）表

示，即

$$\frac{c}{\Gamma}=\frac{1}{\Gamma_{\infty}}c+\frac{1}{K_{吸}\Gamma_{\infty}}$$

以$\frac{c}{\Gamma}$对 c 作图应该得到直线，直线斜率的倒数为 Γ_{∞}。

如果以 N 代表 1 m^2 表面上溶质的分子个数，则

$$N=\Gamma_{\infty}N_A \tag{17-7}$$

式中：N_A——阿伏伽德罗常数。

由此可得每个溶质分子在表面上所占据的面积即分子的截面积 S_B 为

$$S_B=\frac{1}{\Gamma_{\infty}N_A} \tag{17-8}$$

因此，若测得不同浓度溶液的表面张力，作出 $\sigma-c$ 曲线，并从曲线上求得不同浓度的表面吸附量 Γ，再从$\frac{c}{\Gamma}-c$ 曲线上求出饱和吸附量 Γ_{∞}，即可求得溶质分子的截面积 S_B。

3. 最大气泡压力法

测定液体表面张力的方法很多，本实验采用最大气泡压力法测定正丁醇水溶液的表面张力，装置如图 17-3 所示。

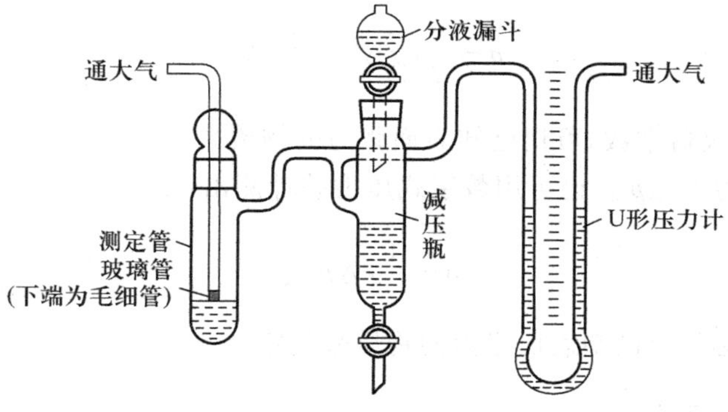

图 17-3 测定表面张力装置

将待测液体装入测定管中，使玻璃管下端毛细管端面与液面垂直相切，液面即沿毛细管上升，打开减压瓶的旋塞缓缓放水抽气，测定管中压力便逐渐减小，此时毛细管中的压力 p_0（大气压）比测定管中液面上的压力 p 大。当

此压力差在毛细管端面上产生的作用力稍大于毛细管口液体的表面张力时，毛细管[1]中的液面便被压至管口并形成气泡，其曲率半径由大到小，直到恰好等于毛细管半径 r，气泡形成如图 17－4 所示。根据杨－拉普拉斯(Laplace)公式，这时气泡所能承受的压力差最大。

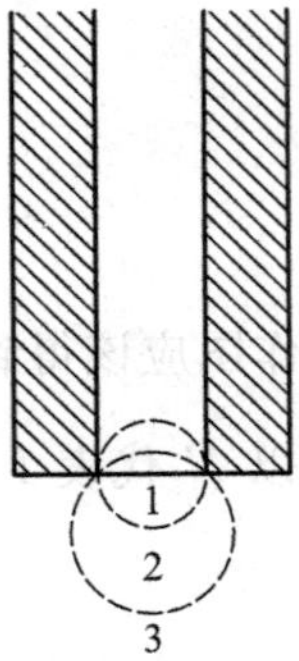

图 17－4　气泡形成过程示意图
1—呈平面，R 极大；2—呈半球形，$R=r$；3—继续增大，$R>r$

$$\Delta p_{\max}=\Delta p_r=p_0-p_r=\frac{2\sigma}{r} \quad (17-9)$$

毛细管中的压力增加极小量将此气泡压出管口，曲率半径再度增大，气泡表面膜所能承受的压力差必然减小，而实际上测定管中的压力差却在进一步增大，因而立即导致气泡破裂。

最大压力差 $\Delta p_{\max}$ 可用 U 形压力计中的最大液柱差 Δh 来表示，即

$$\Delta p_{\max}=\rho g\Delta h \quad (17-10)$$

式中：Δh——U 形压力计两边读数之差；

g——重力加速度；

ρ——压力计中液体介质的密度(介质要求：密度小、蒸气压低、黏度小，如水、酒精、甲苯、硅油、石蜡油等)。

合并上式有

$$\sigma=\frac{r}{2}\rho g\Delta h=K\Delta h \quad (17-11)$$

式中：K——仪器常数，可用已知表面张力的物质来测定。

最大压力差 $\Delta p_{\max}$ 也可用数字式压力差计测出，则

$$\sigma=\frac{1}{2}r\Delta p_{\max}$$

同样 $r/2$ 也必须由已知表面张力的物质来测定。

PPT：压力计

三、实验用品

1. 仪器

表面张力测定装置　玻璃恒温水浴　烧杯(1000 mL)　洗瓶

滴管　DP－AW 精密数字压力计(或 U 形压力计)

2. 药品

0.02 mol·L^{-1},0.05 mol·L^{-1},0.1 mol·L^{-1},0.2 mol·L^{-1},0.3 mol·L^{-1},0.4 mol·L^{-1},0.5 mol·L^{-1},0.6 mol·L^{-1}(即 20,50,100,200,300,400,500,600 mol·m^{-3})1-丁醇水溶液

四、操作步骤

1. 测定仪器常数

充分洗净测定管及毛细管，在测定管中加入适量蒸馏水，使毛细管端面与液面垂直相切，将测定管置于 25℃恒温水浴中恒温 10 min，按图 17-3 安装好仪器并检查体系密闭情况。打开减压瓶的旋塞，使瓶内的水缓慢滴出，体系逐渐减压，待气泡形成、速率平稳(8～10 s 出一个气泡)后，记录数字压力计读数或 U 形压力计两边最高和最低读数，测定三次取平均值。

2. 测定 1-丁醇水溶液的表面张力

以同样的方法分别测定 0.02 mol·L^{-1},0.05 mol·L^{-1},0.1 mol·L^{-1},0.2 mol·L^{-1},0.3 mol·L^{-1},0.4 mol·L^{-1},0.5 mol·L^{-1},0.6 mol·L^{-1} 1-丁醇水溶液的 Δp_{max}。测定应从稀到浓依次进行，且每次测定前都要用待测溶液洗涤测定管及毛细管，以确保毛细管和测定管内外溶液浓度一致。

五、数据处理

1. 计算仪器常数

以蒸馏水的测量结果，按式(17-11)计算仪器常数 K(水的表面张力见附录十七)，结果列于下表。

t/℃	$\sigma(H_2O)/(N\cdot m^{-1})$	$h_{左}$/m	$h_{右}$/m	Δh/m 或 Δp_{max}/Pa
25	0.07197			
K= 0.000 N·m^{-2} 或 $r/2$= m				

1220

2. 记录实验数据并计算溶液表面张力

c(1-丁醇)/(mol·m^{-3})	$h_{左}$/m	$h_{右}$/m	Δh/m 或 Δp_{max}/Pa	$\sigma/(N\cdot m^{-1})$
20				
50			457	0.05575
100			421	0.05136
200			355	0.04331
300			258	0.03148
400			245	0.02989

续表

c(1-丁醇)/($mol\cdot m^{-3}$)	$h_{左}$/m	$h_{右}$/m	Δh/m 或 Δp_{max}/Pa	σ/($N\cdot m^{-1}$)
500			220	0.102684
600			176	0.102147

3. 求不同浓度的表面吸附量

作 $\sigma-c$ 曲线，在曲线上取 8 个点作切线，求斜率 $\left(\frac{d\sigma}{dc}\right)_T$，并根据式(17-6)计算不同浓度的表面吸附量 Γ 和 c/Γ，填入下表。

c(1-丁醇)/($mol\cdot m^{-3}$)	$\left(\frac{d\sigma}{dc}\right)_T$/($N\cdot m^2\cdot mol^{-1}$)	Γ/($mol\cdot m^{-2}$)	$\frac{c}{\Gamma}$/m^{-1}
20			
50			
100			
200			
300			
400			
500			
600			

4. 求饱和吸附量

作 $c/\Gamma-c$ 图，得直线，由直线斜率求出饱和吸附量 Γ_∞。

5. 计算 1-丁醇分子的截面积

根据式(17-8)计算 1-丁醇分子的截面积 S_B。

注释

[1] 为了方便观察气泡的形成，毛细管端面一定要平整、光滑，呈圆形。

思考题

1. 表面张力为什么必须在恒温水浴中测定？温度的变化对测定有何影响？
2. 本实验 U 形压力计内液体一般选用蒸馏水或酒精而不用水银，为什么？

17-3 实验一〇四 氢氧化铁溶胶的电泳

一、目的要求

1. 掌握氢氧化铁溶胶的制备和纯化方法。

2. 学习和了解电泳法测定电动电势 ζ 的原理和技术。

二、实验原理

在胶体分散体系中，由于胶粒表面的电离或胶粒在分散介质中选择性地吸附了某些离子，使胶粒带电荷，因而在胶粒周围的分散介质中，就有电荷量相等而电荷相反的离子存在。这些反离子由于受静电引力和热运动的作用，在胶粒周围形成扩散双电层，一部分紧密地吸附在胶粒表面连同离子的溶剂化层一起形成吸附层，另一部分因与胶粒的静电引力较弱而形成扩散层。在外电场作用下，带电荷胶粒连同吸附层一起向与胶粒电荷相反的电极移动，这种现象称为电泳，由溶剂化层界面到均匀液相内部电势为零处的电势差称为电动电势或 ζ 电势。

测定 ζ 电势，对了解溶胶的稳定性有重要意义。ζ 电势的测定常用电泳法。电泳法分为宏观法和微观法。宏观法是测定溶胶与另一不含胶粒的无色导电溶液（辅助液）所形成的界面在电场中的移动速率。微观法是直接观测单个胶粒在电场中的泳动速率。对高度分散的溶胶如 $Fe(OH)_3$ 溶胶和 As_2S_3 溶胶或过浓的溶胶，不易观察个别粒子的运动，宜用宏观法，而对颜色极浅或过稀的溶胶，可用微观法。本实验用宏观法测定 $Fe(OH)_3$ 溶胶的 ζ 电势。方法是在 U 形电泳管下部装入一定量的溶胶，然后在溶胶上面小心加入电导率与溶胶相等的辅助液，使溶胶与辅助液之间形成清晰的界面，在 U 形管两端各插入一支电极于辅助液中，通电一定时间后，即可看到界面发生了移动，界面移动速率 u 与 ζ 电势有如下关系：

$$\zeta=\frac{K\pi\eta u}{\varepsilon E} \tag{17-12}$$

式中：K——与胶粒形状有关的常数，对圆柱形粒子 $K=4$，对球形粒子 $K=6$，对 $Fe(OH)_3$ 溶胶 $K=4$；

π——圆周率；

η——介质的黏度（Pa·s），$1\ Pa=1\ N\cdot m^{-2}$；

ε——介质的介电常数（$F\cdot m^{-1}$），$1\ F\cdot m^{-1}=1\ N\cdot V^{-2}$；

E——电势梯度（$V\cdot m^{-1}$）；

u——界面移动速率（$m\cdot s^{-1}$）。

而

$$E=\frac{\varphi}{l} \qquad u=\frac{s}{t}$$

式中：φ——两极间的电势差（V）；

l——两极间的距离(m)；

s——界面移动的距离(m)；

t——界面移动 s 距离所需的时间(s)。

代入式(17-12)得

$$\zeta=\frac{K\pi\eta sl}{\varepsilon\varphi t} \tag{17-13}$$

从式(17-13)可以看出，对一定的溶胶，若固定 φ 和 l，测定时间 t 内界面移动的距离 s，便可计算出 ζ 电势。

$Fe(OH)_3$ 溶胶可用凝聚法，通过化学反应来制备。

$$FeCl_3+3H_2O \xrightarrow{\text{煮沸}} Fe(OH)_3\text{(溶胶)}+3HCl$$

用于电泳的溶胶必须纯净，因而制备的 $Fe(OH)_3$ 溶胶必须进行纯化，纯化的方法是渗析。

三、实验用品

1. 仪器

电泳仪　U 形电泳管　铂电极　烧杯(250 mL，400 mL，1000 mL)

电导电极　秒表　电导率仪　大试管　电热板　铁架台

量筒(10 mL，100 mL)　滴管　洗瓶　恒温水浴锅(多孔)

PPT：电泳仪的使用

2. 药品

$0.5\ mol\cdot L^{-1}$ $FeCl_3$ 溶液　　$0.05\ mol\cdot L^{-1}$ $AgNO_3$ 溶液

$0.01\ mol\cdot L^{-1}$ KCl 溶液　　$0.01\ mol\cdot L^{-1}$ KSCN 溶液

3. 其他

细铜丝　直尺　火棉胶半透明袋

四、操作步骤

1. $Fe(OH)_3$ 溶胶的制备

将 200 mL 蒸馏水盛于 400 mL 烧杯中煮沸，然后边搅拌边慢慢滴加 10 mL $0.5\ mol\cdot L^{-1}$ $FeCl_3$ 溶液，直至生成红棕色的 $Fe(OH)_3$ 溶胶。

2. $Fe(OH)_3$ 溶胶的纯化

将制得的 $Fe(OH)_3$ 溶胶装入火棉胶半透膜袋内，并置于 60～70 ℃的蒸馏水中进行热渗析，每隔 30 min 换一次蒸馏水，直至水中检不出 Cl^- 和 Fe^{3+} 为止(用 $0.05\ mol\cdot L^{-1}$ $AgNO_3$ 溶液和 $0.01\ mol\cdot L^{-1}$ KSCN 溶液检验)。

3. KCl 辅助液的准备

将适量纯化后的 $Fe(OH)_3$ 溶胶装入大试管中，测定其在室温下的电导率，然后在 250 mL 烧杯中加入 200 mL 蒸馏水，插入电导电极，边搅拌边缓慢滴加0.01 mol·L^{-1} KCl溶液，并同时测定其电导率，直至其电导率与$Fe(OH)_3$溶胶的电导率相等为止。

4. $Fe(OH)_3$ 溶胶的电泳及 ζ 电势的测定

测定装置如图 17-5 所示。先用蒸馏水及 $Fe(OH)_3$ 溶胶分别洗涤 U 形电泳管，并检查旋塞是否旋动自如、不漏液，关好旋塞。用滴管由小漏斗小心加入 $Fe(OH)_3$ 溶胶（注意不能有气泡），把 U 形电泳管固定在铁架台上，用两个滴管由 U 形管两个上口，沿管壁等量的加入适量 KCl 辅助液，使 U 形管两边液面水平。在 U 形管两端轻轻插入铂电极（电极浸入液面约 1 cm，且深度相同），记录胶体液面的高度位置。将两电极与电泳仪连接。接通电源，工作电压调至 150～200 V，观察界面移动的方向，当界面清晰后，用秒表准确测量界面上升 0.5 cm，1.0 cm，1.5 cm，2.0 cm 所需的时间。测量完毕后关闭电源，用细铜丝准确测量两电极间的距离（不是水平距离，而是 U 形管的导电距离）。洗净电泳管和电极。

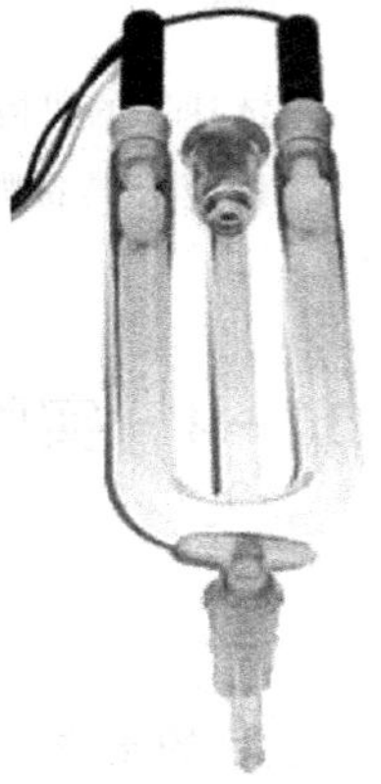

图 17-5 U 形电泳管

五、数据处理

1. 实验数据记录表

室温/℃	电导率/(S·m^{-1})	$\eta^T_{H_2O}$/(Pa·s)	$\varepsilon^T_{H_2O}$/(F·m^{-1})	l/m

水的黏度查附录十七，水的介电常数按下式计算：

$$\varepsilon^T_{H_2O}=8.899\times10^{-9}(F\cdot m^{-1})-4.45\times10^{-11}(F\cdot m^{-1})(T-293\ K)$$

式中 T 为实验时的热力学温度。

φ/V	s/m	t/s	ζ/V	$\zeta_{平均值}$/V

2. 根据界面移动的方向和电极的正负，确定 $Fe(OH)_3$ 胶粒的电荷符号并解释之。

3. 根据式(17－13)计算 $Fe(OH)_3$ 溶胶的电动电势并取平均值，列入上表。

思考题

1. 电泳速率的快慢与哪些因素有关？

2. 辅助液应具备哪些条件？为什么它的电导率必须与溶胶的电导率一致或十分接近？

17－4 实验一〇五 黏度法测定高分子化合物的相对分子质量

一、目的要求

1. 学习和掌握黏度法测定高分子化合物相对分子质量的原理和方法。
2. 掌握乌氏黏度计的使用方法。

二、实验原理

高分子化合物的相对分子质量是研究高分子化合物的重要数据，它不仅反映了高分子化合物的分子大小，而且直接关系到高分子化合物的物理性能。因为高分子化合物多是由相对分子质量不等的高分子混合组成的，所以通常测得的相对分子质量是一个平均值。高分子化合物相对分子质量的测定多采用黏度法，即利用高分子化合物溶液的黏度与相对分子质量的关系的经验方程来计算相对分子质量。

任何液体都具有黏度，它是液体流动时分子之间内摩擦效应的反映。这种内摩擦主要有：溶剂分子之间的内摩擦；高分子化合物分子与溶剂分子之间的内摩擦；高分子化合物分子之间的内摩擦。溶剂分子之间的内摩擦称为纯溶剂的黏度，用 η_0 表示。三种内摩擦的总和称为高分子化合物溶液的黏度，以 η 表示。实践证明，在同一温度下，高分子化合物溶液的黏度一般要比纯溶剂的黏度大($\eta>\eta_0$)。溶液中黏度增大的分数叫作增比黏度 η_{sp}，它反映出扣除了溶剂分子之间的内摩擦后仅仅是纯溶剂与高分子间及高分子与高分子之间的内摩擦，即

$$\eta_{sp}=\frac{\eta-\eta_0}{\eta_0}=\frac{\eta}{\eta_0}-1=\eta_r-1 \tag{17-14}$$

式中 η_r 为相对黏度。增比黏度随溶液中高分子化合物浓度的增大而增大。为了便于比较，常用单位浓度时溶液的增比黏度 η_{sp}/c 作为高分子化合物相对分子质量的量度，称为比浓黏度。比浓黏度也随浓度而变，当浓度较小时

$$\frac{\eta_{sp}}{c}=[\eta]+K[\eta]^2c \tag{17-15}$$

式中：K——比例常数；

$[\eta]$——特性黏度，它是当溶液的浓度趋近于 0 时，比浓黏度的极限值，即

$$\lim_{c\to 0}\frac{\eta_{sp}}{c}=[\eta]$$

以 η_{sp}/c 对 c 作图应为一直线，直线的截距即为$[\eta]$。

另外，$\ln\eta_r/c$ 也随浓度而改变，当浓度较小时，

$$\frac{\ln\eta_r}{c}=[\eta]-\beta[\eta]^2c \tag{17-16}$$

显然，当浓度趋近于 0 时，$\ln\eta_r/c$ 的极限值亦为$[\eta]$，即

$$\lim_{c\to 0}\frac{\ln\eta_r}{c}=[\eta] \tag{17-17}$$

以 $\ln\eta_r/c$ 对 c 作图也应为一直线，直线的截距也为$[\eta]$。为了获得可靠的实验结果，通常是以 η_{sp}/c 和 $\ln\eta_r/c$ 对 c 作图，两条直线应在纵坐标上交于一点，此点即为$[\eta]$，见图 17-6。

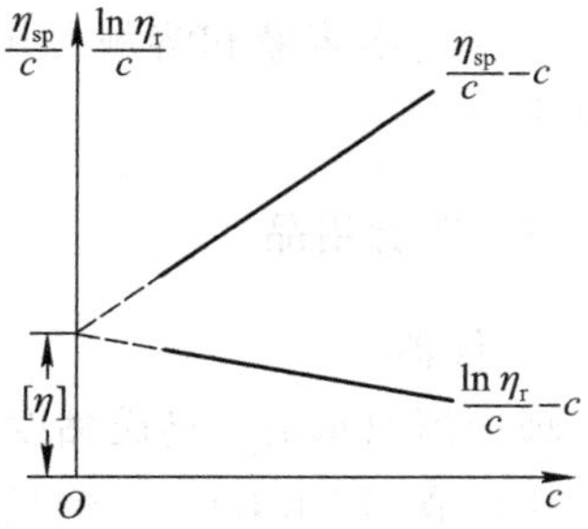

图 17-6 外推法求$[\eta]$示意图

$[\eta]$与高分子化合物相对分子质量的关系可用下列经验方程表示：

$$[\eta]=K\overline{M}_r^{\alpha} \tag{17-18}$$

式中：$\overline{M}_r$——相对分子质量的平均值，因为它是用黏度法求得的，故称为黏均相对分子质量；

K 和 α——经验方程中的两个参数，对一定的高分子化合物，在一定的溶剂和温度下，它们均为常数，可由其他实验方法（如渗透压法）测出

或直接从文献中查出。

本实验是在 25 ℃下，以水作溶剂，测定聚乙烯醇的相对分子质量。聚乙烯醇的水溶液在 25 ℃时，$K = 2\times10^{-5}\ m^3\cdot kg^{-1}$，$\alpha = 0.76$；在 30 ℃时，$K = 6.66\times10^{-5}\ m^3\cdot kg^{-1}$，$\alpha = 0.64$。

测定黏度的方法有毛细管法、转筒法和落球法，测定高分子化合物溶液的黏度，以毛细管法最方便。液体的黏度 η（单位为 Pa•s）可以用体积为 V 的液体流经毛细管的时间 t 来衡量。

$$\eta = \frac{\pi r^4 gh\rho t}{8lV} \tag{17-19}$$

式中：r——毛细管半径（cm）；

g——重力加速度（$cm\cdot s^{-2}$）；

h——流经毛细管液体的平均液柱高度（cm）；

ρ——液体密度（$g\cdot cm^{-3}$）；

t——流出的时间（s）；

l——毛细管长度（cm）；

V——流经毛细管液体的体积（mL）。

对一支指定的黏度计来说，$\frac{\pi r^4 gh}{8lV} = A$，为一常数，则

$$\eta = A\rho t \tag{17-20}$$

当溶液很稀时，溶液的密度与溶剂的密度近似相等（$\rho = \rho_0$），则

$$\eta_r = \frac{\eta}{\eta_0} = \frac{t}{t_0} \tag{17-21}$$

实验测出溶液和溶剂在相同黏度计中流出时间 t 及 t_0，就可计算出 η_r，进而算出 η_{sp}。

三、实验用品

1. 仪器

玻璃恒温水浴　乌氏黏度计　分析天平　秒表　容量瓶（100 mL）
移液管（10 mL）　烧杯（100 mL）　玻璃砂芯漏斗（3 号）
量筒（100 mL）　电热板　洗瓶　洗耳球　玻璃棒
弹簧夹　玻璃仪器气流烘干器

2. 药品

聚乙烯醇（AR）　1－丁醇（AR）

3. 其他

乳胶管

四、操作步骤

1. 聚乙烯醇溶液的配制

用分析天平准确称取 0.40 g 聚乙烯醇，放入 100 mL 烧杯中，加 50 mL 蒸馏水，稍加热使其溶解。冷却至室温，加入 1～2 滴 1-丁醇（去泡剂），定量转移到 100 mL 容量瓶中，用蒸馏水稀释至刻度（质量浓度为 4 $g \cdot L^{-1}$），摇匀，如果溶液中有固体杂质，用 3 号玻璃砂芯漏斗过滤备用。

2. 黏度计的选择和准备

本实验采用乌氏黏度计，它的优点是液体体积多少对测定结果没有影响，因此可以在黏度计中采用逐步稀释的方法来得到不同浓度的溶液。乌氏黏度计的构造如图 17-7，其中毛细管 H 的直径和长度及 E 球的大小，应根据所用溶剂的黏度而确定。在保证溶剂流出时间大于 100 s 的前提下，毛细管的直径不宜小于 0.5 mm，否则测定时容易堵塞。F 球的容积应是 B 管 a 处到 F 球下端总容积的 8～10 倍，这样可以保证溶液稀释到起始浓度的 1/5 左右。为了使 F 球不致过大，E 球的容积以 4～5 mL 为宜，同时 D 球与 F 球下端的距离应尽可能小。

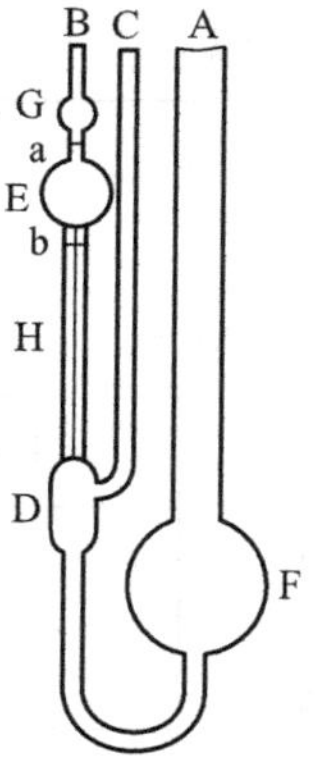

图 17-7 乌氏黏度计

黏度计洗涤时应将洗涤液加入黏度计内，让洗涤液反复流过毛细管，然后依次用自来水、蒸馏水洗涤干净，最后烘干备用。

3. 溶剂和溶液黏度的测定

(1) 测定溶剂流经毛细管的时间　调节玻璃恒温水浴的温度为 25 ℃，将黏度计垂直放入恒温水浴中并固定好，恒温水浴的水面要浸没黏度计的 G 球。用移液管吸取 10 mL 蒸馏水从黏度计的 A 管加入。恒温 10 min 后，用弹簧夹夹紧 C 管口上的乳胶管，用洗耳球从 B 管口上的乳胶管口将溶剂经毛细管吸入 G 球和 E 球中（注意：液体不可吸入洗耳球内），先移开洗耳球，接着快速地打开 C 管上的弹簧夹，使 B，C 两管均与大气相通，此时 G 球中的液面逐渐下降，当液面通过刻度 a 时，按下秒表开始计时，当液面通过刻度 b 时结束计时，记录溶剂流经毛细管的时间。重复测定三次，每次时间相差不应超过 0.3 s，求出平均值 t_0。

(2) 测定溶液流经毛细管的时间　用另一支移液管吸取 10 mL 聚乙烯醇

视频：润洗黏度计演示

从黏度计的 A 管加入。充分混合溶液，此时聚乙烯醇溶液的浓度为 $c_1/2$。用稀释后的溶液润洗毛细管 2～3 次，溶液恒温 10 min 后按(1)的方法测定溶液的流出时间 t_1。然后再依次加入 10 mL，10 mL，10 mL 蒸馏水，稀释成浓度分别为 $c_1/3$，$c_1/4$，$c_1/5$ 的溶液，测定对应的流出时间 t_2，t_3，t_4。注意，每次加蒸馏水后，均应充分混合溶液，并用稀释后的溶液润洗毛细管 2～3 次，溶液恒温 10 min 后再进行测定。每个数据重复测定三次，取平均值。

(3) 实验完毕，取出黏度计，倒出溶液，依次用自来水、蒸馏水洗涤黏度计，倒置晾干或烘干。

五、数据处理

1. 记录并计算所需数据

室温：________ ℃　　大气压：________ kPa

		流出时间 t/s				$\eta_r=\frac{t}{t_0}$	$\eta_{sp}=\eta_r-1$	$\ln\eta_r$	$\frac{\eta_{sp}}{c'}$	$\frac{\ln\eta_r}{c'}$
		1	2	3	平均值					
溶剂					$t_0=$	—	—	—	—	—
溶液	$c_1'=1/2$				$t_1=$					
	$c_2'=1/3$				$t_2=$					
	$c_3'=1/4$				$t_3=$					
	$c_4'=1/5$				$t_4=$					

2. 作图求[η]

为了作图方便和准确，常采用相对浓度 c' 来表示，即以起始浓度为 1。则由实验过程知：$c_1'=1/2$，$c_2'=1/3$，$c_3'=1/4$，$c_4'=1/5$。作图时以 c' 作横坐标，以 η_{sp}/c' 和 $\ln\eta_r/c'$ 为纵坐标，所得的直线经外推至 $c'=0$，得截距为 A，则 A 与特性黏度[η]的关系为

$$[\eta]=\frac{A}{c_1}$$

式中：c_1——真实的起始浓度。

由此可求出聚乙烯醇的特性黏度[η]值。

3. 计算相对分子质量

根据式(17-18)及所用溶剂和温度条件下的 K 和 α 值，计算出聚乙烯醇

的平均相对分子质量 $\overline{M}_r$。

思考题

1. 高分子化合物溶液的黏度与哪些因素有关？
2. 特性黏度[η]是如何测定的？
3. 实验成败的因素有哪些？如何克服这些影响因素？

17-5 实验一〇六 毛细管电泳法测定苯甲醇、苯甲酸、水杨酸、对氨基水杨酸的含量

一、目的要求

1. 学习和掌握毛细管电泳的基本原理及毛细管电泳仪的使用。
2. 学习毛细管电泳测定苯甲醇、苯甲酸、水杨酸及对氨基水杨酸含量的原理和方法。
3. 通过实验了解影响毛细管电泳分离的主要操作参数。

二、实验原理

毛细管电泳(CE)是待测离子或带电荷粒子以电场为驱动力，在毛细管中按其淌度或分配系数上的差异而进行高效快速分离的一种液相分离技术。离子在自由溶液中的迁移速率可以表示为

$$v=\mu E \tag{17-22}$$

式中：v——离子迁移速率；
μ——电泳淌度；
E——电场强度。

离子的电泳淌度与其电荷量成正比，与其半径及介质黏度成反比。带相反电荷的离子其电泳的方向也相反。在物理化学手册中可以查到的离子淌度常数是绝对淌度，而在电泳实验中测定的值为有效淌度(μ_e)。

电渗流(EOF)是CE操作中的基本组成部分，它是指毛细管内溶液在外加电场作用下整体朝一个方向流动的现象，来源于外加电场对管壁溶液双电层的作用，其大小可用电渗淌度 μ_{EOF} 来表示。除了受pH的影响外，电渗流还与表面性质(硅羟基的数量、是否有涂层等)、溶液离子强度有关。在未涂层石英毛细管中电渗流的方向一般是从正极到负极。电渗流的存在可以使几

乎所有待分析物向同一方向运动，而不管其电荷性质如何。这是因为电渗淌度一般比离子的电泳淌度大一个数量级，故当离子的电泳方向与电渗流方向相反时，仍然可以使其沿电渗流方向迁移。这样，就可在一次进样分析中，同时分离正离子和负离子。中性分子由于不带电荷，其移动速率与电渗流速率相同。

CE 有毛细管区带电泳（CZE）、毛细管胶束电动色谱（MECC）、毛细管凝胶电泳（CGE）、毛细管等电聚焦（CIEF）、毛细管等速电泳（CITP）和毛细管电色谱（CEC）6 种常用的分离模式。其中毛细管区带电泳（CZE）和毛细管胶束电动色谱（MECC）最为常用。

毛细管区带电泳（CZE）是最简单的 CE 模式。在电场的作用下，样品组分以不同的速率在分立的区带内进行迁移而被分离。由于电渗流的作用，正负离子均可以实现分离。在正极进样的情况下，正离子首先流出毛细管，负离子最后流出。中性物质在电场中不迁移，只是随电渗流一起流出毛细管。在 CZE 中，影响分离的因素主要有缓冲液的种类、浓度和 pH、添加剂、分析电压、温度、毛细管的尺寸和内壁改性等。

CE 中的分析参数可以用色谱中类似的参数来描述，比如与色谱保留时间相对应的有迁移时间，定义为一种物质从进样口迁移到检测点所用的时间，迁移速率（v）则是迁移距离（l，即待分析物质从进样口迁移到检测点所经过的距离，又称毛细管的有效长度）与迁移时间（t）之比：

$$v=\frac{l}{t} \tag{17-23}$$

因为电场强度等于施加电压（U）与毛细管总长度（L）之比：

$$E=\frac{U}{L} \tag{17-24}$$

就毛细管区带电泳（CZE）而言，结合式（17-22），可得

$$\mu=\frac{l}{tE}=\frac{lL}{tU} \tag{17-25}$$

在毛细管区带电泳（CZE）条件下测得的淌度是电泳淌度与电渗流淌度的矢量和，称之为表观淌度 μ_a，即

$$\mu_a=\mu_e+\mu_{EOF} \tag{17-26}$$

实验中可以采用一种中性化合物，如二甲基亚砜或丙酮等，来单独测定电渗流淌度，然后求得待分析物的有效淌度。例如，图 17-8 是一混合物分离

结果的电泳谱图。实验用毛细管总长度为 50 cm，有效长度为40 cm，施加电压为 20 kV。根据上述公式，即可计算出 μ_{EOF} 及不同离子的 μ_a 和 μ_e。

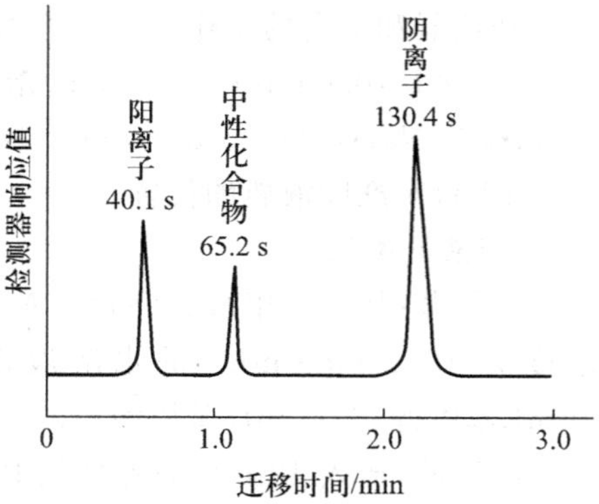

图 17-8 阳离子、中性化合物和阴离子的 CE 分离图

电渗淌度：

$$\mu_{EOF}=\left(\frac{40\times50}{20000\times65.2}\right)\mathrm{cm^2\cdot V^{-1}\cdot s^{-1}}$$
$$=1.53\times10^{-3}\ \mathrm{cm^2\cdot V^{-1}\cdot s^{-1}}$$

正离子：

$$\mu_a=\left(\frac{40\times50}{20000\times40.1}\right)\mathrm{cm^2\cdot V^{-1}\cdot s^{-1}}=2.49\times10^{-3}\ \mathrm{cm^2\cdot V^{-1}\cdot s^{-1}}$$

$$\mu_e=\mu_a-\mu_{EOF}=9.6\times10^{-4}\ \mathrm{cm^2\cdot V^{-1}\cdot s^{-1}}$$

负离子：

$$\mu_a=\left(\frac{40\times50}{20000\times130.4}\right)\mathrm{cm^2\cdot V^{-1}\cdot s^{-1}}=7.67\times10^{-4}\ \mathrm{cm^2\cdot V^{-1}\cdot s^{-1}}$$

$$\mu_e=\mu_a-\mu_{EOF}=-7.63\times10^{-4}\ \mathrm{cm^2\cdot V^{-1}\cdot s^{-1}}$$

注意，阴离子的有效淌度为负值，因为其电泳淌度与电渗流淌度的方向相反。

本实验以 1∶1 的 5 $\mathrm{mmol\cdot L^{-1}}$ NaH_2PO_4 溶液－5 $\mathrm{mmol\cdot L^{-1}}$ Na_2HPO_4 溶液为分离缓冲溶液，采用 CZE 分离方式对苯甲醇、苯甲酸、水杨酸、对氨基水杨酸四种化合物进行分离与定量。

三、实验用品

1. 仪器

毛细管电泳仪　石英毛细管(内径:75 μm;总长度:50 cm;有效长度:40 cm)
吸量管(1 mL,5 mL)　容量瓶(10 mL)　洗瓶　洗耳球

2. 药品

NaH_2PO_4(AR)　Na_2HPO_4(AR)　苯甲醇(AR)　苯甲酸(AR)
水杨酸(AR)　对氨基水杨酸(AR)　NaOH(AR)

四、操作步骤

1. 仪器的预热和毛细管的冲洗

打开仪器和配套的工作站。工作温度设置为 30 ℃，不加电压，冲洗毛细管，顺序依次是：0.1 mol·L^{-1} NaOH 溶液 5 min，二次蒸馏水 5 min，1∶1 的 5 mmol·L^{-1} NaH_2PO_4－5 mmol·L^{-1} Na_2HPO_4 缓冲溶液 5 min，冲洗过程中出口(outlet)对准废液瓶的位置。

2. 溶液的配制

将适量苯甲醇、苯甲酸、水杨酸、对氨基水杨酸分别溶于二次蒸馏水中配成浓度为 1.00 mg·mL^{-1} 的水溶液作为标准溶液。用吸量管分别吸取 3.00 mL苯甲醇、3.00 mL 苯甲酸、1.00 mL 水杨酸、0.50 mL 对氨基水杨酸的上述标准溶液，放入 10 mL 的容量瓶中，用二次蒸馏水稀释至刻度，摇匀。得到苯甲醇、苯甲酸、水杨酸、对氨基水杨酸浓度分别为 300 μg·mL^{-1}，300 μg·mL^{-1}，100 μg·mL^{-1}，50.0 μg·mL^{-1} 的混合溶液作为混合标样。另有一个预先配制的未知浓度混合样品。

3. 混合标样和未知浓度混合样品的测定

待毛细管冲洗完毕，用吸量管吸取 1.00 mL 混合标样，放入样品瓶中，压力进样(进样压力 3000 Pa，进样时间 5 s)。然后开始分析，电压 25 kV，时间约 10 min。按相同的方法和条件测定未知浓度混合样品。混合标样和未知浓度混合样品的测定重复三次。

4. 完成实验以后，用二次蒸馏水冲洗毛细管 10 min。

打印报告，清理实验台。

注意事项

1. 在分析时要确保电极放在了正确的缓冲溶液中。

2. 冲洗毛细管对于实验结果的可靠性和重现性至关重要，务必按要求认真完成每一次冲洗。

五、数据处理

1. 根据电泳的原理，判断混合标样电泳谱图中 4 个峰各自的归属(需要查找待分析物的 $pK_a^\ominus$ 值)，找到在未知浓度混合样品中与之迁移时间一致的峰。

2. 按照已知浓度峰的积分面积之比折算未知浓度混合样品中各个组分的浓度(外标定量法)。

3. 计算各个组分的表观淌度和有效淌度，并说明哪个组分可以作为电渗流标记物。本次 CE 实验使用的毛细管总长度 $L=50$ cm，有效长度 $l=40$ cm，施加电压 $U=25$ kV。

思考题

根据毛细管区带电泳(CZE)原理讨论：如果更换 pH 更高或更低的缓冲溶液，各组分的迁移时间如何变化。

第十八章

综合实验及自行设计实验(二)

概　述

安排一些综合性化学实验和学生自行设计实验，可以培养学生的科学态度、科学方法和科学思维能力，可以检验和体现学生的实验能力。开设较高层次的综合实验可以突出农、林、水产及其他相关院校特点，将科研成果引入教学，改变实验内容单调、与专业脱节的现象，拓宽学生的知识面，将实验教学与科研、专业应用相结合。综合实验有较强的连续性和综合性，从原料→粗产品→纯品→鉴定，及以常量→半微量→微量，使学生的思维形式形成连续过程，对学生思维能力及初步进行科学研究能力的培养较为有利。综合实验将教学基本要求的基本技能：萃取、蒸馏、重结晶、过滤、色谱及波谱分析等融合于一个实验中，把过去单一进行的操作训练有机地组合起来，贯穿于解决实际问题中。

通过本章的自行设计实验，学生将根据实验指导中的提示，进一步学会查阅文献，利用实验化学方面的参考书、手册设计实验方案，拟订实验步骤。此外，由于原始文献中记载的实验步骤和条件往往没有实验教材那么详细，所以实际样品的处理方法、仪器的装置、操作条件的选择等都需要灵活而正确地运用以往所学的化学知识和实验技能。同时原料的纯化、试剂的配制也需自行处理，这些都能培养和锻炼学生的独立操作能力。

本章选编的实验内容是根据农、林、水产、轻工和相关院校的特点及其相关专业相结合而设计的。通过实验使学生进一步巩固所学的知识，将有利于学生对化学和实验化学课程教学内容的全面了解和掌握，培养学生运用化学理论知识和化学技能解决实际问题的能力。

18-1 实验一〇七 阿司匹林的合成、鉴定与含量的测定

一、目的要求

1. 掌握乙酰水杨酸的合成、鉴定及含量测定的方法。

2. 进一步熟练重结晶及熔点测定等基本操作。

3. 通过实践了解紫外吸收光谱法、红外吸收光谱法、核磁共振波谱法在有机合成中的应用。

二、实验原理

乙酰水杨酸，通常称为阿司匹林(aspirin)，是由水杨酸(邻羟基苯甲酸)和乙酸酐合成的。反应式：

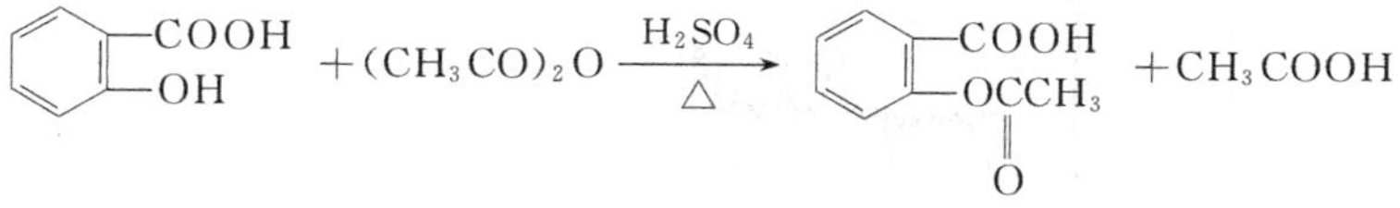

在生成乙酰水杨酸的同时，水杨酸分子之间可以发生酯化反应，生成极少量的聚合酯：

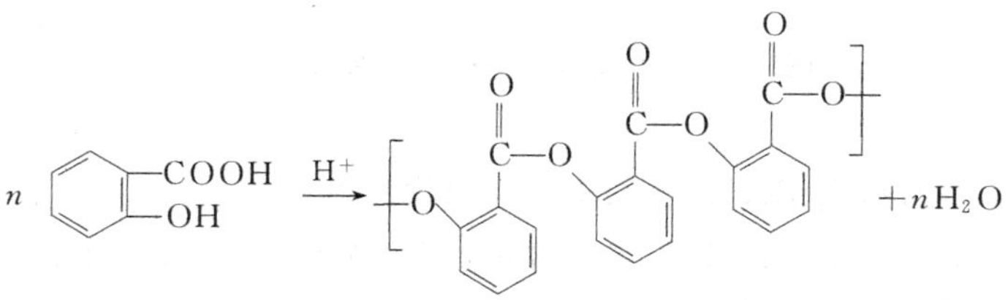

乙酰水杨酸能与 $NaHCO_3$ 反应生成水溶性钠盐，而副产物聚合酯不能溶于 $NaHCO_3$，这种性质上的差别可用于阿司匹林的纯化。

由于乙酰化反应不完全，在产物中可能含有水杨酸，它可以在各步纯化过程和产物的重结晶过程中被除去。与大多数酚类化合物一样，水杨酸可与 $FeCl_3$ 形成深色配合物，而阿司匹林因酚羟基已被酰化，不再与 $FeCl_3$ 发生颜色反应，因而未作用的水杨酸很容易被检出。

乙酰水杨酸的红外吸收光谱特征如图 18-1，乙酰水杨酸的核磁共振波谱

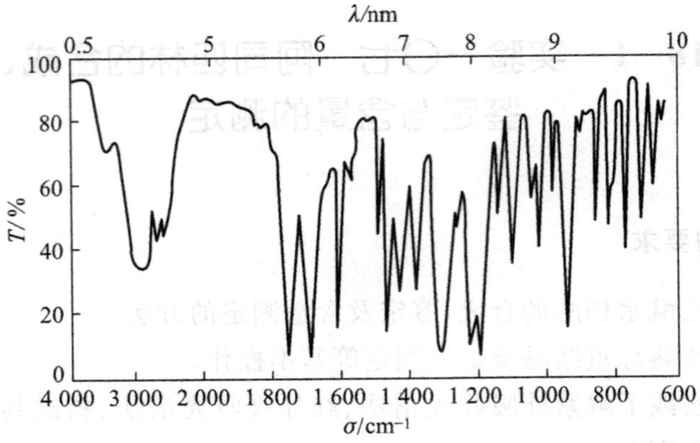

图 18-1　乙酰水杨酸的红外吸收光谱图

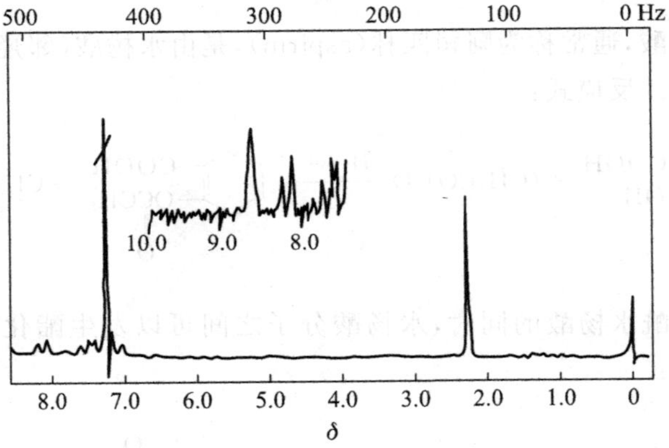

图 18-2　乙酰水杨酸的核磁共振波谱图

特征如图 18-2，可由 IR，^{1}H NMR 鉴定产物乙酰水杨酸。

为了测定产品中乙酰水杨酸的含量，产物用稀 NaOH 溶液溶解，乙酰水杨酸水解生成水杨酸二钠。

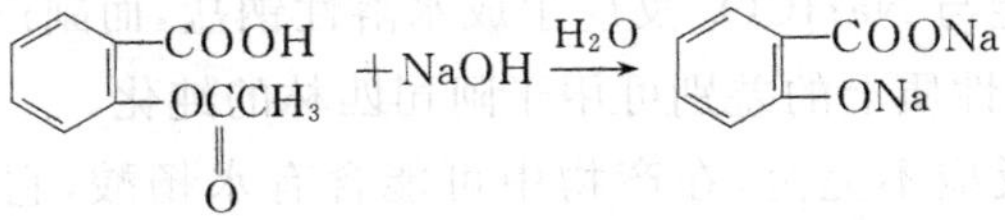

该溶液在 296.5nm 左右有吸收峰，测定稀释成一定浓度乙酰水杨酸的 NaOH 溶液的吸光度值，并用已知浓度的水杨酸的 NaOH 溶液作一条标准曲线，则可以从标准曲线上求出相当于乙酰水杨酸的含量。根据两者的相对分

子质量，即可求出产物中乙酰水杨酸的含量。

三、实验用品

1. 仪器

红外光谱仪　吸量管(5 mL)　称量瓶　吸滤装置　烘箱
紫外-可见分光光度计　容量瓶(100 mL)　滴管
表面皿　核磁共振波谱仪　熔点测定仪　锥形瓶(100 mL)
石英吸收池(1 cm)　温度计(100℃，1/10℃)　烧杯(150 mL)
托盘天平　分析天平　恒温水浴　试管　玻璃棒　洗瓶　洗耳球

2. 药品

水杨酸(AR)　乙酸酐(AR)　$NaHCO_3$ 饱和溶液　浓 HCl 溶液(AR)
1%$FeCl_3$ 溶液　浓 H_2SO_4(AR)　0.1 $mol\cdot L^{-1}$ NaOH 溶液
氘代氯仿(AR)

四、操作步骤

1. 阿司匹林的合成

在干燥的 100 mL 锥形瓶中加入 2 g 干燥的水杨酸，5 mL 新蒸的乙酸酐[1]和 5 滴浓 H_2SO_4，旋摇锥形瓶使水杨酸全部溶解后，在水浴上加热 5～10 min，控制水浴温度在 85～90℃。冷至室温，即有乙酰水杨酸结晶析出。如不结晶，可用玻璃棒摩擦瓶壁并将反应物置于冰水中冷却使结晶产生。加入 50 mL 水，将混合物继续在冰水中冷却使结晶完全。减压过滤，用滤液反复淋洗锥形瓶，直至所有晶体被收集到布氏漏斗中，用少量冷水洗涤结晶，继续抽气将溶剂尽量抽干。粗品转移至已称量的表面皿上，烘干，称量。

将粗产物转移到 150 mL 烧杯中，在搅拌下加入 25 mL $NaHCO_3$ 饱和溶液，加完后继续搅拌几分钟，直至无 CO_2 气泡产生。减压过滤，副产物聚合物应被滤出，用 5～10 mL 水冲洗漏斗，合并滤液，倒入预先盛有 50 mL 浓 HCl 溶液和 10 mL 水配成溶液的烧杯中，搅拌均匀，即有乙酰水杨酸沉淀析出。将烧杯置于冰水浴中冷却，使结晶完全，减压过滤并用玻璃塞压干晶体，再用少量冷水洗涤 2 次，压干，将结晶移到表面皿上，烘干。取几粒结晶加入盛有 5 mL 水的试管中，加入 1～2 滴 1 % $FeCl_3$ 溶液，观察有无颜色反应[2]。

2. 阿司匹林的鉴定

(1) 用熔点测定仪测定熔点，文献值为 133～135 ℃。乙酰水杨酸易受热分解，因此熔点不很明显，它的分解温度为 128～135 ℃。测定熔点时，应将热台加热至 120 ℃左右，然后放入样品测定。

(2) 用 KBr 压片法测绘产物的红外吸收光谱图，指出各主要吸收特征峰的归属，并与乙酰水杨酸的标准谱图比较。

(3) 以氘代氯仿为溶剂，测定^{1}H NMR 谱图，解析谱图进一步证实产物为乙酰水杨酸。

3. 产物中乙酰水杨酸含量的测定

(1) 用直接法准确称取 0.1000 g(准确至 0.1 mg)水杨酸，放入 150 mL 烧杯中，加入约 30 mL 蒸馏水，温热使水杨酸溶解。溶解后冷却溶液，定量转移到 100 mL 容量瓶中，用蒸馏水稀释至刻度，摇匀。标记为“原始标准储备溶液”。

用吸量管分别吸取 1.00 mL，2.00 mL，3.00 mL，4.00 mL，5.00 mL原始标准储备溶液，放入五个 100 mL 容量瓶中。各加入 1.00 mL 0.1 mol·L^{-1} NaOH 溶液，标记每个瓶，用蒸馏水稀释至刻度，摇匀，并计算每个标准溶液的质量浓度(单位为 mg·mL^{-1})。

用紫外-可见分光光度计扫描一标准溶液在 250～350 nm 范围的紫外吸收光谱，记录最大吸收波长 λ_{max} 和最大吸光度 A_{max}。然后在 λ_{max} 处测定五个标准溶液的吸光度。

(2) 用直接法准确称取 0.1000 g 本实验合成的乙酰水杨酸，放入150 mL 烧杯中，加 40 mL 0.1 mol·L^{-1} NaOH 溶液搅拌数分钟，定量转移到 100 mL 容量瓶中，用蒸馏水稀释至刻度，摇匀。吸取 2.00 mL 上述溶液放入另一个 100 mL 容量瓶中，用蒸馏水稀释至刻度，摇匀。用此稀释液作为样品，测试 250～350 nm 范围的紫外吸收光谱，读出 λ_{max} 处的吸光度值。

五、数据处理

1. 将有关实验数据填入下表，并绘制标准曲线。

编号	1	2	3	4	5
ρ/(mg·mL^{-1})					
吸光度(A)					

2. 计算乙酰水杨酸含量

根据实验合成的乙酰水杨酸溶液在 λ_{max} 处的吸光度值，从标准曲线上查到待测液的水杨酸质量浓度(单位为 mg·mL^{-1})，然后换算成乙酰水杨酸的含量。

$$m(\text{乙酰水杨酸})=\rho(\text{乙酰水杨酸})\times\frac{100}{2}\times 100\ \text{mL}$$

$$=\rho(\text{水杨酸})\times\frac{180.15}{138.12}\times\frac{100}{2}\times 100\ \text{mL}$$

$$w(\text{乙酰水杨酸})=\frac{m(\text{乙酰水杨酸})}{m_s(\text{样品})}$$

注释

[1] 如果有水，易使乙酸酐水解，故水杨酸和锥形瓶均应干燥，乙酸酐应是新蒸的，收集 139～140 ℃的馏分。

[2] 粗产品杂质主要是水杨酸，因此若结晶不纯，则加入 $FeCl_3$ 时溶液显蓝紫色。

思考题

1. 在 H_2SO_4 存在的条件下，水杨酸与乙醇反应会得到什么产物？
2. 本实验中，测定产品的乙酰水杨酸含量时，为什么要加入稀 NaOH 溶液？

18-2 实验一〇八 新鲜蔬菜中*β*-胡萝卜素的提取、分离和测定

一、目的要求

1. 学习和掌握从新鲜胡萝卜中提取、分离 β-胡萝卜素的方法。
2. 掌握紫外可见吸收光谱法测定 β-胡萝卜素含量的方法。
3. 了解共轭多烯化合物 $\pi\rightarrow\pi^*$ 跃迁吸收波长的计算方法及共轭多烯化合物的紫外-可见吸收光谱的特征。

二、实验原理

许多植物如胡萝卜、地瓜、菠菜的叶、茎、果实中含有丰富的胡萝卜素，它是维生素 A 的前体，具有类似维生素 A 的活性，胡萝卜素有 α，β，γ 异构体，其中以 β-胡萝卜素生理活性最强。β-胡萝卜素的结构式如下：

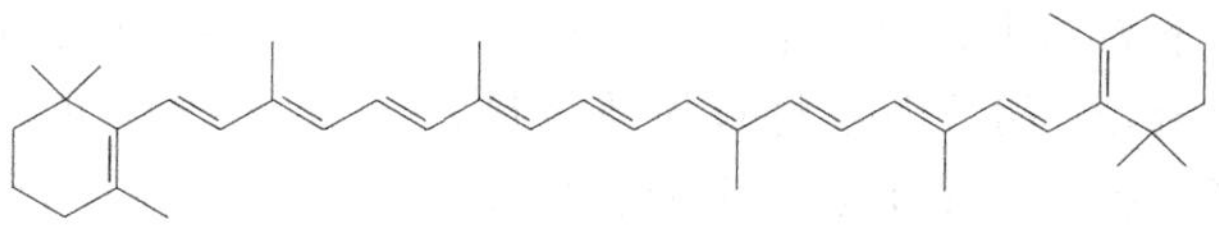

β-胡萝卜素是含有 11 个共轭双键的长链多烯化合物，它的 $\pi\rightarrow\pi^*$ 跃迁吸收带处于可见光区，因此纯的 β-胡萝卜素是橘红色晶体。

胡萝卜素不溶于水，可溶于有机溶剂中，因此植物中胡萝卜素可以用有机溶剂提取。但有机溶剂也可能同时提取植物中叶黄素、叶绿素等成分，对测定会产生干扰，需要用适当的方法加以分离。本实验采用柱色谱法将提取液中 β-胡萝卜素分离出来，经分离提纯的 β-胡萝卜素含量可以直接用紫外可见分光光度法测定。

三、实验用品

1. 仪器

紫外-可见分光光度计　色谱柱(1.0 cm × 10 cm)

玻璃漏斗　分液漏斗　容量瓶(10 mL,50 mL,100 mL)　研钵

真空泵　吸量管(2 mL)　量筒(10 mL,100 mL)　石英吸收池(1 cm)

分析天平　洗瓶　洗耳球

2. 药品

活性 MgO　硅藻土助滤剂　无水 Na_2SO_4(AR)　正己烷(AR)

丙酮(AR)　β-胡萝卜素

四、操作步骤

1. 样品处理

将新鲜胡萝卜粉碎混匀，称取 2 g，加入 10 mL 1∶1 丙酮-正己烷混合溶剂，在研钵中研磨 5 min，将混合溶剂滤入预先盛有 50 mL 蒸馏水的分液漏斗中，残渣继续用 10 mL 1∶1 丙酮-正己烷混合溶剂研磨，过滤，如此反复直到浸提液无色为止，合并浸提液，残渣每次用 20 mL 蒸馏水洗涤两次，将洗涤后的水溶液合并，用 10 mL 正己烷萃取水溶液，与前面的浸提液合并供柱色谱分离。

2. 柱色谱分离

将 2 g 活性 MgO 与 2 g 硅藻土助滤剂混合均匀，作吸附剂，疏松地装入色谱柱中，然后用真空泵抽气使吸附剂逐渐密实，再在吸附剂顶面盖上一层约 5 mm 厚无水 Na_2SO_4。

将样品浸提液逐渐倾入色谱柱中，在连续抽气条件下(或用洗耳球吹)使浸提液流过色谱柱。用正己烷冲洗色谱柱，使胡萝卜素谱带与其他色素谱带分开。当胡萝卜素谱带移过色谱柱中部后，用 1∶9 丙酮-正己烷混合溶剂洗脱并收集流出液，β-胡萝卜素将首先从色谱柱流出，而其他色素仍保留在色谱柱中，将洗脱的 β-胡萝卜素流出液收集在 50 mL 容量瓶中，用 1∶9 丙酮-

正己烷混合溶剂稀释至刻度，摇匀。

3. 制作标准曲线

采用逐级稀释法准确配制 25 $\mu g \cdot mL^{-1}$ β-胡萝卜素正己烷标准溶液。分别吸取该溶液 0.40 mL，0.80 mL，1.20 mL，1.60 mL，2.00 mL，放入五个 10 mL 容量瓶中，用正己烷稀释至刻度，摇匀。

用 1 cm 石英吸收池，用正己烷作参比液，测定其中一个标准溶液的紫外-可见吸收光谱，找出 λ_{max}（测定的波长范围为 350～550 nm），在 λ_{max} 处分别测定五个 β-胡萝卜素标准溶液的吸光度。

4. 测定样品浸提液中 β-胡萝卜素的含量

将经过柱色谱分离后的 β-胡萝卜素溶液，以 1∶9 丙酮-正己烷混合溶剂为参比液，用紫外-可见分光光度计测定其吸收光谱（350～550 nm）及最大 λ_{max} 处的吸光度。

五、数据处理

1. 绘制 β-胡萝卜素标准曲线。
2. 确定样品溶液 λ_{max} 处的吸光度，计算 β-胡萝卜素的含量。

$$w(\beta\text{-胡萝卜素})=\frac{50\ \mathrm{mL}\times\rho}{m\times10^{6}\ \mu\mathrm{g}\cdot\mathrm{g}^{-1}}$$

式中：ρ——标准曲线上查得的 β-胡萝卜素质量浓度（$\mu g \cdot mL^{-1}$）；

m——β-胡萝卜素样品的质量（g）。

思考题

1. 本实验是用什么方法从新鲜胡萝卜中提取、分离 β-胡萝卜素的？
2. 本实验是用什么方法测定 β-胡萝卜素含量的？

18-3 实验一〇九 电动势法测定化学反应的热力学函数

一、目的要求

1. 了解和掌握原电池电动势的测量方法。
2. 学习和掌握常用电势差计的原理和使用方法。
3. 学习电动势法测定化学反应热力学函数的原理和方法。

二、实验原理

当一个氧化还原反应以原电池方式进行时，在正、负两电极上产生一个电势差，这个电势差的大小是由化学反应的进行程度所决定的。

$$\Delta G_{\mathrm{m}} = -nFE \quad 或 \quad E = -\frac{\Delta G_{\mathrm{m}}}{nF}$$

式中：ΔG_{m}——电池反应的摩尔自由能变($\mathrm{kJ\cdot mol^{-1}}$)；

n——摩尔电池反应中转移的电子数目；

F——法拉第常数($96485\ \mathrm{C\cdot mol^{-1}}$)；

E——原电池的电动势(V)。

由以上可以看出 E 与 $-\Delta G_{\mathrm{m}}$ 成正比。另外，电池反应的标准平衡常数

$$\lg K^{\ominus} = \frac{nFE^{\ominus}}{2.303RT}$$

式中：$K^{\ominus}$——标准平衡常数；

R——摩尔气体常数($8.314\ \mathrm{J\cdot K^{-1}\cdot mol^{-1}}$)；

T——热力学温度(K)。

根据吉布斯-亥姆霍兹(Gibbs-Helmholtz)方程

$$\Delta G = \Delta H - T\Delta S$$

则

$$\Delta S = -\left(\frac{\partial \Delta G}{\partial T}\right)_p = nF\left(\frac{\partial E}{\partial T}\right)_p$$

$$\Delta H = -nEF + nFT\left(\frac{\partial E}{\partial T}\right)_p$$

如果测得各个温度时的 E 值，以 E 对 T 作图，从曲线斜率可求出任一温度下的 $\left(\frac{\partial E}{\partial T}\right)_p$ 值。根据上式即可求出电池反应的热力学函数 ΔG，ΔS，ΔH。

电动势的测量是电势分析法的基础。当电极没有接通外电路，即未形成电流时，原电池的正、负极之间的电势差在数值上与该电池的电动势相同。因此，只要测得不产生电流时原电池正、负极之间的电势差，也就测得了该电池的电动势。

电池的电动势 E 只有电池工作在可逆情况下时才能符合上述关系式，当测得电池的电动势后，就可以计算电池反应的热力学数据了。

为了满足可逆电池的条件要求，待测电动势的电池须在恒温、恒压条件下测定，电极反应是可逆的，而且不存在任何不可逆的液接界面，只有当无穷小的电流产生(即在电极上不发生极化作用或极少发生极化)时，电池两极的

电势差才能作为电池的电动势进行测量，所以在实际测量时，常用盐桥来消除液体接界电势。

电势差的测定不能直接用伏特计进行，由于伏特计等仪器是以电流为测量基础的，测量时会在电池中产生较大的电流，从而使电池过程不可逆，测得的两极电势差就不是电池的电动势了。在精确测量时，也不能采用毫伏计进行。采用电势差计的方法可以使电池的电流减少到零或极小，这时测得的电势差才是电池的电动势。

三、实验用品

1. 仪器

电势差计　　标准电池(Weston 电池)　　锌电极和铜电极

饱和 KCl 盐桥　　烧杯(50 mL，150 mL)　　饱和甘汞电极

2. 药品

0.100 mol·L^{-1} $ZnSO_4$ 溶液　　0.100 mol·L^{-1} $CuSO_4$ 溶液

3. 其他

吸水纸

四、操作步骤

参阅 19-4“电势差计”相关内容。

1. 电池的组合

(1) 将预先制备好的 Zn 电极插入盛有 0.100 mol·L^{-1} $ZnSO_4$ 溶液的 150 mL烧杯中，再将预先制备好的 Cu 电极插入另一盛有 0.100 mol·L^{-1} $CuSO_4$溶液的 150 mL 烧杯中，最后用饱和 KCl 盐桥将两烧杯中的溶液连通，即得到了 Cu-Zn 原电池(原电池 1)。

(2) 组合(-)Ag(s)|AgCl(s)| KCl(饱和) ⦙⦙ Hg_2Cl_2(s)|Hg(l)(+)(原电池 2)

2. 电池电动势的测定

(1) 用电势差计测定原电池 1 在 298 K 时的电动势。

(2) 用电势差计分别测定原电池 2 在 298 K，303 K，308 K，313 K，318 K 时的电池电动势。

五、数据处理

1. 记录电池电动势的测量数据，并列于下表。

		电极	溶液	溶液浓度 $c/(mol \cdot L^{-1})$	温度/K	E/mV	$\Delta G_m/(kJ \cdot mol^{-1})$	K	$\Delta H_m/(kJ \cdot mol^{-1})$	$\Delta S_m/(kJ \cdot K^{-1} \cdot mol^{-1})$
原电池 1	正极								—	—
	负极									
原电池 2	正极									
	负极									

2. 绘制原电池(－)Ag(s)|AgCl(s)| KCl(饱和) ¦¦ Hg_2Cl_2(s)|Hg(l)(＋)(原电池 2)的 $E-T$ 曲线,计算 ΔG_m,K,ΔH_m,ΔS_m。

3. 计算 Cu－Zn 原电池(原电池 1)电池反应的 ΔG_m 和 K。

思考题

1. 如果采用万用电表的伏特挡测量原电池的电动势会产生什么样的结果?
2. 如何利用电池电动势的测定结果求算电池反应的 ΔH_m 和 ΔS_m?

18－4 实验一一○ 自行设计实验(Ⅵ)——溶胶的制备与聚沉值的测定

一、目的要求

1. 掌握几种溶胶的制备方法。
2. 测定溶胶的聚沉值,判断不同电解质对溶胶稳定性的影响。
3. 了解高分子溶液和溶胶相互作用。

二、设计提示

查阅物理化学及物理化学实验等相关书籍,根据所学的理论知识和实验技能拟定 $Fe(OH)_3$ 溶胶、Sb_2S_3 溶胶的制备方法及聚沉值的测定方案。

建议本实验制备两种溶胶后利用离心试管及离心机测定 KCl 溶液,

K_2SO_4溶液，$K_3[Fe(CN)_6]$溶液对 $Fe(OH)_3$溶胶的聚沉值和 KCl 溶液，$BaCl_2$溶液，$AlCl_3$溶液对Sb_2S_3溶胶的聚沉值。

根据聚沉值测定结果设计明胶溶液对溶胶稳定性的影响。

三、设计要求

1. 设计两种溶胶的制备方法及提纯方法。

2. 利用实验室给定的仪器设计测定溶胶聚沉值的方案。

3. 设计的实验方案包括：目的要求、实验原理、实验用品、操作步骤、数据处理和注意事项等。

4. 拟定好的方案须经指导教师审阅后方可实施，并写出规范的实验报告。

四、参考资料

1. 北京大学化学学院物理化学实验教学组.物理化学实验.4 版.北京：北京大学出版社，2002.

2. 夏海涛.物理化学实验.南京：南京大学出版社，2014.

3. 傅献彩，沈文霞，姚天扬，等.物理化学：下册.5 版.北京：高等教育出版社，2006.

18-5 实验——— 自行设计实验(Ⅶ)——乙酸乙酯的合成、提纯与测定

一、目的要求

1. 掌握乙酸乙酯的合成、纯化及含量测定的原理和方法。

2. 进一步熟练掌握液体有机化合物蒸馏、萃取、干燥等基本操作。

3. 通过本实验培养学生分析问题和解决问题的能力。

动画：合成装置安装

二、设计提示

查阅有机化学实验书籍及气相色谱手册等有关文献，根据所学的理论知识和实验技能拟定乙酸乙酯的合成、提纯及测定方案。

建议本实验由乙醇、乙酸合成乙酸乙酯，经提纯后，用气相色谱法对提纯的乙酸乙酯进行分离、定性、定量分析。

三、设计要求

1. 设计的合成、提纯方法应简便易行,原料易得。

2. 根据实验室提供的条件(特别是色谱柱)设计测定方法。

3. 设计的实验方案包括:目的要求、实验原理、实验用品、操作步骤、数据处理、注意事项等。

4. 拟定好的方案须经指导教师审阅后方可实施。

四、参考资料

1. 北京大学化学与分子工程学院有机化学研究所. 有机化学实验. 3 版. 北京:北京大学出版社, 2015.

2. 兰州大学 . 有机化学实验 . 4 版 . 北京:高等教育出版社, 2017.

3. 李浩春 . 气相色谱分析 . 2 版 . 北京:化学工业出版社, 1999.

4. 刘约权,李敬慈,杨丽华 . 实验化学:上册 . 3 版 . 北京:高等教育出版社,2019.

18-6 实验一一二 自行设计实验(Ⅷ)——土壤、血清和苹果中钙的提取及测定

一、目的要求

1. 熟悉和掌握用原子吸收光谱法测定钙的定量分析方法。

2. 掌握原子吸收分光光度计的使用方法。

二、设计提示

本实验用火焰原子吸收光谱法测定样品中的钙,建议先查阅文摘或专著。查阅主题词可用"原子吸收光谱法(AAS)""钙(Ca)"加上"土壤""血清"和"苹果"。拟定实验方案,选择仪器药品。选择仪器药品时必须考虑价廉易得、使用安全、操作简便、不污染环境等因素。

拟订好的方案须经指导教师审阅,方可实施。

三、设计要求

1. 根据给定的仪器和样品,拟定样品处理及分析方案。

2. 设计撰写的实验内容包括:目的要求、实验原理、实验用品、操作步骤、

数据处理、注意事项等。

3. 设计并写出规范的实验报告。

四、参考资料

1. 重庆科技情报研究所分析化学文摘(期刊)。
2. 土壤学报(期刊)。
3.《仪器分析》及实验教材中相关的内容。

第十九章

仪器简介(二)

概 述

利用待测组分的化学性质鉴定其组成,测定其含量,推测其结构,这是经典的化学分析方法(参阅上册)。用这种方法成功地分析测定了成千上万种化合物的组成、含量和结构,甚至包括一些结构极为复杂的化合物。例如,鸦片中的吗啡碱结构的测定及合成方法,无数的化学家曾经耗尽了毕生的精力,前赴后继花费了147年的时间终于得以完成。他们的这种坚忍不拔和锲而不舍的顽强精神至今激励着人们开拓,进取,不断创新。

随着自然科学和现代仪器的发展,科学家开始以物质的物理性质(如光学性质、电化学性质、电磁学性质及吸附分配交换性质)来分析测定待测组分,这些形形色色的现代仪器,为我们提供了更加智慧、更加精巧的测定工具,使得原本比较困难的问题变得更加容易解决了。人们普遍认为,化学分析是基础,仪器分析是方向。因此,对于生物、食品、资源、环境及其他相关专业的学生,应该重视、了解和掌握一些现代仪器的基本原理、基本结构和基本使用方法。

学习和熟悉各种现代精密仪器,是物理化学及胶体化学实验和仪器分析实验的重要教学任务之一。本章将实验化学下册中所用到的各种常用仪器集中作一介绍,其中重点简述各种仪器的基本原理及基本结构。由于经济和科技的飞速发展,各种新的实验仪器层出不穷,不仅各个高校的仪器品种和型号不尽相同,即使同一学校也存在着不同品种和型号的仪器混用。因此,各仪器的使用方法,除了结构简单、操作简便、应用普遍的型号外,通常只作一般性地介绍,具体的使用方法由各学校根据自身情况作详细的说明。

19-1 恒温水浴

以蒸馏水作介质的恒温装置,称为恒温水浴。通常可分为普通恒温水浴、超级恒温水浴和恒温循环水浴。

一、原理

在实验化学中所测得的许多数据，如折射率、表面张力、反应速率常数、黏度、电导、蒸气压等都必须在恒定温度下进行。欲控制待研究体系在某一恒定温度，通常可采用两种方式：一是利用物质的相变点温度来实现，如液氮（-195.9 ℃）、冰-水（0 ℃）、沸水（100 ℃）、沸点萘（218.0 ℃）、沸点硫（444.6 ℃）等，这些物质处于相平衡时，温度恒定而构成一个恒温介质浴，可以为待研究体系获得一个高度稳定的恒温条件；另一种方式是利用电子调节系统的自动调节功能使待研究体系处于设定的温度。这里介绍的恒温水浴是一类常用的控温装置，它是以蒸馏水为介质，通过电子控制系统自动调节来实现恒温目的。

二、结构

1. 普通恒温水浴

恒温水浴一般由浴槽、加热器、搅拌器、温度计、感温元件、恒温控制器等部分组成，现以 SYP-Ⅱ玻璃恒温水浴（图 19-1）为例介绍如下。

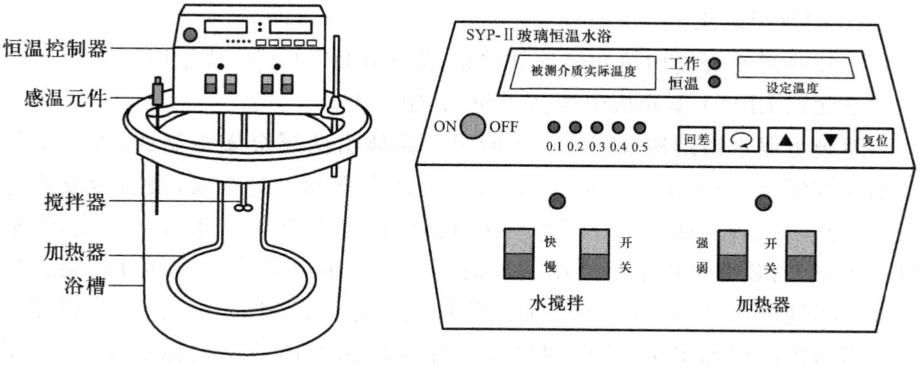

（a）玻璃缸浴槽　　（b）恒温控制器

图 19-1　SYP-Ⅱ玻璃恒温水浴装置图

（1）浴槽　通常采用大玻璃缸浴槽，以利于直接观察，其容量和形状视需要而定，一般采用 5～10 L 的圆形玻璃缸，浴槽内的液体一般使用蒸馏水，恒温温度超过 100 ℃时可采用石蜡、甘油等。

（2）加热器　常用的是电热器。根据恒温浴槽的容量、恒温温度及与环境的温差大小来选择电热器的功率。如容量 20 L、恒温 25 ℃的大型恒温水浴一般需要功率为 250 W 的加热器。为了提高恒温的效率和精度,可采用两套加热器。开始加热时,将加热器置于“强”位置,当温度恒定,将加热器置于“弱”位置来维持恒温。

(3) 搅拌器 一般采用电动搅拌器,用变速器来调节搅拌速率,根据需要选择“水搅拌”的“快”或“慢”位置。

(4) 温度计 通常采用 1/10℃温度计作为观察温度用,所用温度计在使用前需要进行校正。使用数字恒温控制器测量、控温双显示,取代了普通温度计。

(5) 感温元件 它是恒温水浴的感觉中枢,是提高恒温水浴控温精度的关键所在。感温元件的种类很多,如接触温度计、热敏电阻感温元件等。这里使用感温探头,直接与恒温控制器相连。

(6) 恒温控制器 整个控温系统由交流感温电桥、交流放大器、相敏放大器、控温执行继电器四部分组成。热敏电阻和电位器组成感温电桥。当感温探头感受的实际温度低于设定温度时,桥路输出为负讯号,接通外接加热回路,工作指示灯亮,系统处于升温工作状态。当感受温度与设定温度相同时,桥路平衡,断开加热回路,恒温指示灯亮,系统处于恒温工作状态。当实际温度再下降时,继电器再工作,重复上述过程,达到控温目的。

2. 超级恒温水浴

在某些需要直接加热和辅助加热的精密恒温实验中,常使用超级恒温水浴。下面以 LB801 型超级恒温浴为例,介绍如下。

超级恒温水浴结构如图 19-2 所示。筒体由两层金属板制成,夹层中用玻璃纤维保温;筒盖用保温物质制成,盖上装有电动机与水泵,具有冷凝管进出嘴二只,加热器(加热元件三组),接触温度计及 1/10℃温度计各一支,进水口一个,槽内装有可以上下活动的恒温筒。电子继电器及供电部分均装在与恒温器相连的控制器箱内,箱上的接线柱用来连接控制部分。恒温筒因处于恒温水浴内的恒温水中,故筒内恒温液体或恒温气体的温度稳定度高,适用于精密温度测量之用。

超级恒温水浴的恒温控制核心部分是接触温度计。接触温度计的构造如图 19-3 所示。它的构造与普通温度计类似,但接触温度计上下两段均有刻度 7,上段由标铁指示温度,它焊接上一根钨丝,钨丝下端所指的位置与上端标铁 5 上端面所指的温度相同。它依靠顶端上部的调节帽内的一块磁铁的旋转来调节钨丝的上下位置。当旋转调节帽 1 时,磁铁带动内部螺丝杆 8 转动,使标铁 5 上下移动。下面水银槽和上面螺丝杆引出两根线 4 和 4′作为通电和断电用。当恒温水浴温度未达到标铁上端面所指示的温度时,水银柱与

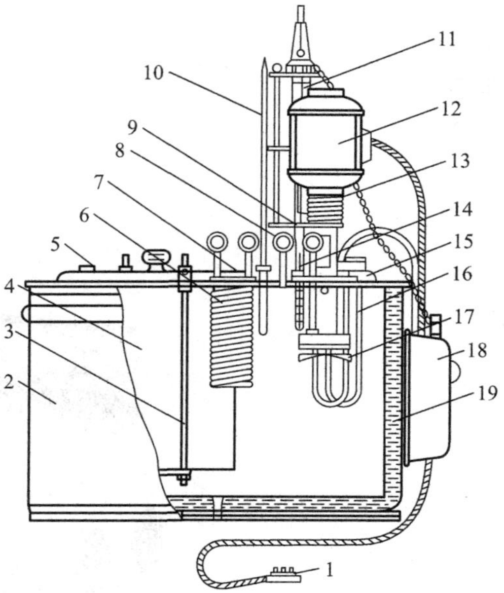

图 19-2 超级恒温水浴结构图

1—总电源插头；2—筒体外壳；3—恒温筒支架；4—恒温筒；5—进水口；6—冷凝管；7—恒温筒盖；8—水泵进水口；9—水泵出水口；10—温度计；11—接触温度计；12—电动机；13—水泵；14—实验筒进水口；15—加热器接线盒；16—加热器；17—搅拌叶；18—控制器箱；19—保温层

钨丝触针不接触；当温度上升并达到标铁上端面所指示的温度时，水银柱与钨丝触针接触，从而使两根导线 4 和 4′导通。

3. 恒温循环水浴

HX 系列恒温循环水浴是自带制冷和加热的高精度恒温源。可在机内水槽进行恒温实验，或通过软管与其他设备相连，作为恒温源配套使用，如旋转蒸发器、电泳仪、黏度计、医用冷帽、降温毯等；或用于给其他设备进行循环水冷却，如电镜、分子泵、离子泵、扩散泵、微波治疗机等。

该水浴选用全封闭制冷机组，制冷量大，工作可靠，作为低温浴槽使用，温度均匀，作为外循环提供恒温源，操作简单方便。采用专用不锈钢液体离心循环泵，工作可靠。采用特殊设计的不锈钢内槽，清洁卫生，美观耐腐蚀。该水浴的温度设定、测量均为数字指示，体积小，质量轻，噪声低。仪器外观如图 19-4。

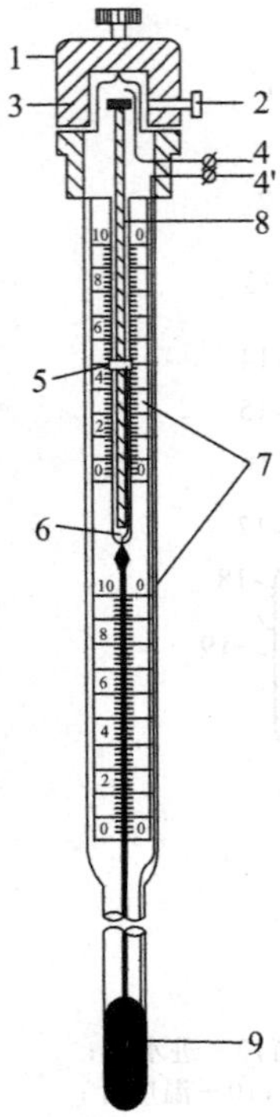

图 19-3 接触温度计构造图

1—调节帽；2—调节帽固定螺丝；
3—磁铁；4—螺丝杆引出线；
4′—水银槽引出线；5—标铁；
6—触针；7—刻度板；
8—螺丝杆；9—水银槽

图 19-4 恒温循环水浴外观图

三、使用方法

1. 普通恒温水浴使用方法

(1) 开机 先将蒸馏水放入玻璃缸内，安装好电动搅拌器，将感温探头、加热器分别与后盖板的“传感器插座”和“加热器电源插座”对应连接。然后接通电源，打开恒温控制器电源开关。恒温控制器显示初始状态，“恒温”指示灯亮，回差处于 0.5。左侧显示待测介质实际温度，右侧“设定温度”显示“00.0℃”。

(2) 设置回差温度 按“回差”键，在0.1～0.5 中选择所需的回差值，灯亮表明相应的回差被选择。待测物实际温度和设定温度显示的差值应该是设定的回差值。

(3) 电动搅拌器转速的选择　打开“搅拌器”开关，根据需要选择“快”或“慢”位置。一般在“慢”位置即可。

(4) 设置控制温度　控制器前面板的“↷”用来选择设定温度的位数，“▲”增加设定温度，“▼”减小设定温度，按下“复位”键，仪表返回开机时的初始状态。

打开“加热器”开关，按“↷”“▲”“▼”各键，依次调整“设定温度”的数值至所需温度值，设置完毕，“工作”指示灯亮。

(5) 加热器功率的选择　升温过程选择“强”加热，达到所需温度时，“恒温”指示灯亮，选择“弱”加热。

(6) 关机　实验结束后，关闭加热器、水搅拌和恒温控制器的电源开关。

2. 超级恒温水浴使用方法

先用万用表“欧姆”挡测量检查此超级恒温水浴的电源插头每相与地线的绝缘或短路情况，确保电路安全后，向槽内加水到离盖板为 2～3 cm，再将接触温度计调至所需要恒温的定点温度后插上电源插头，再开电源及电动泵开关，使水在槽内循环。为了加快加热时间，可先将水预热到与所需要温度相差 5～6 ℃，再注入槽内。

恒温器槽内通常装有功率不同的三组加热器，在升温时为了提高工效，可以三组同时使用，直到指示灯熄灭时，槽内水已达到原调节接触温度计所调节的定点温度。如若标准温度计上的指示温度或高或低时，应再调节接触温度计达到标准温度计温度为止(接触温度计上的磁帽应慢慢转动，不可过急过快)。当槽内水温达到所需要的温度时，可任意选定一组加热器作恒温热源用。

3. 恒温循环水浴的使用方法

(1) 打开水槽盖，将加热介质加至距水槽上沿约 2 cm 处。

(2) 将循环水泵出口、入口用橡胶软管接到待恒温的装置上，接口处不得渗漏。应尽可能采用短的接管以减小阻力。

(3) 将电源插头妥善插入专用独立插座。

(4) 打开“总电源”开关，显示窗显示温度，水泵开始工作。

(5) 按住显示窗左边的“预置”按键，显示窗显示预置温度。此时可根据需要旋转显示窗右边的“温度预置”旋钮，使显示窗显示出需要保持恒定的温度，即预置完成。然后松开显示窗左边的“预置”按键，此时显示窗将不停地显示出槽内介质的实测温度。

(6) 打开“制冷”开关风扇转动，制冷系统开始工作。温度显示数值将向预置温度逼近，并最终恒定到预置温度(如果预置温度高于环境温度时，不打开“制冷”开关也可)。

(7) 关机顺序为:先关“制冷”开关,再关“电源”开关,然后拔下电源插头。不连续使用时,要排空槽内介质。切记关“制冷”开关。

19-2 贝克曼温度计

一种水银球中的水银量能够调节,专用于测量体系始态和终态温度变化差值的移液式内标温度计,称为贝克曼(Beckmann)温度计。在实验化学中,特别适用于量热,测量溶液的凝固点降低和沸点升高,以及其他需要测量微小温差的实验。

一、原理

普通水银温度计的水银球中,其水银量是固定不变的,因此用它可以测量温度的“绝对值”。但是,当水银球中的水银量是可变的时候,水银柱的刻度就不是温度的“绝对值”,而只能用来表示在一定范围内的温度差值。实验化学中,经常要精确测量某一量程范围内的温度差而不必测量温度绝对值(如沸点升高、凝固点降低等)。这时,只要能想法制成一个水银球中的水银量能够调节的温度计,便可以达到这一目的。贝克曼温度计就是根据这一原理设计的。

二、结构

贝克曼温度计的结构如图 19-5 所示,其基本结构是下端有一水银球,上部有一水银贮槽,水银球与贮槽由均匀的毛细管连通。贮槽中的水银是用来调节水银球的水银量的。刻度尺上的量程一般只有 5℃左右,每摄氏度分为 100 等分,用放大镜可估读至 0.002℃。用它可测量 -20～+155℃范围内不超过 5℃的体系温差。

贝克曼温度计通常有两种类型,一种是最小读数在刻度尺的上端,最大读数在下端,用来测量温度下降值的,称为下降式贝克曼温度计;另一种是最小读数在刻度尺的下端,最大读数在上端,用来测量温度升高值的,称为上升式贝克曼温度计。

贝克曼温度计的主要特点是:

(1) 测量精度高;

(2) 只能测量两个温度间的差值 ΔT,不能测量温度的绝对值;

(3) 使用前需要进行调节，使水银球中的水银量符合实验温度范围所需要的量，所测温度越高，球内的水银量越少。

三、使用方法

首先，要根据实验情况确定选用哪种类型的贝克曼温度计。如果测量升温体系，选用上升式，如果测量降温体系，选用下降式。现以下降式贝克曼温度计为例介绍其测量方法。

1. 调整

如果在待测体系的起始温度（如纯液体的凝固点）时，贝克曼温度计的毛细管水银面恰好停在所要求的合适刻度，例如，用下降式贝克曼温度计测量凝固点降低时水银面应在刻度 1 ℃附近，则此温度计可直接使用。否则需按以下常用方法——恒温水浴法进行调整。

(1) 测量（或估计）温度最高刻度 3 至毛细管末端 5 处所相当的温度　将贝克曼温度计与另一普通温度计插入盛水（或其他液体）的烧杯中，加热烧杯，温度计水银柱上升，由普通温度计即可读出贝克曼温度计水银面由 3 升至 5 处所相当的温度，设为 t ℃，为准确起见，可反复测量多次，取平均值（通常为 3℃左右）。

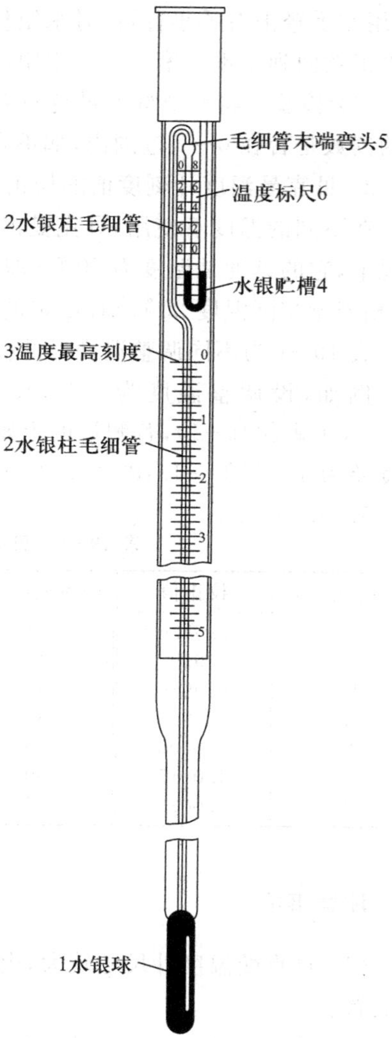

图 19-5　下降式贝克曼温度计

(2) 连接水银球与贮槽间的两段水银　将贝克曼温度计从以上水浴中取出，将其倒置，此时毛细管水银柱与贮槽中水银相连接。

(3) 调节水银球中水银量　设欲测实验体系的起始温度为 T，在此温度下欲使贝克曼温度计中毛细管水银面恰好停在刻度为 1 ℃处，则需将上述两段水银连接好的贝克曼温度计置于事先已调整好温度为($T+t+1$)℃的水浴中,恒温约 5min,待平衡后,用右手握住温度计中部,取出温度计使其近乎垂直,用左手轻击右手小臂,这时水银柱即可在毛细管末端弯头 5 处断开,多余的水银就回到水银贮槽 4 中。水银球中水银量得到调节。

(4) 检验 将调节好的贝克曼温度计放入 T ℃的水浴中检验,观察温度计的读数是否在 0～2 范围内,如不合适,则需要按上述方法重调。

2. 贝克曼温度计刻度值的校正

在不同的温度下使用,贝克曼温度计水银球内的水银量是不同的。通常情况下,它的刻度是温度为 20℃(即在贝克曼温度计上水银柱高度指示在0℃时,相当于实际温度 20℃)时设定的,当调整温度是其他数值时,必须加以校正。表 19-1 为不同调整温度时的校正值。

例如,设调整温度为 5℃,贝克曼温度计上的刻度差值 1℃相当于 0.995℃(见表 19-1),若测量的上限读数为 1.187℃,下限读数为 4.256℃,温度差为 4.256℃－1.187℃＝3.069℃,此温度差的校正值应为 3.069℃×0.995＝3.054℃。

表 19-1 贝克曼温度计的校正值

调整温度/℃	校正值	调整温度/℃	校正值	调整温度/℃	校正值
0	0.9936	35	1.0043	70	1.0125
5	0.9953	40	1.0056	75	1.0135
10	0.9969	45	1.0069	80	1.0144
15	0.9985	50	1.0081	85	1.0153
20	1.0000	55	1.0093	90	1.0161
25	1.0015	60	1.0104	95	1.0169
30	1.0029	65	1.0115	100	1.0176

注意事项

(1) 贝克曼温度计尺寸较大,由玻璃制成,价格昂贵,易损坏,所以不要任意放置。

(2) 调整时应注意勿使其受到骤热、骤冷或重击。在分开水银的步骤中,应远离实验台。动作不可过大,以免损坏温度计。

(3) 调节好的温度计,注意不要使毛细管与水银球中的水银量再有变动。

(4) 恒温时,应用手握住温度计,不要将其直接放在烧杯中。

19-3 电导率仪

用于测量溶液电导的专用仪器称为电导率仪。

一、原理

测定溶液的电导，实际上就是测定溶液的电阻。如果用直流电源进行测量，电流通过溶液时，两电极上就会发生电极反应形成一个电解池，溶液的组成就会发生变化，给结果带来误差。所以，必须使用 600～1000 Hz 的较高频率交流电源。根据作用原理，电导率仪可分为平衡电桥式和分压直读式两大类。

在实际工作中，大多数采用分压直读式电导率仪，因为它具有快速测量和连续测量的特点。如 DDS-11C 型和 DDS-11A 型电导率仪。其工作原理如图 19-6 所示。由振荡器输出的不随 R_x 改变而改变的高频电压为 U，则通

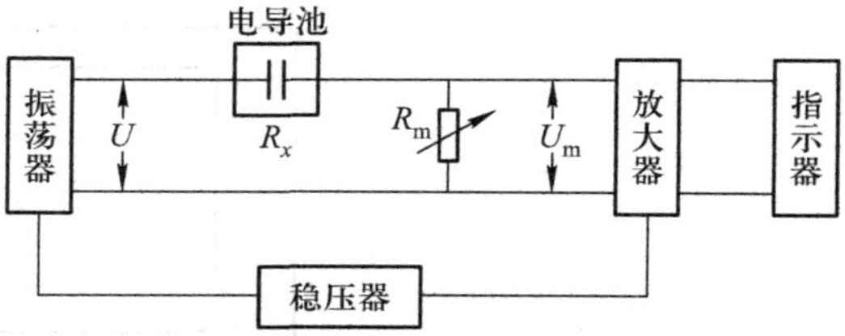

图 19-6　分压直读式电导率仪原理图

过电导池(R_x)及负载 R_m(分压电阻)回路中的电流 I 为：$I=\dfrac{U}{R_x+R_m}$，通过负载的电流为：$I=\dfrac{U_m}{R_m}$，U_m 为负载两端的电势差，所以

$$U_m=\frac{UR_m}{R_x+R_m}$$

当 $R_m \ll R_x$ 时，上式可简化为

$$U_m=\frac{UR_m}{R_x}=UR_mG=UR_m\cdot\frac{\kappa}{K_{cell}} \qquad (19-1)$$

当仪器上的范围选择器所在挡一定时，R_m 一定，U 为常数，则 U_m 是电导 G 的函数，即：$U_m=f(G)$，所以只要测得分压 U_m，就可求得电导 G 值。一般仪器表头的刻度直接给出的是 U_m 变化所对应的电导率值。

电解质溶液的电导随温度的升高而增加，一般每升高 1℃，电导约增加 2%，这是由于离子的迁移速率变化所致。电导的准确测定应在恒温器内进行，也可按下式校正不同温度时所测的电导值：

$$G_{t℃}=G_{25℃}[1+0.018(t-25℃)] \qquad (19-2)$$

式中：t——待测介质的温度。

现在多数仪器装有电导池常数(K_{cell})的校正装置和温度补偿线路,通过测温元件,将仪器的显示部分自动换算为 25℃时的电导率值显示出来。

二、结构

电导率仪主要由电导池、测量电路、指示器等部分组成,高精度的电导率仪还有温度及电容补偿电路。电导池由两个电导电极构成。电导电极一般由两片平行的铂片制成,铂片的形状、面积及两铂片的距离可根据不同的要求进行设计。为减小电流密度,从而减小极化效应,常在铂片表面镀一层致密的"铂黑"。图 19-7 为 DDS-11A 型指针电导率仪的面板图。图 19-8 为 DDS-11C 型数字电导率仪的面板图。

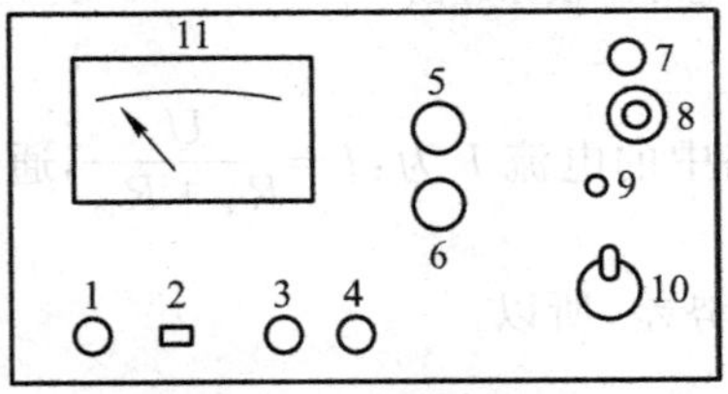

图 19-7 DDS-11A 型指针电导率仪面板图

1—电源开关;2—指示灯;3—高、低周开关;4—校正/测量开关;5—电极常数调节器;6—校正调节器;7—10 mV 输出插口;8—电极插口;9—电容补偿调节器;10—量程选择开关;11—表头

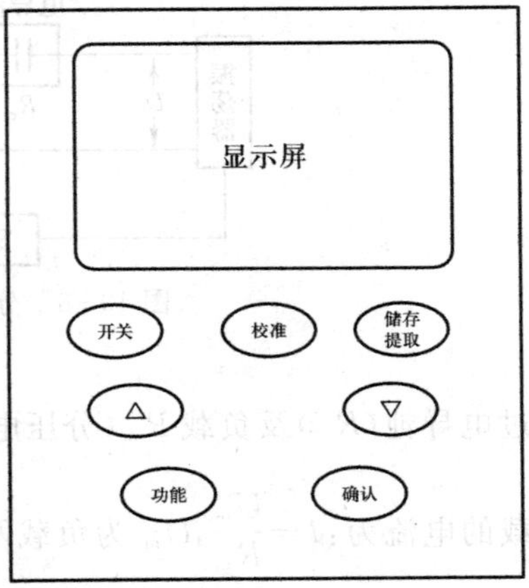

图 19-8 DDS-11C 型数字电导率仪面板图

显示屏显示参数模式图标、测量值、测量单位、温度补偿状态图标、温度测量值及单位、储存和提取、测量值稳定图标(笑脸)。"功能"键(参数设置),"△""▽"键(增加和减少)。

三、使用方法

1. DDS-11A 型指针电导率仪的使用方法大致如下:

(1) 准备电极 选择合适的电极,在使用前先在蒸馏水中浸泡数分钟,使用时用二次蒸馏水冲洗 2～3 次,保证其表面洁净[1]。

（2）接通电源调试仪器　接通电源，预热和调试仪器，如拨正表头零点，用校正调节器校正电表指针指示满刻度。

（3）调试电极　将电极引线接在电极接线柱上，然后将电极浸入待测溶液中并固定好[2]（必要时，用电极常数调节器调节所指数值与所用电极的电导池常数一致）。

（4）调试测量范围及测量倍率　将量程开关拨至待测溶液所需的测量（电导率）范围（如不知道此范围可先放至最大量程挡，然后依次下降至合适范围以防打弯电表指针）。

（5）测量　将仪器旋钮拨至测量挡，并记下读数。通常用电表指示的数值（量程读数）乘以所选的倍率读数，即为待测溶液的电导率值。

（6）结束　测量完毕，关闭电源，取出电极并用蒸馏水洗净放好，罩好仪器。

2. DDS-11C 型数字电导率仪的使用方法大致如下：

（1）开机　外接电源线，按"开关"键开机预热 10 min。

（2）准备电导电极　电导电极在蒸馏水中浸泡，保持其表面清洁，防止铂黑的惰化，将电导电极安装在电极架上，电导电极插头插入仪器后面的电极插座。

（3）仪器校准　与仪器配套的电导电极的常数为 1 cm^{-1}。仪器出厂时已进行校准，一般情况下可直接使用。如需"校准"按仪器说明书操作。

（4）测量　将电导电极用蒸馏水洗净并用滤纸吸干，再用待测溶液冲洗电极，然后将电极插入待测溶液中，溶液必须浸没电导电极的感应棒 1～2 cm。搅动后静置，待测量值稳定并显示"笑脸"图标时读数，即为待测溶液的电导率值。

注意：当温度补偿系数设置为 0.00 时，即仪器测试时无温度补偿，仪器的测量值是当时温度下的电导率值。

（5）结束　测量完毕，按"开关"键，关电源，拔下电源插座和电极插头，取出电导电极并用蒸馏水洗净放好。

注释

[1] 用蒸馏水冲洗电极时，不能弄湿电极引线，否则将测不准；电极使用前可浸入 10% HCl 溶液或 HNO_3 溶液中 2 min，再依次用蒸馏水及二次蒸馏水冲洗数次之后使用。

[2] 盛放待测溶液的烧杯，应用二次蒸馏水洗 2～3 次后烘干或用待测溶液润洗 2～3 次后使用，烧杯最好置于恒温水浴中，也可置于空气中，但烧杯外壁应擦干。

19-4 电势差计

在实验化学中，一种主要用于测量电动势和校正各种电表的电学测量仪器,称为电势差计。国产的电势差计常见的有学生型、UJ33D-1型、UJ33D-2型、UJ-25型和UJ-26型等。还有一些自动测量电动势并显示结果的仪器,如pHS-3C型pH计,数字电压表,SDC数字电位差综合测试仪等。

一、原理

电势差计通常是以补偿法(对消法)测量原理设计的一种平衡式电势测量仪,其原理如图19-9所示。

图中E为工作电源,E_s为标准电池,E_x为待测电池,R为(工作电流)调定电阻,R_1为固定电阻,R_2为可调的带精密刻度的标准电阻,C为R_2上的滑动触头,G为检流计,K为双刀双掷开关。

当把开关K掷向位置"1"时,检流计接到标准电池E_s一边,调节调定电阻R,使检流计通过的电流为零,这时E_s与固定电阻R_1上的电压降相等,即$E_s = I R_1$(I为工作电流)。由于E_s,R_1是已知的,故工作电流I为

$$I = \frac{E_s}{R_1}$$

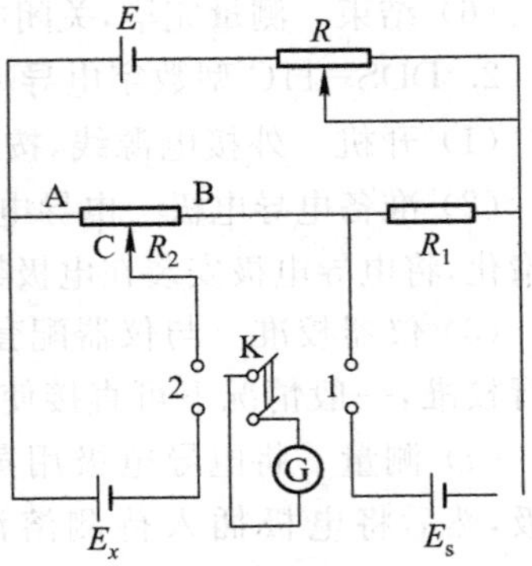

图19-9 平衡式电势测量仪(电势差计)原理图

然后,将开关K掷向位置"2"时,这时检流计G接到待测电池E_x一边,调节R_2上的滑动触头C。使检流计G再次指零,这就使得E_x与标准电阻R_2上AC段的电压U_{AC}(称为补偿电压)相等,

$$E_x = U_{AC} = IR_{AC} = \frac{E_s}{R_1} \cdot R_{AC} \qquad (R_{AC}\text{为}R_2\text{上AC段电阻值})$$

由于E_s,R_1一定,电阻R_2上的分度可用电压来标明,故可从R_2上标尺AC的刻度直接读出待测电池的电动势E_x。

二、结构

电势差计一般都由以下三部分组成(见图19-9):

1. 工作电流回路

它一般由工作电源E,工作电流调定电阻R,校正工作电流的固定电阻R_1和测量电动势时所用的可调标准电阻R_2所组成。

2. 校正工作电流回路

它由标准电池 E_s，双刀双掷开关 K，检流计 G 和校正工作电流的固定电阻 R_1 组成。

3. 测量回路

它包括待测电池 E_x，双刀双掷开关 K，检流计 G 和可调标准电阻 R_2。

SDC 数字电位差综合测试仪面板图如图 19-10。SDC 数字电位差综合测试仪将系列电位差计、光电检流计、标准电池等集成一体，电势差值采用数字显示，直观清晰，既可使用内部基准进行校准，又可外接标准电池为基准进行校准，使用方便灵活。

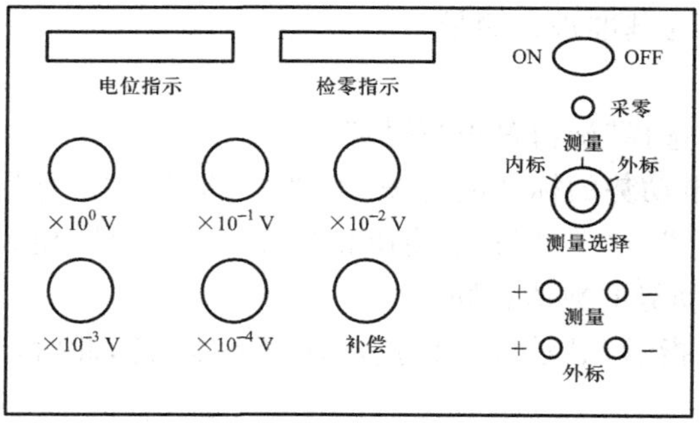

图 19-10 SDC 数字电位差综合测试仪面板图

三、使用方法

SDC 数字电位差综合测试仪的使用方法大致如下：

开机 用电源线将仪表后面板的电源插座与～220 V 电源连接，打开电源开关（ON），预热 15 min 即可正常工作。

（一）以内标为基准进行测量

1. 校验

（1）将“测量选择”旋钮置于“内标”。

（2）将测试线分别插入“测量”插孔内，将“10^0”位旋钮置于“1”，“补偿”旋钮逆时针旋到底，其他旋钮均置于“0”。此时，“电位指示”显示“1.00000” V，将两测试线短接。

（3）待“检零指示”显示数值稳定后，按“采零”键，此时，“检零指示”应显示“0000”。

2. 测量

（1）将“测量选择”旋钮置于“测量”。

（2）用测试线将待测电池按“+”“-”极性与“测量”插孔连接。

（3）调节“10^0”～“10^{-4}”五个旋钮，使“检零指示”显示数值为负且绝对值最小。

(4) 调节“补偿”旋钮,使“检零指示”显示为“0000”,此时,“电位指示”显示数值即为待测电池的电动势。

注意:测量过程中,若“检零指示”显示溢出符号“OUT”,说明“电位指示”显示的数值与待测电动势值相差过大。电阻箱 10^{-4} 挡值若稍有误差,可调节“补偿”旋钮达到对应值。

3. 关机

测试完毕,关闭电源开关(OFF),拔下电源线。

(二) 以外标为基准进行测量

1. 校验

(1) 将“测量选择”旋钮置于“外标”。

(2) 将已知电动势的标准电池按“+”“-”极性与“外标”插孔连接。

(3) 调节“10^0”~“10^{-4}”五个旋钮和“补偿”旋钮,使“电位指示”显示的数值与外标电池电动势的数值相同。

(4) 待“检零指示”显示数值稳定后,按“采零”键,此时,“检零指示”应显示“0000”。

2. 测量

(1) 将“测量选择”旋钮置于“测量”。

(2) 拔出“外标”插孔的测试线,再用测试线将待测电池按“+”“-”极性与“测量”插孔连接。

(3) 调节“10^0”~“10^{-4}”五个旋钮,使“检零指示”显示数值为负且绝对值最小。

(4) 调节“补偿”旋钮,使“检零指示”显示为“0000”,此时,“电位指示”显示数值即为待测电池的电动势。

3. 关机

测试完毕,关闭电源开关(OFF),拔下电源线。

19-5 自动电势滴定仪

用来观察和测量电极电势(或电动势)变化,以确定滴定分析终点并进行定量分析的仪器,称为电势滴定仪(参阅上册 9-4)。当利用控制终点电势的方法自动控制滴定终点时,这种仪器就称为自动电势滴定仪。

一、原理

自动电势滴定(如图 19-11)是先用计算方法或手动滴定求出滴定体系的终点电势,然后把自动电势滴定仪的终点调到相应的电势,任其自动滴定,当到达终点电势时,自动关闭滴定系统并显示滴定剂体积,由此即可求出待测组分含量。该仪器使用方便,分析速度快,分析结果准确度较高。

二、结构

自动电势滴定仪结构如图 19-11 所示。它分三种类型:一种是自动控制滴定终点,当到达终点时,即自动关闭滴定装置,并显示滴定剂用量;一种是自动记录滴定曲线,经自动运算后显示终点滴定剂用量;另一种是记录滴定过程中二级微分$\dfrac{\Delta^2 E}{\Delta V^2}$值,当此值为零时即为滴定终点。

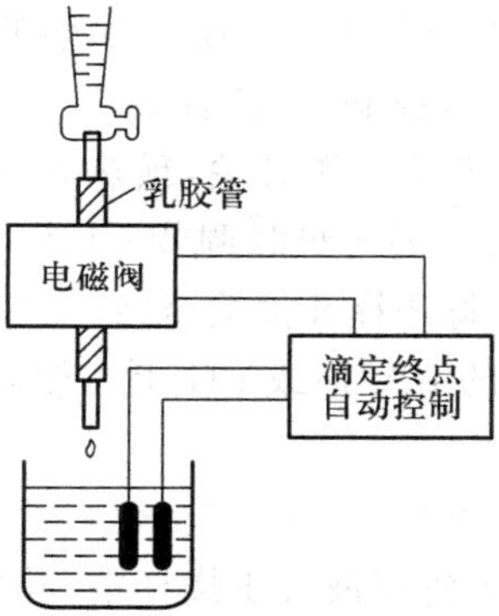

图 19-11　自动电势滴定仪示意图

三、使用方法

自动电势滴定仪的使用通常可按以下步骤进行:

1. 安装仪器,做好准备工作

(1) 电极的选择与安装　根据不同的滴定反应类型,选择适当的电极并按仪器说明进行安装(注意正、负极)。

(2) 滴定管、电磁阀及滴液管的安装　将滴定管用滴定管夹夹住,它的出口和电磁阀上的乳胶管上端连接,乳胶管下端与滴液管(玻璃毛细管)连接,然后装好滴定液(标准溶液)。

(3) 调节好电磁阀的松紧度,并调节相应的旋钮,选择合适的预控制指数,以控制滴定速度。

(4) 确定滴定选择开关位置　滴定选择开关通常有“+”“-”两挡,是用来选择极性的。一般是按下表根据滴定剂的性质及电极的连接方式来确定其开关的位置。

滴定剂性质	电极的连接方式	滴定选择开关位置
氧化剂	Pt电极接“+”,甘汞电极(或其他电极)接“-”	“-”
还原剂		“+”
酸	pH玻璃电极接“-”,甘汞电极接“+”	“-”
碱		“+”
银盐	银电极接“-”,甘汞电极接“+”	“-”
卤素		“+”

(5) 调节工作开关 如果手动滴定,“工作”开关指在“手动”位置,否则放在“自动”(或滴定)位置上。

2. 开启电源开关,预热 30 min,按下读数开关,旋动“校正”旋钮(测 pH 时作定位,测电势时调节 ±mV 零位)使电表指针指在测量所需的位置上。

3. 将选择开关拨至“终点”位置,旋动终点调节旋钮,使电表指针指在滴定终点的 mV 值或 pH 上。然后再将选择开关拨至“电势滴定”或“pH 滴定”位置。

4. 测量

(1) 将试液置于烧杯中,并放入搅拌磁子,插入电极后,开启“搅拌”开关。

(2) 读取并记录滴定管初读数,按下“滴定”开关,滴定开始。滴定液快速滴下,电表指针向终点逐渐接近,滴速变慢,当电表指针到达终点值时,终点电珠熄灭,滴定结束。

(3) 记录滴定管滴定液的终读数,并计算分析结果。

注意事项

(1) 如果手动滴定,可按住“滴定”开关,开始滴定,放开此开关,电磁阀关闭,即停止滴定。每隔一定的滴定体积,记录测量值及滴定液消耗的体积。

(2) ZD-2 型自动电势滴定仪使用方法大致与此相同。

(3) 仪器在校正前应将工作电极插头拔出插孔,然后进行校正工作。

19-6 极 谱 仪

实验化学中,用来测量待测溶液在电解过程中的电流-电压关系曲线并进行定性定量分析的仪器,称为极谱仪。

一、原理

极谱分析的基本装置如图 19-12。

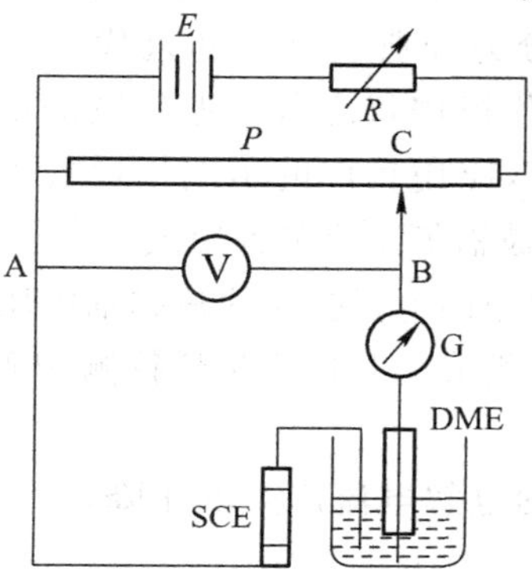

图 19-12 极谱仪的基本装置和电路

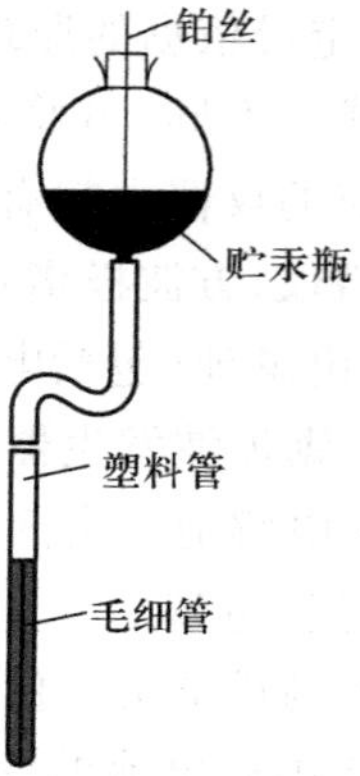

图 19-13 滴汞电极构造

如图所示，极谱分析基本装置实际上是由一个面积很小的滴汞电极(DME)作为工作电极(图 19-13)和另一个面积较大、电极电势恒定的参比电极(如饱和甘汞电极 SCE)与待测溶液、直流电源 E、可变电阻 R、滑动电阻 P 相连而构成的电势计线路。

在静止和加入大量支持电解质的条件下，移动滑线电阻接点 C，逐渐增加外加电压，其电路中通过的电流 i 和电压 E 变化情况即可在电流表 G 和电压表 V 上显现出来，绘制相应的 $i-E$ 曲线，即可得出相应的极谱图亦称极谱波(如图 19-14)。图中：i_c 为残余电流；i_{max} 为极限电流；i_d 为极限扩散电流。

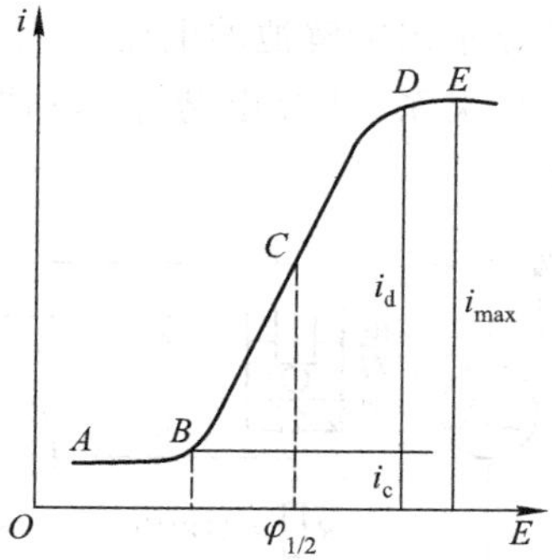

图 19-14 常规极谱波

极限扩散电流 i_d 的大小与溶液中待测离子的浓度成正比，这就是极谱定量分析的依据。当电流等于极限扩散电流一半时所对应的电势称半波电势，常用 $\varphi_{1/2}$ 表示。$\varphi_{1/2}$ 的大小与待测物质的性质有关，这是极谱定性分析的依据。

二、结构

目前国际市场上定型的极谱仪有上百种，尽管它们的设计结构不同，但其定性、定量依据的原理都是一致的。通常根据极化电极施加的扫描电压速率和方式的不同，可将极谱分析方法划分为经典极谱法和近代极谱法两大类。相应的仪器也就有经典极谱仪和近代极谱仪之分。近代极谱仪主要有示波极谱仪、方波极谱仪和脉冲极谱仪等，应用较广的示波极谱仪由锯齿波发生器、电解池（包括电极）测量电阻及示波器等主要部件组成。

(1) 锯齿波发生器　其作用是为电解池两电极提供快速扫描电压。

(2) 电解池　由滴汞电极和甘汞电极组成。其作用是使待测物质在特殊条件下进行电解。

(3) 测量电阻　使电解过程中形成的电解电流产生电压降，并通过示波器反映出电解电流的变化。

(4) 示波器　显示电解池电流 i 随电极电势 E 变化的 i-E 曲线即待测离子的极谱图。

示波极谱仪的工作原理（图 19-15）及 i-E 曲线（图 19-16）。在含有待测离子的电解池的两个电极上，施加一个由锯齿脉冲发生器所产生的快速扫描电压，它所引起的电解电流 i 在测量电阻 R 上可产生电压降 iR，若将测量电阻两端的电压加到示波器的垂直偏向板，则可反映出电解池的电流 i 的变化。同时，将电解池两端的电压加到示波器水平偏向板上，则可反映出电解池电压 E 的变化。由于这两种电压是同时施加的，因而在示波器荧光屏上可直接显示出电解池的电流 i-电压 E 变化曲线。其峰电流 i_p 与待测离子浓度呈线性关系，其峰电势 φ_p 取决于待测离子的特性，据此可进行定量、定性分析。

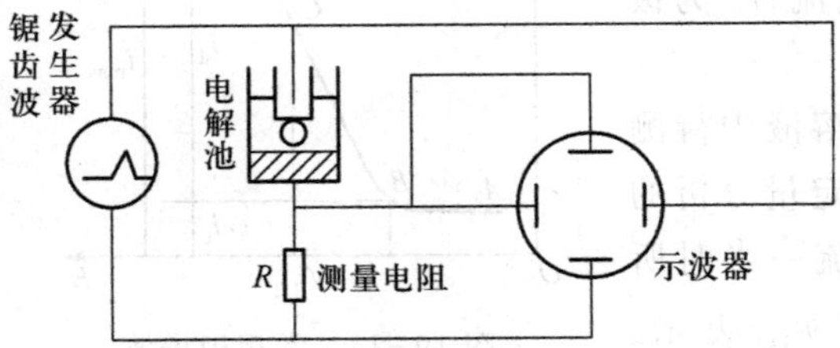

图 19-15　示波极谱仪工作原理图

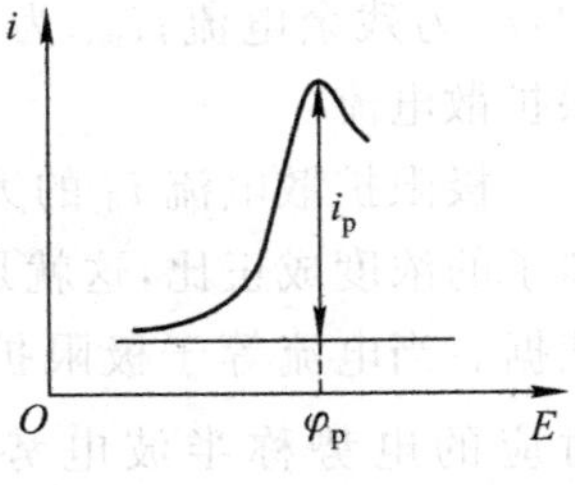

图 19-16　示波极谱 i-E 曲线

三、使用方法

1. 准备

(1) 将滴汞电极的毛细管、铂电极和甘汞电极安装于橡胶塞上，另一端分别与极谱仪的工作电极、辅助电极和参比电极接口相连，并调整贮汞瓶高度，使汞滴滴落期与电压扫描周期相适应。

(2) 打开极谱仪电源，预热 15 min 左右。

(3) 选择测量方式　测还原波时，将测量开关置于"阴极化"，测氧化波时，测量开关应置于"阳极化"。

(4) 选择"原点电势"，使扫描线清晰地出现在示波器的适当位置。若扫描起始光点有上、下跳动现象，可调节"电容补偿"，使之达到平移。若基线出现倾斜，则需调节"斜度补偿"，使之达到水平。

2. 测量

将电极插入待测溶液(若采用三电极，应将电极开关从"双电极"转到"三电极"处)。若示波器上出现的极谱波太小时，可提高"电流倍率"，反之，则相反。

注意事项

(1) 开机或关机前，必须将电极从电解溶液中取出，否则，将损坏滴汞电极的毛细管。同时，电极开关应置于"双电极"处，原点电势应调至"−0.5 V"左右。

(2) 电极与电极、电极与电极杆之间不允许接触，电极不能触及电解池壁部和底部。

(3) 示波器上读到的波峰高度乘以"电流倍率"才是真正的波峰电流微安值。

(4) 测定完毕后，应将电极从待测液中取出，用蒸馏水冲洗 2～3 次，滤纸吸去水滴，"测量开关"扳回"阴极化"，"斜度补偿"和"电容补偿"应复原。

(5) 检测中遇到过长间歇，应将"亮度旋钮"关闭，使示波器光点熄灭，从而达到保护示波器之目的。

(6) 仪器应安放在阴凉、干燥、通风良好的专用房间内。

(7) 极谱分析过程中接触汞以及汞废液的处置。汞在常温下具有较强的挥发性，其蒸气浓度大于 0.1 $mg\cdot m^{-3}$ 即可使人中毒。因此，极谱分析室应具有良好的通风和降温设施。由于汞的相对密度较大，汞蒸气容易下行，室内排风口一般都设在接近地面的墙壁上。同时，使用过程中必须严格遵守汞的安全操作规范。

19－7 库仑分析仪

用来测量待测溶液在电解反应过程中所消耗的电荷量并进行定量分析的仪器称为库仑分析仪。

一、原理

根据法拉第(Faraday)电解定律，在电极上生成或被消耗的某物质的质量 m_B 与通过该电解池的电荷量 Q 成正比，其数学表达式为

$$m_B=\frac{M_B}{n\cdot F}Q=\frac{M_B}{n\cdot F}It$$

式中：m_B——电极上发生反应的物质 B 的质量(g)；

M_B——待测物质 B 的摩尔质量($g\cdot mol^{-1}$)；

F——法拉第常数(96485 $C\cdot mol^{-1}$)；

n——电极反应过程中电子转移数；

Q——电荷量(C)；

I——电流(A)；

t——电解的时间(s)。

电极上生成或消耗的物质 B 的质量，既可通过在适当电解条件下，测得其相应电荷量 Q 值进行计算，也可通过电解过程中电极质量的增减直接称量。前者称为库仑分析法，后者称为电重量分析法(electrogravimetry)。

库仑分析的基本要求是工作电极上只发生待测组分的单一电化学反应，也就是说电解的电流效率应达到 100%。库仑分析法可分为控制电势库仑分析法和控制电流库仑分析法(即库仑滴定法)两种。下面就两种仪器结构分别进行介绍。

二、结构

1. 控制电势库仑法

控制电势库仑法是根据待测物质在电解过程中所消耗的电荷量来求其含量的方法，其中被控制的量是电势。其基本装置见图 19－17。

电解池中的工作电极 1(常用铂、银、汞、碳等)与辅助电极 2 和参比电极 3 共同组成电势测量与控制系统。当工作电极电势发生变化时，电阻 R' 两端的电压降将相应改变，经放大后推动可逆电机带动 R 变化进行补偿，以维持工

作电极保持恒定电势。当电解电流趋近于零时，指示该物质已被电解完全。如果用与之串联的库仑计精确测量其电解电荷量，即可由法拉第电解定律求得待测物的含量。

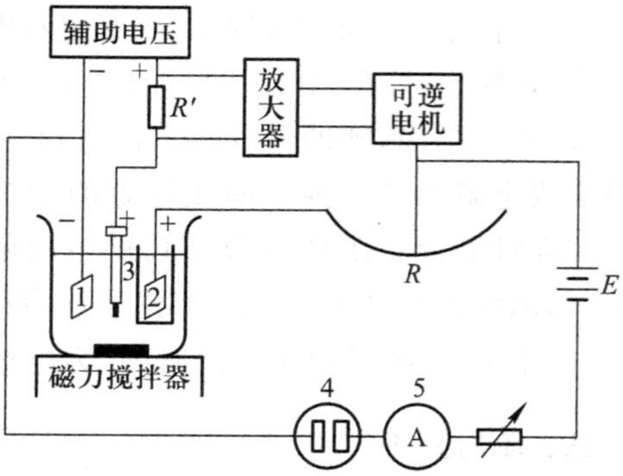

图 19-17　控制电势库仑分析装置示意图

1—工作电极；2—辅助电极；3—参比电极；4—库仑计；5—电流计

2. 控制电流库仑分析法

控制电流库仑分析法又称库仑滴定法。它与经典定量分析相似之处都是以某种滴定剂与待测物质起化学反应的。所不同的是库仑滴定所用的滴定剂是由电解产生的，产生的滴定剂的量可以由所消耗的电荷量求得。由于使用恒定的电流进行电解，因此，电解过程所消耗的电荷量，可由电流与时间的乘积求得。

在控制电流库仑分析中，一定量的待测物需要一定量的滴定剂起作用，而一定量的滴定剂又是通过一定量的电荷量电解产生的。所以待测物的物质的量应等于滴定剂的物质的量，它们所消耗的电荷量完全符合法拉第电解定律。

控制电流库仑分析（库仑滴定）的基本装置如图 19-18 所示。

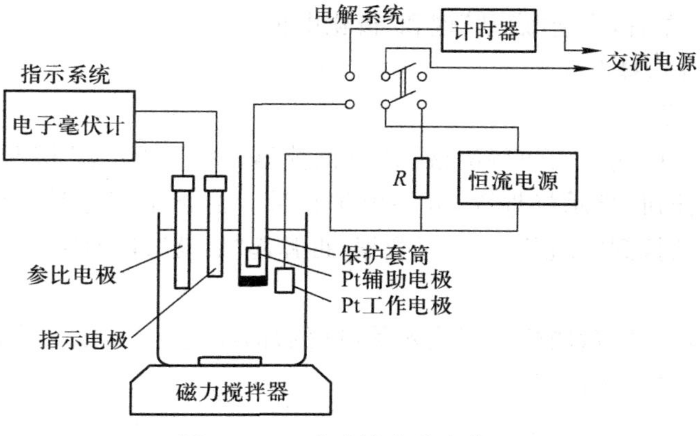

图 19-18　库仑滴定基本装置

由图可知，该装置主要由恒流电源、电解池和计时器三部分组成。

① 恒流电源：最理想的恒流电源可选用高稳定度的电子管或晶体管、乙型干电池或直流稳压电源。串联可变大电阻也可提供恒定电流，因为串联电

阻足够大时,电解池的电阻和电压变化对电流影响可忽略不计。

② 电解池:可在约 200 mL 的高型烧杯中,放置 4 个电极,它们分别为参比电极,指示电极,辅助电极和工作电极。前两电极构成终点指示系统,后两电极构成电解系统。为了防止电解的干扰反应,保证 100%的电流效率。常使用多孔性套筒状工作电极与辅助电极隔开。当达到电解反应的化学计量点时,指示电路系统发出"信号"指示滴定终点的到达。

③ 计时器:准确记录电解时间,为电荷量和待测物含量计算做准备。

三、使用方法

KLT—1 型通用库仑仪(库仑滴定法)的使用方法大致如下:

1. 按图 19-18 装置正确连接电极导线,所有按键处于释放状态,开启库仑仪电源,预热 10 min。

2. 用饱和 K_2SO_4 溶液作为钨棒电极内充液。将配制的电解液取少许作为铂丝电极内充液,使其液面高于库仑池内的液面,其余放在库仑池中,放入搅拌磁子。

3. 采用"电流上升"法

(1) 同时按下"电流"和"上升"键。

(2) 将"补偿极化电极"调节至 1/4 圈。

(3) 按下"启动"键和"极化电极"键,旋转调节"补偿极化电极"使表头指针指示在 15 左右,弹起"启动"键和"极化电极"键。

(4) 量程选择 5 mA。

4. 预电解

在库仑池中滴入几滴待测液,开启搅拌器。按下"启动"键和"工作"挡,再按"电解"按钮,指示灯熄灭,开始电解计数。当指示灯亮时,电解结束,立即将"工作"挡扳到"停止"挡,记录数据,再弹起"启动"键,回零。

5. 测定

准确吸取一定量的待测液放入预电解后的库仑池中,按上述预电解的操作步骤进行,平行测定多次。

6. 关机

测定结束后,将仪器所有按键处于释放状态,关闭库仑仪和搅拌器电源,清洗电极和库仑池并收好。

思考题

1. 试述库仑滴定的基本原理,它与通常的滴定分析有何异同。

2. 电解液为什么可以反复多次使用？这样做有何好处？

3. 为什么要进行预电解？

4. 恒电势库仑分析与恒电流库仑分析（滴定）主要区别是什么？

19－8 色谱分析仪

用于分离待测组分和记录待测组分的色谱图，并进行定性、定量分析的仪器，称为色谱分析仪。根据仪器所用的流动相种类，通常分为气相色谱仪和高效液相色谱仪两大类。

一、原理

当一混合物在流动相的携带下，流经色谱仪中的色谱柱时，与柱中的固定相发生作用（溶解、吸附、分配、交换等），由于混合物中各组分物理化学性质和结构上的差异，与固定相发生作用的大小、强弱不同，在流动相同一推动力的作用下，各组分在固定相中滞留时间不同（或者说在流动相和固定相中的分配系数或吸附系数不同），从而使混合物中各组分按一定顺序从色谱柱中流入检测器。检测器把各组分的浓度信号或质量信号转变为电信号，经放大后，由计算机将信号记录下来得到色谱图（也称之为色谱流出曲线）。根据色谱图中色谱峰的位置（保留时间、调整保留时间、保留指数等）进行定性分析，根据色谱峰的面积或高度进行定量分析，根据色谱峰的位置和宽度评价色谱柱的柱效和分离度。

用气体作流动相设计而成的色谱仪称为气相色谱仪；用液体作流动相设计而成的色谱仪称为高效液相色谱仪，采用了高压输液泵、高效固定相和高灵敏度检测器等装置。

二、结构

1. 气相色谱仪

气相色谱仪的基本结构如图 19－19 所示，通常包括气路系统、进样系统、分离系统、检测系统、记录与数据处理系统等五部分。图中罗马数字用 I～V 表示这五部分。

Ⅰ. 气路系统　为色谱分析提供纯净、连续的气流。仪器的气路由载气、氢气和空气三个气路组成，后两个气路仅在氢火焰离子化检测器中使用，常用的载气有 N_2，H_2，He 和 Ar 等。气体一般由高压钢瓶供给，钢瓶中的高压气体经过减压阀把压力降到所需要的压力，通过载气净化干燥管（内装硅胶、

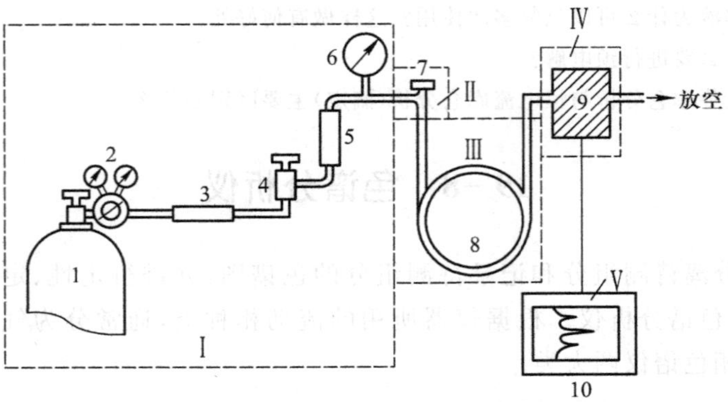

图片：气相色谱仪

图 19-19 气相色谱仪的基本结构示意图

1—高压钢瓶；2—减压阀；3—净化器；4—气流调节阀；5—流量计；
6—压力表；7—进样器；8—色谱柱；9—检测器；10—记录系统

活性炭、分子筛等)除去气体中的油气、水分，再经过气流调节阀调节气体流量，使气体流量稳定，最后由流量计表示柱前流速，由压力计表示柱前压力。现代气相色谱仪，常采用电子流量控制单元(电子针阀、电子压力传感器和电子流量传感器)实现高精度的气体流量控制。

Ⅱ. 进样系统　包括进样器和汽化室。气体样品常用六通阀或 0.25～5 mL 进样器进样。液体样品常用微量进样器进样，由针刺入进样口中的硅橡胶密封垫注入汽化室后，液体样品立刻汽化，并被载气带入色谱柱。

Ⅲ. 分离系统　分离样品中各组分，由色谱柱完成。色谱柱是色谱仪的关键部分，色谱柱可分为填充柱和毛细管柱两大类。常用的填充柱由不锈钢制成，内径为 2～6 mm，长度为 1～5 m，柱内密实地填充粒度均匀的固定相——常用载体表面均匀涂渍固定液的固定相。毛细管柱由不锈钢或石英制成，内径为 0.1～0.5 mm，长度为 10～100 m，将固定液均匀地涂在毛细管内壁。

图片：毛细管柱

Ⅳ. 检测系统　从色谱柱流出的组分，经过检测器把浓度(或质量)信号转变为电信号。应用最广泛的是氢火焰离子化检测器(FID)。样品经过检测器后被直接放空、或经燃烧后放空。

Ⅴ. 记录与数据处理系统　把检测器输出的电信号经放大器放大后由计算机进行记录和数据处理。

2. 高效液相色谱仪

高效液相色谱仪的基本结构如图 19-20 所示。其结构和流程与气相色谱仪相似，包括：液路系统(采用高压输液泵)、进样系统(常用六通阀)、分离系统(用高效固定相填充色谱柱)、检测系统、记录系统。梯度洗脱装置是高效液相色谱仪中一个重要部分，在样品的分离过程中它按一定的程序连续改

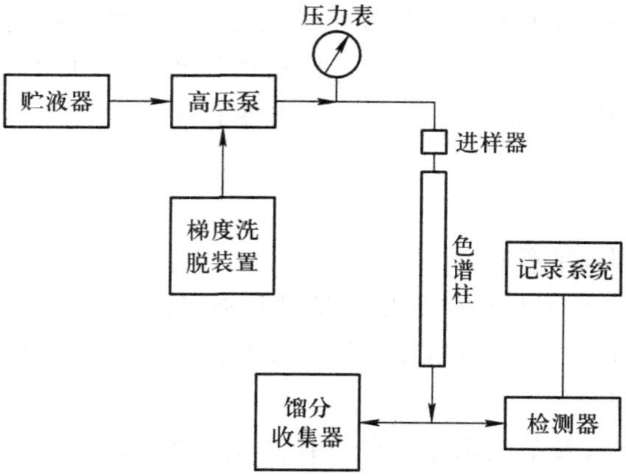

图 19-20 高效液相色谱仪的基本结构示意图

图片：高效液相色谱仪

变载液中两种(或两种以上)不同极性的溶剂的配比和载液的极性，通过载液极性的变化来改变被分离组分的分离因素，以提高分离效率。有必要时，可用馏分收集器分别收集样品中的各个组分。

三、使用方法

1. 岛津 GC-2014C 气相色谱仪(氢火焰离子化检测器)的使用方法大致如下：

(1) 开启载气(N_2)钢瓶阀门，旋转减压调节螺杆，使二次压力表指示到要求的压力数，约 0.7 MPa；打开空气泵和氢气发生器的开关阀，调节适当的空气和氢气流量。

(2) 打开主机电源开关，在主机自检完成后，柱箱内鼓风电动机运转。

(3) 打开与气相色谱仪连接的电脑，并运行气相色谱仪工作软件。

(4) 待软件与仪器连接成功后，在主机控制面板上分别设置分流模式、分流比、载气流量、检测器温度、进样口温度，柱箱初始温度及升温程序，运行时间等参数，面板参数设置好后，将参数上传到计算机软件(或在计算机软件中设置好后再下载到主机)。

(5) 设置完后，运行系统，各区温度开始上升，当温度达到设定值时，"Ready"灯亮，点火。

(6) 查看仪器基线是否平稳，待基线平稳后，单击助手栏中的"单次进样测试"，用微量进样器进样后，按主机面板上"Start"，进样分析。

(7) 数据后处理：打开数据后处理窗口，在"数据浏览器"窗口中双击要处理的数据文件名称，打开数据文件后进行相关处理。

(8) 实验完毕后,先关闭氢气发生器和空气泵,再将检测器、进样口和柱箱温度设置恢复至室温,待色谱柱、进样口的温度降至100℃以下时,依次关闭色谱仪电源,计算机,最后关闭载气(N_2)瓶总阀。

注意事项

(1) 防止明火,注意安全。

(2) 分析室周围要远离强磁场及易燃和强腐蚀性气体。

(3) 室内环境应在5～35℃范围内,相对湿度≤85%,且室内保持空气畅通,最好安装空调。

(4) 载气、空气及氢气需要安装气体净化装置,保证气体纯度。

(5) 实验时注意观察气泵压力表,以免漏气。

2. LC－20A高效液相色谱仪(紫外－可见检测器)的使用方法大致如下:

(1) 开机 按顺序打开主电源、高压泵、检测器和计算机;双击"labsolution","确定",双击"LC－20A",进入色谱工作站。

(2) 新建方法

① 单击"编辑仪器参数":单击"数据采集时间",设定LC时间程序;单击"泵",设定模式、流速、泵A泵B流速、压力限制;单击"PDA",设定灯、波长、池温、狭缝宽度。下载到仪器后退出。

② 单击"All",画面下右击,单击"显示设置",设置检测λ等。

③ 保存,方法设定完毕。

(3) 排气泡 打开泵上的排气阀(逆时针旋转90度),按仪器控制面板上的"Purge"键,排气,自动停止,关闭排气阀(或开机就排气)。

(4) 联机 单击仪器"on"或泵"ON/OFF"。单击右上角"绘图",显示基线,用流动相冲洗色谱柱;基线稳定后,调零(PDA/归零)。

(5) 分析 进样前单击"停止",停止走基线。单击"单次分析开始""命名""保存""确定",等待进样。用进样器吸取所需体积,插针、将进样阀转到"LOAD"位置,注入样品,将进样阀转到"INJECT"位置完成进样。分析完后自动停止分析或单击"停止"。

(6) 数据处理

① 单击左侧主项目栏"数据处理"或打开"labsolution"主项目界面,单击"处理工具",双击"再解析",打开"数据处理"界面。

② 找到所需文件,双击打开。进行谱图处理,找到λ_{max}。单击"编辑"进行操作,从方法视图栏中单击"多色谱图"设置λ_{max}、单击"积分"设置半峰宽、最小面积等,单击"定量处理"等。单击"视图"保存。

③ 在“结果视图−峰表”中得到色谱峰的保留时间、峰面积、峰高、峰底宽、理论塔板数等。

(7) 关机 用流动相冲洗六通阀进样器、冲洗柱子；若流动相中用了盐需用 90%水冲洗，最后用纯甲醇或乙腈冲洗，单击仪器“on”或泵“ON/OFF”，压力降到 0，关闭检测器、高压泵、计算机。

19−9 发射光谱分析仪

用来观察和记录或检测待测物质的原子发射光谱并进行定性、定量分析的仪器，称为发射光谱分析仪。

一、原理

发射光谱分析仪是将待测物质用热能或电能激发后，发射待测元素的特征光谱线，这种特征光谱线，仅由该元素的原子结构决定。根据某种元素的特征光谱线出现与否，进行定性分析，根据谱线的强弱程度进行定量分析。

二、结构

发射光谱仪包含三个主要组成部分。

1. 激发光源

激发光源的作用是为样品的蒸发、解离和激发发光提供所需要的能量。目前常用的激发光源有直流电弧、交流电弧、高压火花、电感耦合等离子体和激光等，其中电感耦合等离子体（简称 ICP）光源，灵敏度高、干扰少、稳定性好、工作线性范围宽，是一种极有发展前途的光源，应用将越来越广泛。

2. 分光系统

分光系统的作用是将样品中待测元素的激发态原子（或离子）所发射的特征光谱与光源及其他干扰谱线分离开，以便进行测量。

3. 检测系统

检测系统的作用是将原子的发射光谱记录下来或检测出来，以进行定性或定量分析。

下面重点介绍等离子体发射光谱仪。

三、等离子体发射光谱仪及其使用方法

等离子体发射光谱仪（简称 ICP）是一种利用等离子体作激发光源的原子发射光谱仪。

1. ICP 装置及其工作原理

动画：ICP 激发源

ICP 激发源通常由高频发生器感应线圈、等离子管炬、雾化器三部分组成。如图 19-21 所示。

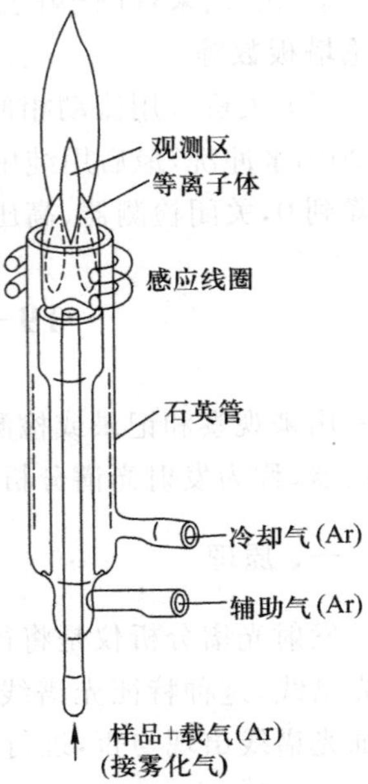

图 19-21 电感耦合等离子体激发源

等离子体一般指有相当电离程度的气体，它由离子、电子及未电离的中性粒子所组成，其正、负电荷密度几乎相等，从整体看呈中性，与一般气体不同，等离子体能导电。等离子管炬由三层同心石英管构成(外层管导入冷却氩气，防止烧坏石英管。中层管通入辅助气氩气维持等离子体。内层管由载气将雾化的试液引入等离子体)，石英管外绕以高频感应线圈，以此将高频电能耦合到石英管内，用电火花引燃使引发管内的氩气放电形成等离子体。当达到足够的导电率时，即产生几百安培的感应电流，瞬间将该气体加热到 9000～10000 K 的高温并在石英管内形成高温火球，当用氩气将火球吹出石英管口，即形成感应焰炬，试液被雾化器雾化后由载气从内层石英管引入等离子体内，被加热到极高的温度而激发成离子态。发射出的光由入射狭缝进入分光系统，在分光器中光栅将不同波长的光分开后送入检测器，检测器中的光电倍增管将光信号转变成电信号，经放大器放大后进行计算机数据处理，计算机屏幕显示并绘制标准曲线，计算样品分析结果，在打印机上打印出检测结果。

电感耦合等离子体原子发射光谱仪(简称 ICP-AES)。它的结构虽然较复杂，但主要由以下部分组成：

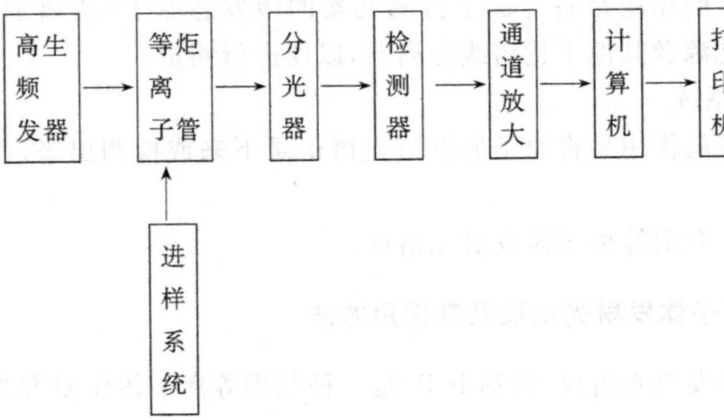

2. ICP的使用方法

(1) 开机预热。

(2) 进入软件系统,编辑分析测定方法。

(3) 点火。

(4) 样品测试,按照编辑的分析方法进行分析测定。

(5) 关机,按仪器操作规程操作。

19-10 火焰光度计

以火焰为激发源的发射光谱分析仪,称为火焰光度计。主要用于记录或检测待测物质的原子发射线的强度以进行定量分析。

一、原理

当样品溶液以气溶胶形式引入火焰光源中,依靠火焰的热能将样品元素原子化,再由火焰高温激发,当原子的外层电子由高能级向低能级跃迁时即发射出待测物质的特征原子光谱。由于火焰光源温度较低,激发出来的原子谱线也较简单。利用光电检测系统,即可测量出待测元素的原子所发射的特征光谱线强度 I。谱线强度 I 与待测元素的浓度 c 之间的关系为

$$I=ac^{b}$$

由于火焰激发光源较为稳定,式中 a 为一常数,当浓度很低时,自吸现象可忽略,此时自吸系数 $b=1$,于是,I 与 c 成正比:

$$I=ac$$

为此,便可采用标准曲线法或标准加入法,用火焰光度计测得谱线强度 I,进行定量分析。

二、结构

仪器的结构如图19-22所示,图中助燃气以一定速度喷入体积较大的混合室,喷嘴附近由于节流效应造成负压区,可以将试液沿毛细管吸入,然后被高速气流雾化。试液雾滴、助燃气和燃气在混合室充分混合后,进入燃烧器,颗粒较大的雾滴在混合室室壁上凝结,沿废液管排出。

燃烧器是一个空心圆柱体,一般用不锈钢制成,其顶端用有均匀细孔的金属板覆盖。

如果单色器使用光栅或棱镜,其波长可以在一定范围内调节,这样的仪

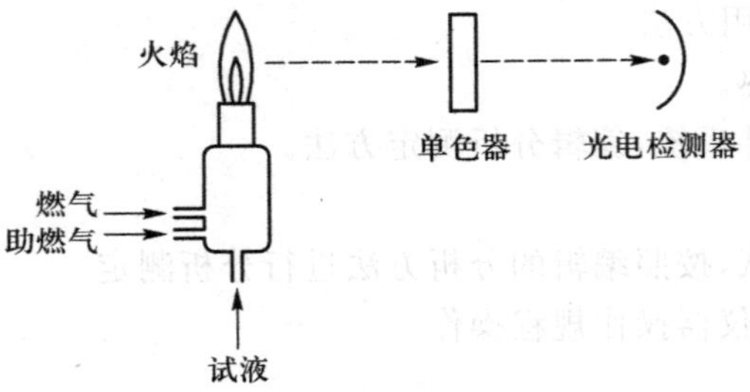

图 19-22 火焰光度计示意图

器叫火焰分光光度计。如果单色器使用滤光片，则仪器较为简单，这一类仪器就叫火焰光度计。图 19-23 为 6400A 火焰光度计主机外形图。

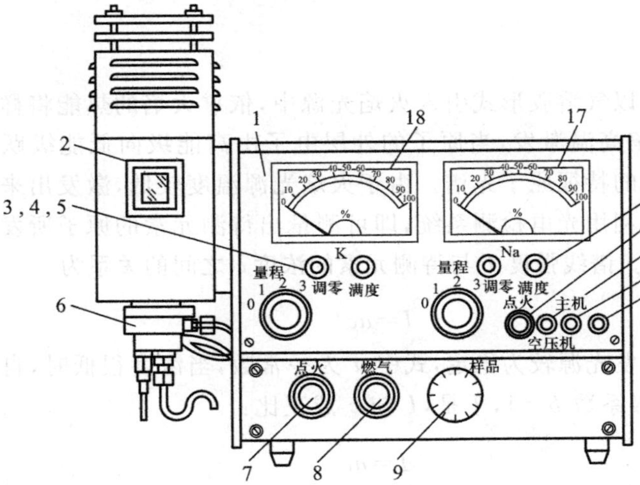

图 19-23 6400 A 火焰光度计主机外形图

1—主机；2—燃烧室；3—K 调 100%旋钮；4—K 调零旋钮；5—K 挡开关；
6—进样雾化器；7—点火阀；8—燃气阀；9—进样压力表；10—电源指示灯；
11—主机开关；12—空压机开关；13—点火按钮；14—Na 挡开关；
15—Na 调零旋钮；16—Na 调 100%旋钮；17—Na 表；18—K 表

三、使用方法

6400A 型火焰光度计的使用方法大致如下：

1. 准备工作

(1) 启动空气压缩机和接通电源　查看仪器指示灯及压力表是否正常。

(2) 开机点火　首先将进样开关阀、燃气与助燃气针型阀均放置在关处，用右手揿点火按钮，左手慢慢旋动燃气针型阀点火。

(3) 调节火焰形状至最佳状态[1]　点火后，打开进样阀，一边查看火焰形状，一边缓慢调节燃气针型阀，使燃气与空气混合比达到适当比例(此处空气为助燃气)，将火焰形状调节至最佳状态。

2. 仪器的预热

为保证仪器的稳定性和重现性。使用前需将仪器预热，其方法是点火后调整好火焰，用蒸馏水进样，同时检查雾化器工作状态，预热时间为 20 min，待仪器稳定后方可进行正式测试。

3. 校正和操作

(1) 表头调零　将量程开关置于“0”处，调节内调电势(位)器，使表头指示均在“0”位。

(2) 根据所选用的标准溶液浓度，选择适当“量程”。

(3) 以蒸馏水进样，缓慢旋动“调零”电势(位)器，使指针指示“0”位，然后以最浓的标准溶液进样，调“满度”电势(位)器，使指针指示满度或在所需值上，重复几次，并观察读数有无明显漂移现象。如基本稳定，则可开始样品测试工作。

(4) 连续测试样品时，应在 3～5 个样品间进行一次标准溶液的校正。不同样品之间的测量均需用蒸馏水校零冲洗，排除样品间相互干扰。

4. 结束工作

火焰光度计在使用结束时，使用的燃气不同则关机的操作步骤不同，通常是：

(1) 汽油作燃气时，应先关掉空气压缩机，让火焰自然燃烧，直至燃气气压降低，火焰熄灭为止。再切断电源，将燃气针型阀顺时针关闭[2]。

(2) 若使用煤气或液化石油气时，应先切断燃气气源，然后关闭其他开关和电源。

注意事项

(1) 火焰光度计的火焰受气压、流量、燃烧温度影响很大，室内空气中的尘埃、样品中的杂质、气路中的沉淀物等进入燃烧室，都会产生火焰无规则的跳动，这微小的变化，经电路放大，立即显示出来，因此应将仪器保持在室温、无强光、无震动、无尘埃的环境中，尽可能排除由于尘埃、杂光、杂质等造成的不良影响。

(2) 采用火焰光度法进行测量时，随着浓度的增加，工作曲线将呈指数曲线变化，这是由于样品的辐射产生自蚀，需根据标样的情况，作适当稀释，才会得到满意结果。

注释

[1] 火焰最佳状态:外形为锥形,呈蓝色,尖端摆动较小,火焰底部中间是多个小突起,周围一圈有波浪形圆环。整个火焰高度为 30～60 mm。

[2] 使用汽油燃气,测定结束时若先关闭燃气针型阀或关闭空气压缩机后,随即关闭燃气针型阀,火焰立即熄灭。但汽油汽化缸内事先注入的空气无法进入喷雾器燃烧,具有一定压力的多余空气就只能向汽油汽化气源方向移动,造成汽油外泄,进入仪器内部,损坏机器。这样的关机步骤是绝对不允许的,需要特别注意。

19－11 荧光分析仪

用于测量荧光物质的荧光光谱或荧光强度的仪器叫作荧光分析仪。荧光分析仪通常分为荧光光度计和荧光分光光度计两大类。

一、原理

荧光物质受光辐射激发发光,其荧光的激发光谱和发射光谱取决于各物质的分子结构,其荧光强度取决于物质的浓度(或含量),故可以进行定量分析。

荧光分光光度计就是根据这一原理制成的。它与普通分光光度计比较,主要有两个区别:

1. 采用垂直测量方式,即检测器与光源位置成垂直方向,以消除透射光的影响。

2. 有两个单色器。一个置于样品池前(称为激发单色器),一个置于样品池与检测器之间(称为发射单色器)。通过调整和控制两个单色器的波长(分别为激发光波长和荧光发射波长)可以绘制荧光的激发光谱和发射光谱。依此,可以选择最佳激发光(波长)和最佳的测定荧光(波长)并消除其他杂散光的干扰。

二、结构

荧光分析仪的基本结构如图 19－24 所示,通常由光源、单色器、样品池、检测器和读出装置等主要构件组成。

1. 光源

常用的光源是氙弧灯或高压汞灯。氙弧灯可发射 250～800 nm 很强的连续光谱,灯的寿命大约为 2000 h。通常利用高压汞灯发射的 365 nm, 405 nm, 436 nm 谱线作激发光,灯的寿命为 1500～3000 h。

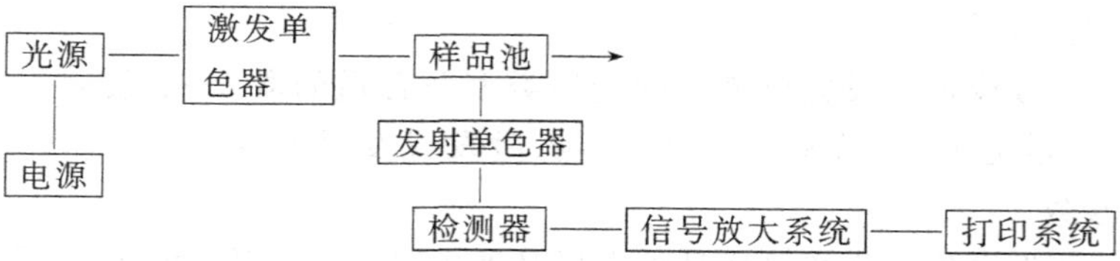

图 19-24 荧光分析基本装置方框图

2. 单色器

荧光计常用滤光片为单色器，由一块滤光片从光源发射的光中分离出所需的激发光，用另一块滤光片滤去杂散光和杂质所发射的荧光。荧光计能用于荧光强度的定量测定，不能用于测定激发光谱和荧光光谱。荧光分光光度计大多采用光栅作为单色器，它具较高的灵敏度，较宽的波长范围，能扫描激发光谱和荧光光谱。

动画：仪器示意图

3. 样品池

样品池常称为液池，通常是石英方形池，四个面都是光学面。使用时应拿样品池的棱。

4. 狭缝

狭缝越小，仪器的单色性越好，但光强相应降低，测定的灵敏度也相应降低。当入射狭缝和出射狭缝的宽度相等时，单色器射出的单色光有 75% 的能量是辐射在有效的带宽内。此时，既有好的分辨率，又保证了光通量。

5. 检测器

荧光分光光度计多采用光电倍增管（PMT）作检测器，施加于 PMT 光阴极的电压越高，其放大倍数越大，且电压每改变 1 V，放大倍数会波动 3%。所以，要获得良好的线性响应，PMT 的高压源要很稳定。

6. 读出装置

读出装置可以用数字电压表、记录仪或阴极示波器。数字电压表价格便宜，用于定量分析具有准确、方便的特点。记录仪可用于扫描光谱，记录笔的响应时间通常为 0.1～0.5 s，而阴极示波器的显示速率比记录仪还要快。目前荧光分析仪都是由计算机控制，并配有相应的软件。

三、使用方法

RF-5301PC 型荧光分析仪的使用方法大致如下：

1. 开机

开启仪器和灯电源（氙灯、钨灯），双击计算机桌面 RFPC 图标进入软件，软件与仪器连接后，仪器开始初始化自检。

2. 光谱扫描

(1) 参数设定　设置要测量的光谱类型及合适的激发光、发射光的波长或范围、显示范围、扫描速率、采样间隔、激发或发射狭缝宽度、灵敏度、反应时间等参数。

(2) 数据采集　将待测样品放在样品池中，单击“开始”测定，仪器自动扫描得到激发光谱或发射光谱，寻峰找到最佳激发或发射波长。

3. 定量分析

(1) 参数设定　选择定量方法，设置测定的最佳激发、发射光波长，合适的激发、发射狭缝宽度，灵敏度，反应时间，单位，浓度及强度范围等参数。

(2) 数据采集　以多点标准曲线为例，先放入空白溶液调零。然后从低浓度到高浓度依次逐个放入标准溶液，单击“读数”依次测定，输入标准溶液浓度，可得到标准曲线。再依次放入样品溶液，单击“读数”，得到样品数据。

4. 关机

断开软件与仪器连接，关闭仪器和灯电源，洗净并收好样品池。

19－12　化学发光分析仪

用来测量待测物质进行化学发光反应时所发射的化学发光强度并进行定量分析的仪器称为化学发光分析仪。

一、原理

如果某一待测物质(反应物、产物或其他能量接受体)，能够吸收化学反应所产生的能量后处于电子激发态，当它以辐射跃迁方式回到基态时，就会产生光辐射，称为化学发光。在一定条件下，化学发光强度 I_{cL} 与待测物质浓度 c 之间有下列关系：

$$I_{cL}(t)=K\varphi_{cL}\cdot dc/dt$$

式中：$I_{cL}(t)$——t 时刻的化学发光强度；

φ_{cL}——与待测物有关的化学发光效率；

dc/dt——待测物参加反应的速率。

当参加反应的发光试剂的浓度比待测物大得多时，其浓度可认为是一常数，化学发光反应可视为准一级反应，t 时刻的化学发光强度 $I_{cL}(t)$ 与该时刻的待测物浓度成正比。此时就可以通过测量化学发光强度来进行定量分析。

化学发光分析法具有灵敏度高、线性范围宽、设备简单、操作方便、成本低廉、分析速度快且易于实现自动化等显著优点，已广泛应用于环境监测、生化产品分析、临床检验、药物分析、免疫分析、矿物分析和农林科研等领域。

目前，市售的化学发光分析仪大致可分为气相、液相和专用分析仪三种类型。根据进样方式的不同，液相化学发光仪又可以分为分立取样式和流动注射式，流动注射液相化学发光仪虽然测定的精密度和自动化程度高，但分析过程中消耗的试剂量较大。

二、结构

现以西安无线电八厂生产的 YHF-1 型分立取样式液相化学发光仪为例予以介绍，其结构方块示意如图 19-25 所示。

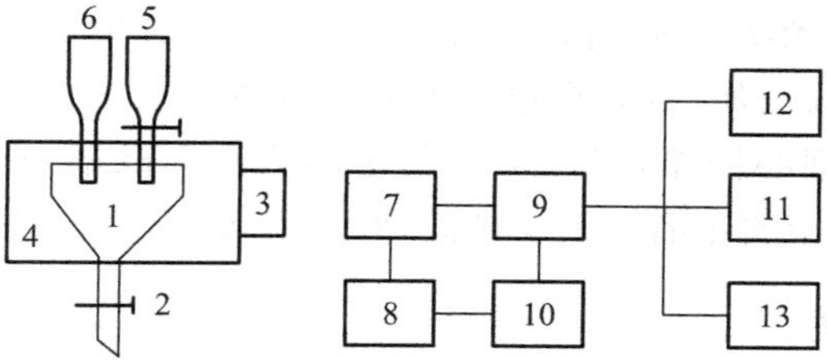

图 19-25　YHF-1 型分立取样式液相化学发光仪结构方框示意图

1—发光反应池；2—废液排放旋塞；3—透光窗口；4—暗室；5—试液贮管；6—试剂加入管；7—光电倍增管；8—负高压电源；9—信号放大系统；10—电源：+15V，-15V，-20V，-24V；11—表头；12—数字显示；13—记录仪

仪器的前视图及各部件功能如下：

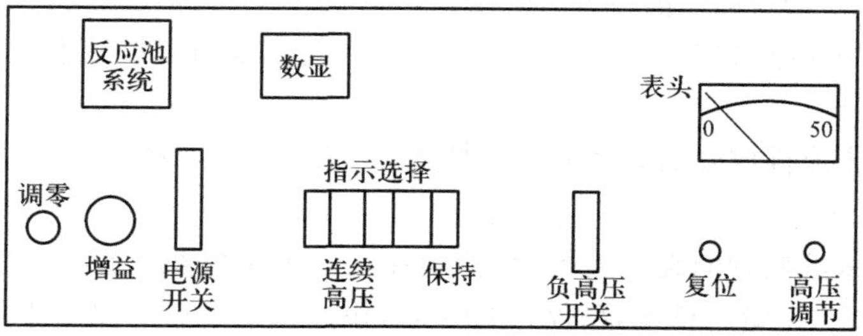

反应池系统：包括反应池、暗室、进样系统和废液排放管。反应池的容积为 6 mL。

复位：数显显示信号后，按一下“复位”即可消除数显信号，恢复至零。

调零：数显和表头指示不为零时，一边按“复位”，一边旋调零旋钮，可将数显（或表头）调至零。

连续指示键:按下该键,测量发光信号时,数显和表头指针同步指示信号值。

高压指示键:按下该键,打开负高压开关,绿指示灯亮,可用高压调节旋钮调节加到光电倍增管上的负高压至预定值(微安表头的 1 μA 代表 -20 V)。

保持指示键:按“保持”键,表头自动保持信号,便于记录。按动“复位”后,可消除信号。

增益:增益选择可调节信号测定灵敏度,共分三挡,通常放在中挡使用。

YHF-1 型液相化学发光仪是在静态下测量化学发光信号的仪器,利用吸量管加入试剂和试液,具有结构简单、操作方便、线性范围宽、灵敏度高的特点。它与记录仪联合使用可以记录化学发光反应全过程中化学发光强度的变化,如果加上光学分辨,可以进行反应动力学方面的研究。

该仪器由于人工加样,分析速率慢且重现性易受人为因素影响,精密度稍差,但是,如果细心操作,多次平行测定的相对标准偏差(*RSD*)仍可小于 5%。它的另一特点是节省试剂及试液,测定成本低。

三、使用方法

1. 仪器在通电前,指示选择键应全部释放。

2. 插上电源(220 V),打开电源开关,红指示灯亮,预热 30 min。增益选择中挡。

3. 按下“连续”键,用“调零”旋钮调节数显和表头为零。

4. 按下“高压”键,打开高压电源,绿指示灯亮,用高压调节旋钮调节表头指针位于预定的负高压值(1 μA 相当于 -20 V),一般在不超过 -500 V 范围内使用,以增加光电倍增管的寿命。此时,按下“复位”,如果数显不为零,应重新调零。

5. 将废液排放管的旋塞或夹子打开,放净反应池中可能存在的蒸馏水或废液,重新夹好。

6. 将试液贮管的旋塞关闭后,准确加入一定量体积的试液,由试剂加入管顺序加入一定量的试剂,稍停(约 10 s),快速均匀地打开试液贮管旋塞,由数显或记录仪读取相对发光强度的峰值,记录,完成一次测定。

7. 重复 5,6 步操作,对同一溶液可进行多次平行测定。

8. 测定完毕,打开废液排放管旋塞和试液贮管旋塞,用蒸馏水洗净试剂管、试液管及反应池,关闭记录仪,负高压电源调至表头为零后,关闭负高压电源,将指示选择各键放开,关闭电源,罩上仪器罩。

注意事项

（1）打开暗室时，必须将“高压调节”反时针旋转到底，防止自然光过强而损坏光电倍增管。

（2）光电倍增管光窗应注意对准发光反应池发光点正中心，否则将使灵敏度下降。

（3）试液贮管、试剂加入管和排废液的乳胶管应注意及时换新，以防老化、漏液。

19－13　紫外－可见分光光度计

用于测量和记录待测物质对紫外光、可见光的吸光度及紫外－可见吸收光谱，并进行定性、定量及结构分析的仪器，称为紫外－可见分光光度计。

一、原理

当一束连续的紫外－可见光照射待测物质的溶液时，若某一定频率（或波长）的光所具有的能量恰好与分子中的价电子的能级差 $\Delta E_{电}$ 相适应（即 $\Delta E_{电}=E_2-E_1=h\nu$）时，则该频率（波长）的光被该物质选择性地吸收，价电子由基态跃迁到激发态（同时不可避免地伴随有振动和转动能级跃迁）。紫外－可见分光光度计就是将物质对紫外－可见光的吸收情况以波长 λ 为横坐标，以吸光度 A 为纵坐标，绘制出 $A-\lambda$ 曲线，即紫外－可见吸收光谱（紫外－可见吸收曲线）。

紫外－可见吸收光谱的吸收峰形状、位置、个数和强度，取决于分子的结构。物质不同，分子结构不同，紫外－可见吸收光谱就不同。因此，根据紫外－可见吸收光谱可进行定性鉴定和结构分析。同时，物质对紫外－可见光的吸收服从朗伯－比尔（Lambert－Beer）定律：

$$A=\kappa cb$$

为此，当用一适当波长的单色光照射吸光物质的溶液时，其吸光度 A 与溶液的浓度 c 和光程长度 b 的乘积成正比，这就是其进行定量分析的依据。

二、结构

目前紫外－可见分光光度计主要分为两大类，一类为自动扫描型，该类仪器一般由计算机控制，功能较多，档次高。它能自动测定光谱吸收曲线；另一类是非自动扫描型,该类仪器,通过手动方式变化波长,一般用于固定波长下的物质吸光度的测定,功能较少。

紫外-可见分光光度计虽然种类、型号各不相同,但都包括光源、分光系统、吸收池、检测器以及记录和读出装置。波长范围通常为 200～800 nm,用钨灯及氘(氢)灯提供可见光及紫外光。对于自动扫描型仪器,通过计算机控制电动机并带动棱镜或光栅转动角度,以不断改变入射单色光波长,而且具有自动切换光源的功能。其中双光束仪器能使该入射光快速地交替照射参比及样品,从而能瞬时得到样品相对于参比的吸收信号,自动作出光谱曲线,该类仪器有较高的稳定性。而单光束扫描型仪器,首先对参比进行一定波长范围的扫描,然后对样品进行扫描,内部微处理机自动将样品信号扣除了参比信号,也能得到相对吸收信号,但该类仪器的稳定性较差。而对于非自动扫描型分光光度计,则只能通过手动方式转动光栅或棱镜,得到不同波长的单色光,所以较适合于测定组分在一定波长下的吸光度。图 19-26 为双光束紫外-可见分光光度计的光路图。

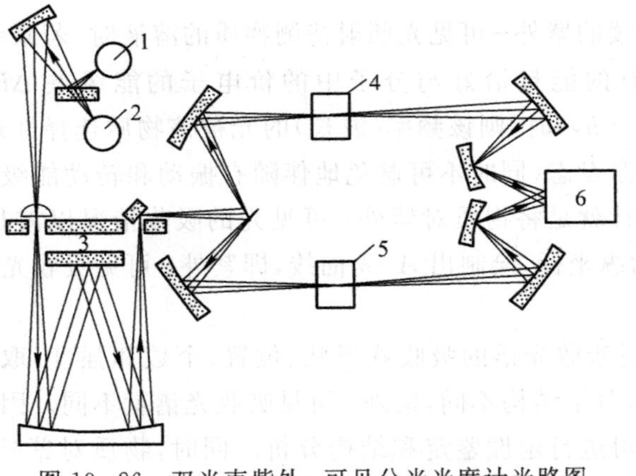

图 19-26 双光束紫外-可见分光光度计光路图

1—钨灯;2—氘灯;3—光栅;4—参比池;5—吸收池;6—光电倍增管

三、使用方法

UV-1780 型紫外-可见分光光度计的使用方法大致如下:

1. 开机

开启计算机和仪器主机电源。仪器自检结束后,按仪器面板上的 F4 键,双击桌面“UVPROBE2.5”进入软件,单击“连接”,软件与仪器连接。

2. 光谱扫描

(1) 参数设定 软件中有动力学测定方式、光度测定(定量)方式、光谱测定方式供选择。要扫描物质的吸收光谱,单击“光谱”测定方式,单击“方法”,设置波长范围、扫描速率、采样间隔、扫描方式、狭缝等参数。

(2) 数据采集 两个吸收池中均放参比溶液,扫描基线。靠外侧吸收池换标准溶液,单击“开始”,扫描吸收光谱,单击图标栏上“峰值检测”,找到最大吸收波长 λ_{max}。

3. 定量分析

(1) 参数设定 单击“光度测定”方式,单击“方法”,进行测定参数的设置。以多点标准曲线为例,单击“波长”输入最大吸收波长 λ_{max},“加入”“下一步”;“类型”多点,“WL1” λ_{max},“曲线次数”1 次,“下一步”;“样品重复”“下一步”;“文件名”选择保存文件的路径;完成。

(2) 数据采集 单击“到波长”输入最大吸收波长 λ_{max}。单击标样表中的一行,即自动增加一行,输入标样序号和浓度。先放入空白溶液调零,单击“池空白”,“自动调零”进行校零。然后由稀到浓依次放入标准溶液,单击“读取”,即可得到吸光度数据。测定结束,单击菜单栏中的图像/标准曲线统计/方程式、相关系数。单击样品表中的一行,即自动增加一行,输入样品序号。再依次放入样品,单击“读取”,得到吸光度数据。

4. 关机

单击“断开”,断开软件与仪器的连接,关闭电源,洗净并收好吸收池。

注意事项

(1) 吸收池的选择必须根据测试的波长范围而定。在可见光区分析可以选用玻璃吸收池,而在紫外光区分析时,必须使用石英吸收池。吸收池的种类可根据刻在吸收池上面的字母来辨认,“G”表示玻璃,“S”表示石英。

(2) 吸收池必须垂直放在光路中,如果倾斜会造成测试误差。

19-14 原子吸收分光光度计

用于测量和记录待测物质在一定条件下形成的基态原子蒸气对其特征光谱线的吸收程度,并进行定量分析的仪器,称为原子吸收分光光度计。

一、原理

当光辐射通过待测物质的基态原子蒸气时,如果某一频率(或波长)的光辐射具有的能量($h\nu$)恰好等于原子的电子由基态跃迁到激发态所需的能量(即 $\Delta E=h\nu=\frac{hc}{\lambda}$)时，基态原子就可能吸收光辐射，获得能量而跃迁到激发态，产生原子吸收。

不同种类的原子，其电子基态与激发态的能量差不同，因而跃迁时吸收的光辐射波长也不同，即吸收各自相应的特征原子谱线，而且原子吸收线的宽度很窄($\Delta\lambda$ 只有 2×10^{-3} nm 左右)。一般条件下，无法测得积分吸收(即整个吸收曲线所包含的面积)，所以，原子吸收分光光度计都有一个能发射(待测原子吸收的)共振线的锐线光源，这样就可以用峰值吸收代替积分吸收，实现原子吸收强度的测量。

在实验条件一定时，原子吸收分光光度计测得的吸光度 A 与待测元素浓度 c 呈线性关系，因此，可采用标准曲线法、标准加入法、双标准比较法等方法进行定量分析。

二、结构

原子吸收分光光度计由锐线光源、原子化器、分光系统和检测与记录系统等部分组成。

1. 锐线光源

发射待测元素吸收的共振线。如空心阴极灯、无极放电灯等。

2. 原子化器

将样品中的待测元素转化为基态原子，以便对光源发射的特征谱线产生吸收。

3. 分光系统

将待测元素的分析线与其他干扰谱线分开，使检测器只接收分析线。

4. 检测与记录系统

将分光系统分出来的待测元素分析线的微弱光能转换成电信号，经适当放大后显示并记录下来。

原子吸收分光光度计有单光束和双光束两种类型。单光束仪器具有装置简单、价格较低、共振线在外光路损失较少的特点。由于现代电子科学的发展，以前困扰人们的零漂(因光源强度变化而导致的基线漂移)问题也逐渐得到解决，因而单光束仪器应用较为广泛。双光束仪器用斩光器将光源辐射分成两束，样品光束通过原子化器中的样品基态原子，参比光束不通过原子化器中的样品基态原子，检测器测定的是此两光束的强度比，故光源的任何漂移都可由参比光束的同步变化而得到补偿。图 19－27 为单光束火焰原子吸收分光光度计结构示意图。

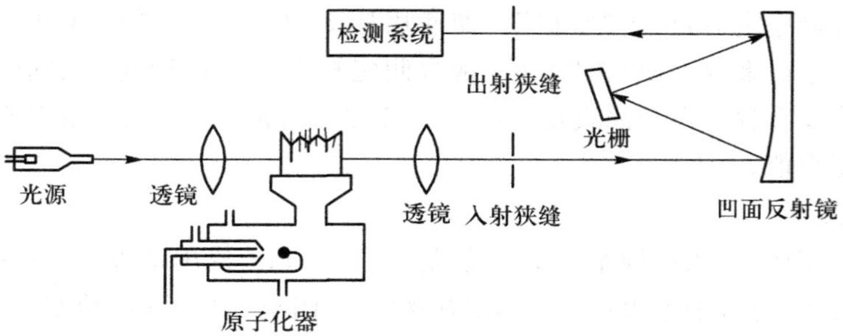

图 19-27 单光束火焰原子吸收分光光度计结构示意图

三、使用方法

AA-6880 型原子吸收分光光度计的使用方法大致如下：

1. 开机

安装好所需的空心阴极灯，开启仪器主机和计算机电源，启动空气压缩机，输出压力 0.35 MPa。双击桌面 AA 图标，进入软件。单击“连接”，仪器开始自检。初始化过程中会提示要进行废液传感器检测、检测助燃气压力监视器、检测燃气压力监视器等项目检查（检查过程中，弹出“调节气体”对话框时，提示需要清洁 C_2H_2，打开乙炔钢瓶，输出压力 0.09 MPa）。初始化结束后仪器开始漏气检查（约 8 min），漏气检查过程中，不可点火。安全提示检查，每一项都要检查。

2. 参数设定

（1）选择要测量的元素。

（2）选择火焰连续测量　选择合适的狭缝、灯电流、点灯方式等，然后单击“点灯”，做谱线搜索。谱线搜索完毕后，单击“关闭”“下一步”，如采用标准曲线法，单击“校准曲线设置”。在行数选项中设置标准点个数，单击“更新”，并在下面的表格中从低到高输入每个标准点的浓度值，单击“更新”“确定”。单击“样品组设置”，在样品数中设置样品点个数，单击“更新”“确定”“下一步”“完成”。

3. 点火

漏气检查结束，允许点火。点火时，同时按住主机上绿色、灰色两个按钮，听到打火声，直到点着火后再松开。

4. 测定

用蒸馏水清洗调零，单击“ZERO”调零。如有空白样品，吸入空白样品，待显示数据稳定后，单击“空白”。如使用标准曲线法，从低浓度到高浓度依次吸入每个标准溶液，单击“开始”依次测定标准溶液的吸光度数值，可得到标准曲线及方程。再按照设定依次吸入各样品溶液，点“开始”测定样品溶液的吸光度数值。

5. 关机

测定完毕后，用蒸馏水冲洗雾化器 5～10 min。使用结束时，按住主机上“红色”按钮，待火焰熄灭后，关闭乙炔钢瓶，关闭空气压缩机，给空压机放气。最后关闭软件和仪器主机电源。

注意事项

(1) 如果样品溶液中有粒径较大的颗粒，必须先过滤再进样，以免堵塞进样口。

(2) 乙炔为易燃易爆物质，使用时严格遵守乙炔气钢瓶使用安全操作规程。

(3) 本操作方法适用于乙炔-空气的火焰法连续测量，如使用 N_2O 气体，请更换燃烧头，具体步骤参考仪器使用说明书。

19-15 红外光谱仪

用于测量和记录物质的红外吸收光谱并进行结构分析及定性、定量分析的仪器称为红外光谱仪(也称红外分光光度计)。

一、原理

当一束连续的红外光照射待测物质时，若一定波长(或波数)的红外光所具有的能量恰好与物质中的振动能级差($\Delta E_{振}$)相适应(即 $\Delta E_{振}=h\nu$)时，则该波长(或波数)的光被该物质选择性地吸收，由振动能级基态跃迁到激发态(同时不可避免的伴随有转动能级的跃迁)。红外光谱仪就是将待测物质对红外光的吸收情况，以波数 σ(或波长 λ)为横坐标，以透光度 T 为纵坐标，记录并绘制出 $T-\sigma$(或 λ)曲线，即红外吸收光谱或红外吸收曲线(参阅 10-3 谱图知识简介)。

红外吸收光谱的吸收峰形状、位置和强度，取决于物质的分子结构。物质不同，分子结构不同，红外吸收光谱就不同。因此，红外吸收光谱主要用于结构分析和定性分析。同时，由于物质对红外光的吸收，服从朗伯-比尔定律，故红外吸收光谱也可用于定量分析(但由于灵敏度较低，不适用于微量组分的测定）。

二、结构

红外光谱仪有以棱镜为色散元件的棱镜分光红外光谱仪，称第一代红外光谱仪；有以光栅为色散元件的光栅分光红外光谱仪，称第二代红外光谱仪。随着近代科学技术的迅速发展，以色散元件为主要分光系统的光谱仪器在许多方面已不能完全满足需要。例如，这种类型的仪器在远红外区能量很弱，得不到理想的光谱，同时它的扫描速率太慢，使得一些动态研究及和其他仪器（如色谱）的联用遇到困难。随着光学、电子学尤其是计算机技术的迅速发展，已发展为干涉分光傅里叶变换红外光谱仪，也称第三代红外光谱仪。

常用的色散型红外光谱仪多为双光束红外分光光度计，由光源、吸收池、单色器、检测器、放大器及机械装置、记录器组成。下面简单介绍色散型红外分光光度计的主要部件。

1. 光源

常用的光源有能斯特灯（Nernst－glower）和硅碳棒两种，它们都能发射高强度连续波长的红外光。能斯特灯的中空棒或实心棒（$\phi 1\sim3$ mm，$L\,2\sim5$ cm），由锆、钇、铈等氧化物的混合物烧结而成，两端绕有铂丝及电极，加热至800 ℃时变成导体，开始发光，因此工作前必须预热。硅碳棒寿命长，发光面积大，室温下为导体，不需加热。

2. 吸收池

由于玻璃、石英对红外光几乎全部吸收，因此吸收池窗口的材料一般是一些盐类的单晶，如 NaCl，KBr，LiF，但它们易吸湿引起吸收池的窗口模糊，需在特定的恒湿环境中工作。

3. 单色器

单色器由光栅、准直镜和狭缝（入射狭缝和出射狭缝）组成，它的作用是把通过吸收池和参比池而进入入射狭缝的复合光分成“单色光”射到检测器上。

光栅是一平行、等宽而又等间隔的多线槽反射镜。一般的红外光谱仪使用的衍射光栅，每厘米长度内约有一千条以上的等距线槽。光栅刻得越密，其色散能力越强。

4. 检测器

红外光谱仪上使用的检测器的检测原理是利用照射在它上面的红外光产生热效应，再转变成电信号加以测量。常用的检测器有高真空热电偶、热释电检测器、碲镉汞检测器等。

5. 放大器、机械装置及记录器

检测器输出微小的电信号,需经电子放大器放大。放大后的信号驱动梳状光楔和电动机,使记录笔在长条记录纸上移动。

傅里叶变换红外光谱仪是一种新型红外光谱仪。它与色散型红外光谱仪的主要区别在于干涉仪和计算机两部分。从光源辐射的红外光,经分束器形成两束光,分别经动镜、定镜反射后到达检测器并产生干涉现象。当动镜、定镜到检测器间的光程相等时,各种波长的红外光到达检测器时都具有相同相位而彼此加强。如改变动镜的位置,形成一个光程差,不同波长的光落到检测器上得到不同的干涉强度。当光程差为 $\lambda/2$ 的偶数倍时,相干光相互叠加,相干光的强度有最大值;当光程差为 $\lambda/2$ 的奇数时,相干光相互抵消,相干光强度有极小值。当连续改变动镜的位置时,可在检测器上得到一个干涉强度对光程差和红外光频率的函数图。将样品放入光路中,样品吸收了其中某些频率的红外光,就会使干涉图的强度发生变化。很明显,这种干涉图包含了红外光谱的信息,但不是能看懂的红外光谱。经过计算机进行复杂的傅里叶变换,就能得到吸光度或透光度随频率(或波数)变化的普通红外光谱图,如图 19-28 所示。

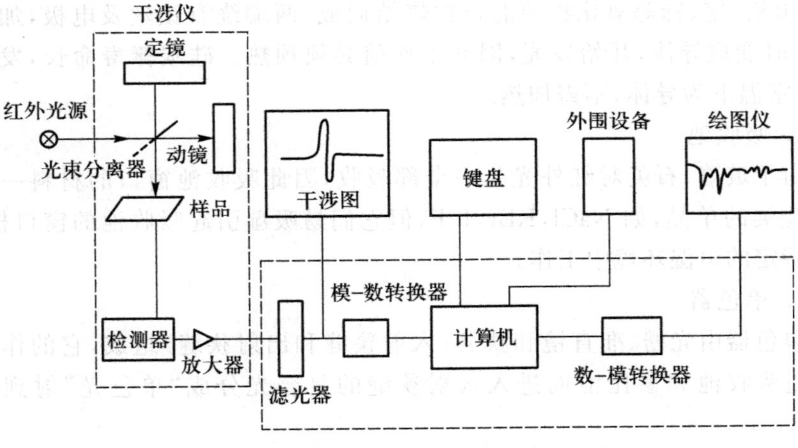

图 19-28 傅里叶变换红外光谱仪示意图

傅里叶变换红外光谱仪有以下特点:

(1) 测定速率快 一般获得一张红外光谱图需要 1s 或更短的时间,从而实现了红外光谱仪与色谱仪的联用。

(2) 灵敏度和信噪比高 由于无狭缝装置,输出能量无损失,灵敏度高。此外,可以利用计算机储存、累加功能,对红外光谱进行多次测定、多次累计,大大提高了信噪比。

(3) 分辨率高 波数精度可达 0.01 cm^{-1}。

(4) 测定的光谱范围宽 可测定的光谱波数范围为 10000～10 cm^{-1}。

三、使用方法

BRUKER ALPHA 红外光谱仪的使用方法大致如下：

1. 开机

开启仪器主机和计算机电源，双击桌面“OPUS”图标，进入软件。

2. 光谱测量

(1) 设置测量参数 在采集页面，单击“测量”按钮右侧的下箭头，单击“设置测量参数”，输入要测的光谱名称，设置光谱的保存路径。

(2) 测量 单击“测量”，在样品台上先放 KBr(或其他)，单击“测量背景光谱”，测空白的背景光谱。背景测量完成后，放上待测样品，单击“测量样品光谱”，测量完成后，图谱显示区域会显示 AB 或 TR 谱图。

3. 谱图处理和评价

对测量的谱图进行处理，在 OPUS 助理中，处理页面，会有谱图处理的多个功能。

(1) 标峰位 在标峰位画面，选择“开始交互模式”，出现水平的直线(阈值)，超过阈值的峰，被标上峰位。峰位标好后，单击“保存”完成。或在谱图显示区域，右击“单峰检索”，也可以逐个标峰位。

(2) 谱图检索 选择要检索的谱图数据块，通常是 AB 或 TR 数据块，单击评价页面中的“谱图检索”。会将所选谱图数据块与谱库中的光谱进行比较，产生匹配值，匹配值越大越好。

4. 关机

关闭软件及计算机和仪器主机电源。洗净收好玛瑙研钵、压片模具等。

19－16 核磁共振波谱仪

用来检测和记录在磁场中的待测自旋原子核，吸收无线电波而形成的核磁共振吸收波谱，并进行结构及其他分析的仪器，称为核磁共振波谱仪(NMR)。

一、原理

待测的自旋原子核在外磁场的作用下，自旋能级发生分裂，其能级间的

能量差 ΔE 取决于磁感应强度 B_0,即

$$\Delta E=\frac{\gamma h B_0}{2\pi}$$

式中:h——普朗克常量;

γ——磁旋比,一定的原子核具有一定的磁旋比,如 H^1 核的 γ 值为 $2.6753\times10^8\ rad\cdot s^{-1}\cdot T^{-1}$。

当以一定频率的无线电波照射外磁场 B_0 中的自旋原子核(如 H^1 核)时,若某一无线电波的频率 ν 恰好与自旋能级差 ΔE 相适应时,即

$$\Delta E=h\nu \quad 或 \quad \nu=\frac{\gamma B_0}{2\pi}$$

则该频率的无线电波被待测原子选择性地吸收,处于低能态的原子核由于吸收此频率的无线电波而跃迁至高能态(即所谓的"核磁共振")。核磁共振波谱仪就是将待测物质对无线电波的吸收情况以化学位移(常数)δ 作横坐标,以吸收强度作纵坐标,记录并绘制出核磁共振波谱(或核磁共振谱图)。

核磁共振波谱中的吸收峰组数、化学位移、裂分峰数目、偶合常数及各峰的峰面积(积分高度)等都与物质中存在的基团及物质结构有密切关系。因此,根据核磁共振波谱可鉴定和推测化合物(有机物)的分子结构。

二、结构

NMR 仪的型号和种类很多,按磁体的性质可分为永磁体、电磁体和超导磁体三种;根据 ^1H 核的中心工作频率可分为 60 MHz,100 MHz,200 MHz,400 MHz …;按仪器的扫描方式又可分为连续波(CW)方式和脉冲傅里叶变换(PFT)方式两种。频率越大的仪器,分辨率和灵敏度越高,更主要的是可以简化谱图而利于解析。

各种类型的核磁共振波谱仪的基本组成如下:

1. 磁体

磁场的作用是提供强的静磁场,使自旋原子核发生自旋磁能级分裂。一般 100 MHz 以下的波谱仪用永磁体或电磁体产生磁场,100 MHz 以上的核磁波谱仪磁场一般是由超导磁体产生。

2. 探头

位于磁体中心的圆柱形探头作为 NMR 信号检测器,是核磁共振波谱仪的核心部件。样品管放在探头内的检测线圈中。

3. 射频源

用来激发核磁能级之间的跃迁。

4. 接收机

用于接收微弱的 NMR 信号，并放大变成直流的电信号。

5. 匀场线圈

通过补偿磁场的不均匀度，最大限度地提高磁场的均匀性。这是影响信号分辨率和灵敏度的主要因素。

6. 计算机系统

用来控制核磁共振波谱仪，并进行数据显示、处理和记录。

BRUKER AVANCE Ⅲ 400 MHz 核磁共振波谱仪如图 19-29 所示。

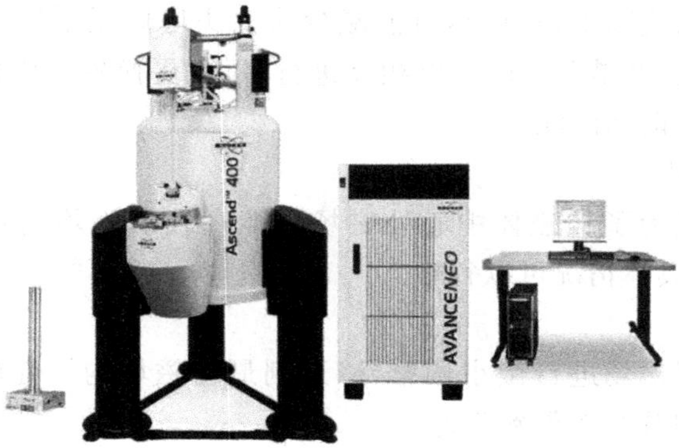

图 19-29 BRUKER AVANCE Ⅲ 400 MHz 核磁共振波谱仪

三、使用方法

BRUKER AVANCE Ⅲ 400 MHz 核磁共振波谱仪的使用方法大致如下：

用于 NMR 谱仪开关机需要的平衡时间很长，一般仪器是持续运行的。测定样品时，不需要重新开机设置。测定样品的基本过程如下：

1. 新建数据集

每个数据集都必须有一个独特的描述符（标识符），以便区分不同的数据集，一个完整的数据集描述符需要使用四个参数：目录（DIR）、实验者姓名（NAME）、实验号（EXPNO）和处理号（PROCNO）。

2. 样品进入磁体

将装有样品（^1H 谱：10～40 mg）及 0.5 mL 氘代溶剂的核磁管（溶液高度不低于 4 cm）用绸布擦干净，插入转子中，用量规（1.8 cm）确定高度。装有样品的样品管的升降一般由压缩气流控制，在将样品放入腔管上口之前，确认存在气流。

3. 锁场

选用相应的氘代溶剂进行锁场,锁场系统会检测和监测氘代溶剂产生的信号,该信号的频率和强度取决于所用的氘代溶剂。锁定完成后,信号形态是一条带有一些噪声或波浪的水平线,这条线的高度称为锁线高度。

4. 探头调谐和匹配

所有探头的灵敏度都会随着发送给它的信号频率变化而变化,在某一个频率下探头的灵敏度达到最高。调谐是指调整探头内部的电路以达到对目标频率的最大灵敏度。匹配是保证尽可能多的电荷量通过探头底座传输到朝向探头顶部的线圈中,从而尽可能减少从探头底座反射回放大器(从而浪费掉)的电荷量。调谐和匹配可以相互进行,每次更换磁体中的样品时,都应该对探头进行调谐和匹配。

5. 旋转样品

旋转样品是为了让磁体中心处磁场可能存在的不均匀样品得以“均匀化”。该操作视具体情况可以省略。

6. 匀场

匀场是指对磁场进行微小调整,以达到最佳磁场均一性的过程,提高均匀性可以使谱图分辨率得到改善。

7. 设置探头或溶剂相关参数

可在所有可用通道上保存任何特定原子核的各种参数,如 90°或具有相关功率的去耦脉冲长度,这些数值可自动加载。

8. 调节接收器增益

接收器增益是一个非常重要的参数,用于对 FID 振幅和数字转换器的动态范围进行匹配。

9. 开始采样

接收 NMR 信号的过程称为采样,即对数据进行采集,采样过程中会采集到“原始”数据,收到的信号称为 FID(自由感应衰减)。

10. 数据处理

使用傅里叶变换将采集到的横坐标为时间的时域信号 FID 经傅里叶变换转换为横坐标为化学位移的频域谱,并进行调相位、校正基线、标峰和积分。

19-17 质 谱 仪

用来检测和记录待测物质的气态分子分解出的带正电荷离子在电场和

磁场作用下，按其质荷比(m/z)的大小排列的质谱，并进行相对分子(原子)质量、分子式的测定及组成和结构分析的仪器，称为质谱仪。

一、原理

质谱仪将待测化合物在高真空中加热汽化，然后运用离子化技术使气态分子失去一个电子形成离子或发生化学键断裂形成碎片正离子和自由基(也有分子可能捕获一个电子形成负离子)，再让这些正离子在电场和磁场的综合作用下，加速通过狭缝进入高真空的质量分析器(即磁分析器)中，在外磁场的作用下，其运动方向发生偏转，由直线运动改作圆周运动。在磁感应强度 B 和加速电压 U 固定不变的情况下，离子运动半径 R 取决于质荷比 m/z。

$$R=\frac{1}{B}\sqrt{2U\frac{m}{z}}$$

即 m/z 越大，R 越大；反之，R 越小。为此，在质量分析器中，各种离子就按质荷比 m/z 的大小顺序被分开。

质谱仪的出射狭缝的位置是固定的，只有离子运动半径 R 与质量分析器的半径 R_s 相等时，离子才能通过出射狭缝到达检测器，从而可以获得按 R 即 m/z 大小顺序排列的质谱。

二、结构

质谱仪具有高灵敏度、高自动化并能提供丰富的结构信息，但其结构非常复杂、价格昂贵。质谱仪的种类很多，按研究对象不同，质谱仪可分为同位素质谱仪、无机质谱仪和有机质谱仪等。按质量分析器不同可分为单聚焦质谱仪、双聚焦质谱仪、四极杆质谱仪、飞行时间质谱仪及离子阱质谱仪。

图 19－30 为质谱仪组成方块图。

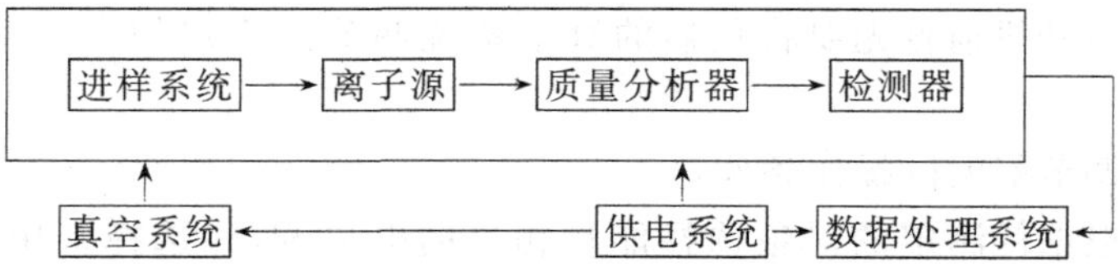

图 19－30 质谱仪组成方块图

质谱仪的关键部件如下：

1. 进样系统

将待测物质送进离子源，常用进样系统有加热进样、直接进样、色谱进样和标准进样等。

2. 离子源

离子源的作用是将由进样系统引入的样品中的原子、分子电离成离子。常用离子源有电子轰击源、化学电离源、快原子轰击源、火花源和场电离源等。

3. 质量分析器

质量分析器的作用是将离子源产生的离子按照质荷比的大小分开。理想的质量分析器应该能分开质荷比相差很微小的离子,使质谱仪具有较高的分辨率,而且能产生强的离子流使质谱仪具有较高的灵敏度。质量分析器的种类繁多,常用的有单聚焦分析器、双聚焦分析器、四极杆分析器、飞行时间分析器和离子阱分析器五种。

4. 离子检测器

离子检测器用于测量、记录离子流强度,从而得出质谱图。质谱仪一般采用法拉第杯、电子倍增器或光电倍增管等,由检测器输出的电流信号经前置放大器放大并转变为适合数字转换的电压,由计算机完成数据处理并绘制成质谱图。

5. 真空系统

为了保证样品中的原子(分子)在进样系统与离子源中正常运行,保证离子在离子源中的正常运行,减少不必要的粒子碰撞、散射效应、复合效应和离子-分子反应,减小本底与记忆效应,均要求质谱仪中的有关部分保持一定的真空度。

若使仪器能正常工作,还必须有供电系统、计算机数据处理系统等。

三、使用方法

1. 普通质谱仪的使用方法

(1) 开机前的准备

① 在开机前首先要将仪器的真空系统调节到规定的真空度(否则严禁开机)。

② 调节好实际操作条件:

a. 根据待测定的对象选择能量相当的电离源,如选择常用的电子轰击源,则要调节好一定的发射电流和离子源温度。

b. 调节好磁场扫描范围和扫描速率及扫描方式。

c. 调节好检测器的电子倍增器电压范围。

(2) 进样测定

选择适当的进样方式将待测样品进样,并记录质谱图。

2. 色谱-质谱联用仪的使用方法

(1) GC-MS 联用仪组成方块图

GC-MS 联用仪由气相色谱仪、质谱仪、计算机和 GC 与 MS 之间的中间连接装置接口四大部件组成，见图 19-31。

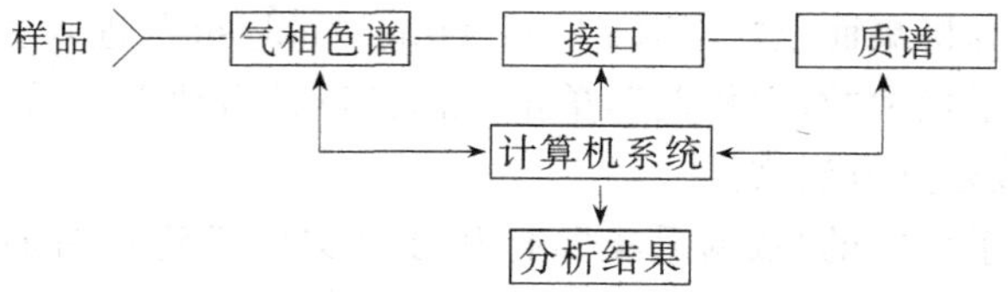

图 19-31 GC-MS 联用仪组成方块图

四大部件的作用是：气相色谱仪是混合样品的组分分离器；接口是样品组分的传输线和 GC，MS 两机工作流量或气压的匹配器；质谱是样品组分的鉴定器；计算机是整机工作的指挥器、数据处理器和分析结果输出器。

(2) GC-MS 联用仪操作要点

① 对给定的 GC-MS 联用仪，按流量匹配原则，选择色谱柱类型、尺寸、柱前压(或流量)，是仪器正常工作和良好性能的基础。一般 GC-MS 联用仪的操作说明书对规格、接口和柱前压有较详细的规定，应遵照执行。

② 了解并控制混合物分离的气相色谱条件，是利用 GC-MS 联用仪分析成功的第一步。在 GC 法中，一切有利于样品色谱分离的方法都应继承，如样品萃取、衍生、硅烷化处理等。

③ 合理设置 GC-MS 联用仪各温度带区的温度，防止出现冷点，是保证色谱有效分离的关键。

④ 防止离子源沾污是减少离子源清洗次数、保持整机良好工作状态的重要措施。保持离子源温度，必要时加热，减少引入高沸点和高含量样品，防止真空度下降等。

⑤ 质谱仪操作参量(质谱图质量范围、分辨率和扫描速率)的综合考虑。按分析要求和仪器所能达到的性能设定操作参量：在选定 GC 柱和分离条件下，可知 GC 峰的宽度。以 1/10 GC 峰宽初定扫描周期，由所需谱图的质量范围、分辨率和扫描速率，再实测。若仪器性能不能满足要求再适当修正。

⑥ 注意进样量的综合分析。以能检出和可鉴定为度，尽量减少进样量，以防止沾污质谱仪。

⑦ GC-MS 联用仪的操作随具体仪器的自动化程度而有很大差异，自动化程度越低，操作人员越应注意操作要求。

3. 岛津 GCMS-QP 2010 SE 气相色谱-质谱联用仪的使用方法

(1) 开机

① 打开氦气瓶,将分压表调至 0.6~0.7 MPa。

② 打开 GC 和 MS 电源。

③ 双击计算机桌面上“GCMS Real Time Analysis”,进入实时分析窗口。

④ 单击助手栏中“真空控制”,单击“自动启动”启动真空系统。

(2) 打开或建立方法文件

① 单击助手栏中的“数据采集”,打开方法文件或建立新的方法文件,设定 GC 和 MS 的参数,保存方法。

② 选择“采集”菜单下的“下载初始参数”下载参数到主机。

(3) 系统检漏和调谐

① 单击助手栏中的“调谐”,进入调谐窗口。

② 系统检漏:单击“峰监测窗”,在“监视组”选项中选择“水、空气”组,打开灯丝,检查水峰、氮峰和氧峰,判断是否漏气。

③ 调谐:新建调谐文件,单击“开始自动调谐”调谐,完成后保存文件。

(4) 样品进样

① 单击助手栏中数据采集中的“样品登录”,登录样品信息。

② 单击“待机”,待 GC、MS 均“准备就绪”后,用微量进样器进样后,按主机面板上“Start”按钮,进样分析。

(5) 数据后处理

① 双击“GCMS Postrun Analysis”打开后处理窗口。

② 在“数据浏览器”窗口中双击要处理的数据文件名称。

③ 打开数据文件后进行定性或定量处理。

(6) 关机

单击助手栏中的“真空控制”,单击“自动关机”。待泵自动停止,依次关闭软件、计算机、各仪器电源开关和气体阀门。

19-18 高效毛细管电泳仪

以高压直流电场为驱动力,将待测物质在毛细管中进行高效快速分离并进行定性、定量分析的仪器,称为高效毛细管电泳仪。

一、原理

高效毛细管电泳(HPCE)是待测离子或带电荷粒子以高压直流电场为驱

动力，在毛细管中按其淌度或分配系数上的差异而进行高效快速分离的一种液相分离技术。图19-32是 HPCE 最基本的仪器示意图。

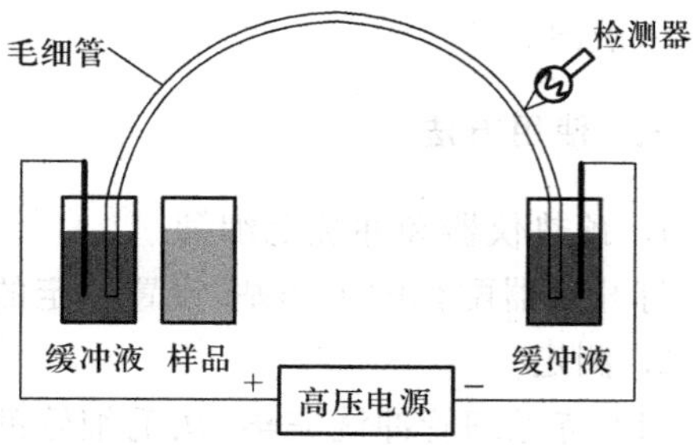

图 19-32　HPCE 仪器组成示意图

毛细管电泳具有基于不同分离机制和选择性的多种分离模式，这里仅介绍毛细管区带电泳分离模式。在此分离模式中毛细管和缓冲溶液瓶（又称电泳槽）内充满有相同组分和相同浓度的背景电解质溶液（缓冲液），样品从毛细管的一端（进样端）导入，当毛细管两端加上一定电压后，荷电粒子便朝与其极性相反的电极移动。由于样品组分间的淌度不同，它们的迁移速率也不相同，因而经一定时间后，各组分将按其速率（或淌度）大小顺序依次到达检测器被检出，得到按时间分布的电泳谱图。用其谱峰的迁移时间或类似于色谱法术语中的保留时间作定性分析，按谱峰高度（h）或峰面积（A）做定量分析。

由于 HPCE 具有高效、快速、样品用量少等特点，现已广泛应用于生命科学、食品化学、环境化学、毒物学、医学和法学等领域。它在分离有机化合物分子、药物分子，特别是手性分子和生物大分子方面显示出了其独特的优势。

二、结构

商品高效毛细管电泳仪有多种，其自动化程度也各不相同。但从原理上讲主要由高压电源、毛细管、电泳槽和检测器等部件组成。

1. 高压电源

为分离提供动力，输出直流电压一般为 0～30 kV，分离毛细管的纵向电场强度可高达 400 $V\cdot cm^{-1}$以上，因而分离操作可在很短时间完成，达到非常高的分离效率（理论塔板数可达 40000 cm^{-1}以上）。

2. 毛细管

内径很细（一般小于 100 μm），长度约 50 cm 的石英毛细管，在电场驱动力的作用下，按淌度或分配系数的差异分离样品组分。

3. 电泳槽

盛放待测样品、缓冲液（背景电解质溶液）和电极的塑料或玻璃等绝缘材料制成的容器（容积 1～3 mL）。

4. 检测器

将样品分离后的组分信号转换成响应信号对迁移时间的关系曲线,即给出电泳谱图。

三、使用方法

1. 预热仪器和冲洗毛细管

打开仪器配套的工作站,设置一定的工作温度,冲洗毛细管。

2. 测定

(1) 待毛细管冲洗完毕,从毛细管的进样端导入样品溶液并置于分离缓冲液中。

(2) 选择一定的电源电压和适当的测量时间,接通高压电源并开启检测器开关。

(3) 根据获得的电泳谱图,进行定性、定量分析。

3. 结束

实验完毕,毛细管及时用水冲洗,以备下次用。

附录(二)

附录十一　一些气体和蒸气的导热系数

(单位:$J\cdot cm^{-1}\cdot s^{-1}\cdot K^{-1}$)

化合物	导热系数/10^5		化合物	导热系数/10^5	
	273 K	373 K		273 K	373 K
空气	24.3	31.4	正丁烷	13.4	23.4
H_2	174.2	223.6	正己烷	12.56	20.9
N_2	24.3	31.4	环己烷	—	18.0
He	145.7	174.2	乙烯	17.6	30.98
O_2	24.7	31.8	乙炔	18.8	28.47
Ar	16.7	21.8	苯	9.2	18.4
CO	23.4	30.1	甲醇	14.2	23.0
CO_2	14.6	22.2	乙醇	—	22.2
甲烷	30.1	45.6	丙酮	10.0	17.6
乙烷	18.0	30.6	乙酸乙酯	6.7	17.16
丙烷	15.07	26.38	丁醚	—	16.7

附录十二　气相色谱常用固定液

固定液	商品名称	最高使用温度/℃	溶剂	分析对象
角鲨烷(异三十烷)	SQ	150	乙醚	非极性标准固定液 分离一般烃类及非极性化合物
阿皮松 L	APL	300	氯仿,苯	分析高沸点非极性化合物
甲基硅橡胶	Silicones E-30	300	氯仿	分析高沸点弱极性化合物
邻苯二甲酸二壬酯	DNP	160	丙酮 乙醚	分离芳香族化合物,不饱和化合物及各种含氧化合物
聚乙二醇(1500～20000)	PEG	80～200	氯仿,乙醇 丙酮	分离醇、醛、酮、脂肪酸酯 及含氮官能团等极性化合物

续表

固定液	商品名称	最高使用温度/℃	溶剂	分析对象
丁二酸二乙二醇聚酯	DEGS	220	氯仿 丙酮	分离脂肪酸、氨基酸
己二酸二乙二醇聚酯	DEGA	250	氯仿 丙酮	分离 C_1～C_4 脂肪酸甲酯
β,β'-氧二丙腈	ODPN	100	甲醇 丙酮	常用的极性固定液可分离芳烃、含氧化合物及烃类

附录十三　一些化合物的相对质量校正因子(f_m)

化　合　物	热导池检测器 f_m	氢火焰离子化检测器 f_m
甲烷	0.58	1.15
己烷	0.89	1.09
庚烷	0.89	1.12
环己烷	0.94	1.11
乙烯	0.75	1.10
苯	1.00	1.00
甲苯	1.02	1.04
乙苯	1.05	1.09
间二甲苯	1.04	1.08
对二甲苯	1.04	1.12
邻二甲苯	1.08	1.10
甲醇	0.75	4.76
乙醇	0.82	2.43
正丙醇	0.92	1.85
正丁醇	1.00	1.69
乙酸乙酯	1.01	2.94

*　以苯为基准物,Hz 为载气。

** 数据摘自:分析化学手册:第五分册　气相色谱分析.2 版.北京:化学工业出版社.

附录十四　HPLC 常用试剂的性质

溶　　剂	折射率 n(20 ℃)	紫外截止波长/nm	黏度 η(20 ℃) 10^{-3} Pa·s
正戊烷	1.358	210	0.23
环己烷	1.375	210	1.00
氯仿	1.446	245	0.58

续表

溶　剂	折射率 n(20 ℃)	紫外截止波长/nm	黏度 η(20 ℃)/10^{-3} Pa·s
乙醚	1.388	220	0.23
二氯甲烷	1.424	230	0.44
四氢呋喃	1.404	220	0.55
丙酮	1.358	330	0.32
二乙胺	1.387	275	
乙腈	1.344	210	0.37
甲醇	1.353	210	0.60
乙醇	1.362	210	1.20
乙二醇	1.427	210	
水	1.333	210	1.00

附录十五　某些有机化合物的蒸气压

物质的蒸气压按下式计算：

$$\lg p = A - \frac{B}{C+t} + D$$

式中：p 为蒸气压（单位为 kPa）；A，B，C 为常数；t 为摄氏温度；D 为压力单位的换算因子，其值为 2.1249。

名　称	分子式	适用温度范围/℃	A	B	C
氯仿	$CHCl_3$	−30～+150	6.90328	1163.03	227.4
乙醇	C_2H_5OH	−30～+100	8.32109	1718.10	237.52
丙酮	CH_3COCH_3	−30～+150	7.02447	1161.0	224
醋酸	CH_3COOH	0～36	7.80307	1651.2	225
醋酸	CH_3COOH	36～170	7.18807	1416.7	211
乙酸乙酯	$CH_3COOC_2H_5$	−20～+150	7.09808	1238.71	217.0
苯	C_6H_6	−20～+150	6.90561	1211.033	220.790
甲苯	C_7H_8	−20～+150	6.95464	1344.800	219.482
乙苯	C_8H_{10}	−20～+150	6.95719	1424.255	213.206
水	H_2O	0～60	8.10765	1750.286	235.0
水	H_2O	60～150	7.96681	1668.21	228.0
汞	Hg	100～200	7.46905	2771.898	244.831
汞	Hg	200～300	7.7324	3003.68	262.482

摘自：John A. Dean，Lange's Handbook of Chemistry，12th Edition，1979。

附录十六　汞的蒸气压

t/℃	0		2		4		6		8	
	mmHg	Pa	mmHg	Pa	mmHg	Pa	mmHg	Pa	mmHg	Pa
0	1.85×10^{-4}	0.0247	2.28×10^{-4}	0.0304	2.76×10^{-4}	0.0368	3.35×10^{-4}	0.0447	4.06×10^{-4}	0.0541
10	4.90×10^{-4}	0.0653	5.88×10^{-4}	0.0784	7.06×10^{-4}	0.0941	8.46×10^{-4}	0.1128	1.009×10^{-3}	0.1345
20	1.201×10^{-3}	0.1601	1.426×10^{-3}	0.1901	1.696×10^{-3}	0.2254	2.000×10^{-3}	0.2666	2.359×10^{-3}	0.3145
30	2.777×10^{-3}	0.3702	3.261×10^{-3}	0.4348	3.821×10^{-3}	0.5097	4.471×10^{-3}	0.5961	5.219×10^{-3}	0.6958
40	6.079×10^{-3}	0.8105	7.067×10^{-3}	0.9422	8.207×10^{-3}	1.093	9.497×10^{-3}	1.266	0.01098	1.464
50	0.01267	1.689	0.01459	1.945	0.01677	2.236	0.01925	2.566	0.02206	2.941
60	0.02524	3.365	0.02883	3.844	0.03287	4.382	0.03740	4.986	0.04251	5.668
70	0.04825	6.433	0.05469	7.291	0.06189	8.251	0.06993	9.323	0.07889	10.518
80	0.08880	11.839	0.1000	13.33	0.1124	14.99	0.1261	16.81	0.1413	18.84
90	0.1582	21.09	0.1769	23.58	0.1976	26.34	0.2202	29.36	0.2453	32.70
100	0.2729	36.38	0.3032	40.42	0.3366	44.88	0.3731	49.74	0.4132	55.09

摘自：John A. Dean, Lange's Handbook of Chemistry, 13th Edition, 1985, 10~22。

附录十七　不同温度水的黏度(η)和表面张力(σ)

(一) 黏度

t/℃	η/(10^{-3} Pa·s)	t/℃	η/(10^{-3} Pa·s)	t/℃	η/(10^{-3} Pa·s)	t/℃	η/(10^{-3} Pa·s)
0	1.787	26	0.8705	51	0.5378	76	0.3732
1	1.728	27	0.8513	52	0.5290	77	0.3684
2	1.671	28	0.8327	53	0.5204	78	0.3638
3	1.618	29	0.8148	54	0.5121	79	0.3592
4	1.567	30	0.7975	55	0.5040	80	0.3547
5	1.519	31	0.7808	56	0.4960	81	0.3503
6	1.472	32	0.7647	57	0.4884	82	0.3460
7	1.428	33	0.7491	58	0.4809	83	0.3418
8	1.386	34	0.7340	59	0.4736	84	0.3377
9	1.346	35	0.7194	60	0.4665	85	0.3337
10	1.307	36	0.7052	61	0.4596	86	0.3297
11	1.271	37	0.6915	62	0.4528	87	0.3259
12	1.235	38	0.6783	63	0.4462	88	0.3221
13	1.202	39	0.6654	64	0.4398	89	0.3184
14	1.169	40	0.6529	65	0.4335	90	0.3147
15	1.139	41	0.6408	66	0.4273	91	0.3111
16	1.109	42	0.6291	67	0.4213	92	0.3076
17	1.081	43	0.6178	68	0.4155	93	0.3042
18	1.053	44	0.6067	69	0.4098	94	0.3008
19	1.027	45	0.5960	70	0.4042	95	0.2975
20	1.002	46	0.5856	71	0.3987	96	0.2942
21	0.9779	47	0.5755	72	0.3934	97	0.2911
22	0.9548	48	0.5656	73	0.3882	98	0.2879
23	0.9325	49	0.5561	74	0.3831	99	0.2848
24	0.9111	50	0.5468	75	0.3781	100	0.2818
25	0.8904						

(二) 表面张力

t/℃	σ/(N·m^{-1})	t/℃	σ/(N·m^{-1})
−8	0.0770	10	0.07422
−5	0.0764	15	0.07349
0	0.0756	18	0.07305
5	0.0749	20	0.07275

续表

t/℃	σ/(N·m^{-1})	t/℃	σ/(N·m^{-1})
25	0.07197	60	0.06618
30	0.07118	70	0.0644
40	0.06956	80	0.0626
50	0.06791	100	0.0589

摘自:Robert C. Weast, CRC Handbook of Chem, And Phys. 63th. F-35(1982—1983)。

附录十八 不同温度下几种液体的黏度(η)

物 质	t/℃	η/(10^{-3} Pa·s)	物 质	t/℃	η/(10^{-3} Pa·s)
甲醇	0	0.793	丙酮	0	0.395
	15	0.623		15	0.337
	20	0.594		25	0.306
	25	0.544		30	0.295
	30	0.510		41	0.280
	40	0.456	乙酸	15	1.31
	50	0.403		18	1.30
乙醇	0	1.786		25	1.056
	10	1.466		30	1.04
	20	1.200		41	1.00
	30	1.003		50	0.786
	40	0.834		75	0.599
	50	0.694		100	0.464
	60	0.592	苯	0	0.912
	70	0.504		10	0.758
甲苯	0	0.778		20	0.652
	17	0.61		30	0.564
	20	0.590		40	0.503
	30	0.526		50	0.436
	40	0.471		60	0.392
氯仿	20	0.58		70	0.358
	30	0.511		80	0.329

摘自:Robert C. Weast, CRC Handbook of Chem. and Phys. ,90 th, F-41(2010)。

附录十九　常用化学手册及有关文献简介(Ⅱ)

1. David R Lide. CRC Handbook of Chemistry and Physics(化学与物理手册). CRC PRESS 出版,99th Ed.,2019.

该手册从 1913 年第 1 版开始至今已出版 90 多版,每年修订一次,归纳和综合了各种物理化学数据。

2. Dean J A. Lange's Handbook of Chemistry(兰氏化学手册)

该手册包括原子和分子结构、无机化学、分析化学、电化学、有机化学、光谱化学及热力学性质等综合性内容,1999 年第 15 版已由尚久方等人译成中文版,2 版,由科学出版社于 2003 年出版。英文 16 版于 2004 年出版。

3. Yukawa Y.Handbook of Organic Structure Analysis(有机结构分析手册),1965.

4. 印永嘉.物理化学简明手册.北京:高等教育出版社,1988.

该手册简明实用,汇集了气体及液体性质、化学平衡、溶液和相平衡、化学动力学、热效应、电化学、物质的界面性质、原子和分子性质、分子光谱等各个方面。

5. Stephenson RM.Handbook of the Thermodynamics of Organic Compounds(有机化合物热力学手册),1999.

6. Tomas Boublik.The Vapour Pressures of Pure Substances(纯物质蒸气压),1984.

7. D. Dobos.Electrochemical Data(电化学数据),1975.

8. 顾蕙祥. 吉化公司研究院物化室色谱组集体编写.分析化学手册.气相色谱实用手册.2 版.1990.

9. 汪尔康.分析化学手册.3 版(全套共 13 册).北京:化学工业出版社,2016.

10. 谱学数据手册,参阅本书 10-3 谱图知识简介。

参考文献

1. 刘约权，李贵深.实验化学：下册.2版.北京：高等教育出版社，2005.

2. 刘约权.现代仪器分析.3版.北京：高等教育出版社，2015.

3. 复旦大学.物理化学实验.3版.北京：高等教育出版社，2004.

4. 苏克曼，张济新.仪器分析实验. 2版.北京：高等教育出版社，2005.

5. 北京大学化学学院物理化学实验教学组. 物理化学实验. 4版.北京：北京大学出版社，2002.

6. 傅献彩，沈文霞，姚天扬，等.物理化学：上册.5版.北京：高等教育出版社，2005.

7. 武汉大学.分析化学：下册.5版.北京：高等教育出版社，2007.

8. 首都师范大学《仪器分析实验》教材编写组.仪器分析实验.北京：科学出版社，2016.

9. 朱万春，张国艳，李克昌，等.基础化学实验：物理化学实验分册.2版.北京：高等教育出版社，2017.

10. 东北师范大学.物理化学实验.3版.北京：高等教育出版社，2014.

11. 同济大学，浙江大学.物理化学实验.北京：化学工业出版社，2017.

12. 胡卫兵.物理化学实验.北京：科学出版社，2015.

13. 钱晓荣.仪器分析实验教程.上海：华东理工大学出版社，2009.

14. 高明慧.无机、分析和物理化学实验.北京：化学工业出版社，2013.

15. 邓冬莉.仪器分析及实验.北京：科学出版社，2015.

16. 刘建兰.物理化学实验.北京：化学工业出版社，2015.

17. 贾琼.仪器分析实验.北京：科学出版社，2017.

18. 张俊霞.仪器分析技术.重庆：重庆大学出版社，2015.

19. 裴月湖.有机化合物波谱分析.4版.北京：中国医药科技出版社，2015.

20. 杨铁金.分析样品预处理及分离技术.2版.北京：化学工业出版社，2018.

21. 河北师范大学.化学实验：下册.2版.北京：化学工业出版社，2016.

22. 湖南大学化学化工学院.分析化学.3版.北京：科学出版社，2016.

23. 朱明华. 仪器分析. 4版.北京：高等教育出版社，2008.

24. 于世林.波谱分析法.2版.重庆：重庆大学出版社，2004.

25. 陈洁.有机波谱分析.北京：北京理工大学出版社，2007.

图书在版编目（CIP）数据

实验化学. 下册 / 刘约权，杨丽华，李敬慈主编
. —3 版. —北京 ：高等教育出版社，2019.9（2023.4 重印）
ISBN 978-7-04-052350-8

Ⅰ. ①实… Ⅱ. ①刘… ②杨… ③李… Ⅲ. ①化学实验-高等学校-教材 Ⅳ. ①O6-3

中国版本图书馆 CIP 数据核字（2019）第 161491 号

Shiyan Huaxue

策划编辑 郭新华　责任编辑 郭新华　封面设计 李树龙　版式设计 张 杰
插图绘制 于 博　责任校对 刘丽娴　责任印制 赵 振

出版发行	高等教育出版社	网　址	http://www.hep.edu.cn
社　址	北京市西城区德外大街 4 号		http://www.hep.com.cn
邮政编码	100120	网上订购	http://www.hepmall.com.cn
印　刷	唐山市润丰印务有限公司		http://www.hepmall.com
开　本	787mm×960mm 1/16		http://www.hepmall.cn
印　张	18	版　次	2000 年 1 月第 1 版
字　数	320 千字		2019 年 9 月第 3 版
购书热线	010-58581118	印　次	2023 年 4 月第 4 次印刷
咨询电话	400-810-0598	定　价	35.30 元

物 料 号 52350-00